AF546424

Volker Zahner · Markus Schmidbauer · Gerhard Schwab · Christof Angst

Der Biber

Baumeister mit Biss

Der Biber

Baumeister mit Biss

SüdOst Verlag

Bibliografische Information der Deutschen Nationalbibliothek

Die Deutsche Nationalbibliothek verzeichnet diese Publikation in der Deutschen Nationalbibliografie; detaillierte bibliografische Daten sind im Internet über http://dnb.dnb.de abrufbar.
ISBN 978-3-95587-793-4

Zitiervorschlag:
Zahner, V., Schmidbauer, M, Schwab, G. und Angst, Ch. 2021.
Der Biber. Baumeister mit Biss. SüdOst Verlag. Regenstauf. 191 S.

Für uns, die Battenberg Gietl Verlag GmbH mit all ihren Imprint-Verlagen, ist Nachhaltigkeit ein wichtiger Teil unserer Unternehmensphilosophie. Daher achten wir bei allen unseren Produkten auf den Einsatz umweltschonender Ressourcen und Materialien.
Dieses Buch wurde auf FSC®-zertifiziertem Papier gedruckt. FSC (Forest Stewardship Council®) ist eine nicht staatliche, gemeinnützige Organisation, die sich für die verantwortungsvolle und ökologische Nutzung der Wälder unserer Erde einsetzt.

Unsere Partnerdruckerei kann zudem für den gesamten Herstellungsprozess nachfolgende Zertifikate vorweisen:
- Zertifizierung für FOGRA PSO
- Zertifizierungssystem FSC®
- Leitlinien zur klimaneutralen Produktion (Carbon Footprint)
- Zertifizierung EcoVadis (die Methodik besteht aus 21 Kriterien in den Bereichen Umwelt, Einhaltung menschlicher Rechte und Ethik)
- Zertifikat zum Energieverbrauch aus 100 % erneuerbaren Quellen
- Teilnahme am Projekt „Grünes Unternehmen" zum Schutz von Naturressourcen und der menschlichen Gesundheit

2. aktualisierte Auflage 2021
ISBN 978-3-95587-793-4

www.battenberg-gietl.de

Inhaltsverzeichnis

Vorwort

Es ist noch nicht lange her, da gab es keine Biberdämme an dem Flüsschen, an dem ich wohne. Anfang der 1990er Jahre, als angehender Naturfilmer, machte ich eine Exkursion bis in die Schweiz, um ein Bibervorkommen zu besuchen. Fortan zierte ein geschälter und auf beiden Seiten wie ein übergroßer Bleistift angespitzter Weidenast meinen Schreibtisch, quasi als Trophäe, die mich immer daran erinnern sollte, dass das vielleicht merkwürdigste heimische Säugetier eigentlich auch in die Natur vor meiner Haustüre gehörte.

Dann änderten sich die Zeiten in Punkto Biber gewaltig. Wenn ich heute mit meinem Hund an unserem Flüsschen entlanglaufe, sehe ich überall die Spuren von Bibern: Rutschen, Dämme, Burgen, und in den Kehrwassern finde ich mit etwas Glück so beeindruckende, beidseitig zugespitzte Weidenäste wie damals in der Schweiz. Sehen tue ich die Biber in unserem Flüsschen nur selten. Aber ihre Aktivitäten prägen mehr und mehr das gesamte Flusstal. Im Wasser liegt jetzt viel mehr Holz. Ein Segen für viele Wasserinsekten, die auf untergetauchten Ästen leben, aber ein Ärgernis für die Angler, deren Gerät sich öfters im Gezweig verheddert. Die Biber schaffen Höhlen im Ufer, die auch anderen Tieren als Unterschlupf dienen können, untergraben aber auch die Wege der Landwirte. Wo die Biber kleine Rinnsale mit ihren Dämmen aufstauen, verbessern sie das Wasserregime in der Aue und halten die flussnahen Wiesen feucht. Gut für Sumpfdotterblume & Co., aber unter Umständen auch ein Nachteil für die Menschen, die auf dem Grünland wirtschaften müssen. Ist der Biber also „nützlich“ oder gar „schädlich“?

Wenn ich auf meinen Spaziergängen unser Flüsschen und seine Nebenbäche inspiziere, meine ich festzustellen, dass es dank der Biber (bzw. dank der vielen Äste und Zweige im Wasser) mehr Kleinfische, Libellen und andere Tiere gibt als in der Zeit vor „Meister Bockerts“ Rückkehr. Aber belegen kann ich diesen Eindruck nicht, weil ich als Tierfilmer und Naturfreund kein Wissenschaftler bin und keine präzisen Daten sammle. Ich bin auf Literatur angewiesen, die mir jene harten Fakten liefert, die eine Meinung, und beim Austausch von Meinungen eine Diskussion, erst solide machen.

Das vorliegende Buch ist eine hervorragende Grundlage, um sich sachlich mit dem Thema auseinanderzusetzen. Und das ist beim Biber wichtiger als bei den meisten anderen heimischen Wildtieren: Die angestammte Lebensweise des zweitgrößten Nagetiers der Welt führt immer wieder zu Konflikten mit dem Menschen. Landauf, landab entbrennen regelmäßig Diskussionen zwischen Naturschützern und Land- bzw. Gewässernutzern. Wir müssen den Umgang mit einer Tierart wiedererlernen, die seit Urzeiten hier existierte und die der Mensch für ein Jahrhundert fast

vollständig verdrängt hatte. Die Grenzen unserer Toleranz müssen neu ausgelotet werden.

Für diesen gleichermaßen schwierigen wie langfristigen Prozess ist „Der Biber – Baumeister mit Biss" Gold wert, weil es ein Füllhorn voller Daten ist zu allen denkbaren Fragen, die sich stellen. Habe ich etwa recht, dass es dank der Biber bei uns mehr Fische im Wasser gibt als zuvor? Hat mein Nachbar recht, der behauptet, dass es heute mehr Biber gibt als natürlich wäre? Bewahren uns die Holzkonstruktionen der Biber wirklich vor Hochwasser? Oder sind die Befürchtungen meines Nachbarn berechtigt, dass es bald keine Bäume mehr entlang des Flüsschens gibt, an dem wir beide leben? Und wir beide sind ja nicht die Einzigen, die sich Fragen stellen! Wer mit Kindern einmal in einem von Bibern gestalteten Lebensraum steht, muss Antworten parat haben: Wie kann ein Biber einen Baum fällen, ohne dass seine Zähne stumpf werden? Friert im Winter ein Biber nicht im Wasser? Warum baut der Biber Dämme, wieso kann er das überhaupt und wie schnell wächst so ein Bauwerk? Dem Biberdamm, dem vielleicht erstaunlichsten Bauwerk im heimischen Tierreich, ist in der Neuauflage von „Der Biber – Die Rückkehr der Burgherren" ein ganz neues Kapitel gewidmet, voller spannender Details und faszinierender Erkenntnisse.

Voller Stolz darf ich die Autoren, den Forstwissenschaftler und Wildtierökologen Volker Zahner, den Biologen Markus Schmidbauer sowie den Bibermanager Gerhard Schwab als gute Bekannte und sogar als Freunde bezeichnen. Ihnen ist gemeinsam mit dem Wildbiologen Christof Angst etwas ganz Besonderes gelungen: Ein Buch, prall voll Fachwissen und Daten, das aber dennoch Lesevergnügen durch und durch bietet, weil es kein trockenes Nachschlagewerk ist, sondern den gewaltigen Erfahrungsschatz dieser ausgewiesenen Biber-Experten auf lebendige Art und Weise wiedergibt.

„Der Biber – Baumeister mit Biss" wendet sich an jeden, der sich für unser größtes Nagetier interessiert, ob Gewässerbauer oder Landschaftsplaner, Naturfreund oder Landwirt. Besonders sei es den Entscheidungsträgern auf kommunaler Ebene ans Herz gelegt, die Einfluss haben auf die Gestaltung gewässernaher Flächen. Den Biber und sein Verhalten können wir nicht ändern. Aber wir können unseren Umgang mit seinem Lebensraum überdenken und uns auf die Vorteile besinnen, die ein Gewässer für uns hat, in dem der Biber zu Hause ist. Welche das genau sind, was der Biber so alles macht und kann und was wir tun müssen, um möglichst konfliktfrei mit diesem wunderbaren Wildtier zusammenzuleben, das erzählt dieses Buch.

Jan Haft
Biologe und Tierfilmer

Gestalter der Auen

Der Biber macht Geschichte

Es ist ein lauer Sommerabend an einem kleinen Waldbach. Das gedämpfte Licht dringt durch Strauchweiden am Bachufer. Die Vegetation steht hoch am Ufersaum und es riecht nach üppigem Grün. Von der Ferne hören wir Wasser rauschen. Ein Biberdamm, aus Ästen und Stammteilen aufgetürmt, hat den Bach hier verbreitert. Ein Zaunkönig schmettert sein Lied, Prachtlibellenmännchen tanzen im fahl werdenden Licht und ein Eisvogel schießt wie ein blauer Pfeil vorbei. Da, plötzlich beginnt vor uns das Wasser leicht zu wabern. Luftblasen steigen aus der Tiefe des Gewässers auf. Wie aus dem Nichts taucht er auf und gleitet lautlos durch das Wasser. Der Gestalter der Auen – der Biber.

An immer mehr Orten in Europa kann man dies wieder erleben, kann man eintauchen in eine andere Welt – so vielfältig, so faszinierend, so vernetzt, dass sich bei dem Erlebnis eine Reihe von Fragen aufdrängen. Wie lange kann der Biber tauchen? Warum baut er eigentlich einen Damm?

▷ Der Biber ist in der gesamten nördlichen Hemisphäre ein zentraler Faktor für den Wasserhaushalt. Hier hat er durch Anheben des Wasserstandes einen Eichen-Eschenwald überschwemmt.

Wer wohnt alles in der Burg? Was frisst er eigentlich und was ist, wenn er alles weggefressen hat? Man möchte mehr wissen über den Biber, über sein Leben und seine Auswirkungen.

Dabei hat kaum eine Tierart den Menschen so fasziniert wie er. Unglaubliche Geschichten über sein Familienleben, seine Biologie und seine Bauwerke sind überliefert und bildlich festgehalten. Zahlreiche Ortsnamen weisen auf seine historische Verbreitung und seine Bedeutung in der Welt unserer Vorfahren hin. Wichtiges Heilmittel, Fastenspeise oder Baumeister sind nur einige Attribute in diesem Zusammenhang.

Betrachtet man die Biologie des Bibers näher, stößt man auf faszinierende Anpassungen, vom kleinsten Detail bis hin zu großen Zusammenhängen. Der Biber ist damit biologisch wie ökologisch ein dankbares Anschauungsobjekt für Umweltpädagogik. So erfreuen sich Biberexkursionen größter Beliebtheit. Über sie kann man Kindern wie Erwachsenen einen Einblick in Vernetzungen unserer Ökosysteme vermitteln. Dabei kann man anhand von Biberspuren, Dämmen und Burgen das Thema spannend gestalten, ohne auch nur einen einzigen Biber zu Gesicht zu bekommen.

Doch trotz der großen Faszination, die immer vom Biber ausging,

▷ Frühlingsknotenblumen sind Zeiger für feuchte Laubwälder mit hohem Grundwasserstand.

wurde er in weiten Teilen seines Vorkommens übernutzt und beinahe ausgerottet. Von den etwa 100 Mio. in Eurasien und 200–400 Mio. in Nordamerika lebten am Ende noch 10 000 bis 20 000 Biber. Hier beginnt eine weitere faszinierende Geschichte: die erfolgreiche Rückkehr einer Art, die bereits am Abgrund stand.

Große Namen, weltweit ebenso wie in Deutschland, haben sich um die Wiedereinbürgerung verdient gemacht, haben den Biber als Sympathieträger für eine Botschaft eingesetzt und ein Umdenken im Umgang mit der Umwelt und den Mitgeschöpfen eingefordert und angestoßen.

Der Biber ist damit ein wichtiger Teil unserer Naturschutzgeschichte bis in die Gegenwart. So hat er inzwischen wieder weite Teile Europas zurückerobert. Doch gerade sein Gestaltungsdrang, der ihn auf der einen Seite so bedeutend für die Gewässerökologie allgemein macht, führt auf der anderen Seite zu Problemen mit der Landnutzung. Heute ist es daher die größte Herausforderung, den Biber auf dem Weg zu einer verbreiteten Tierart weiter zu begleiten. Es gilt im Rahmen eines „Bibermanagements“ Konflikte zu lösen oder zu verringern, für Akzeptanz zu werben, Vorurteile auszuräumen, aber auch seinen großen Wert in der Landschaft zu betonen. Ziel ist es dabei, langfristig wieder zu einem ganz selbstverständlichen Umgang mit dieser Tierart zu gelangen.

Doch warum die Anstrengungen für eine einzelne Art? Der Biber gilt in der Ökologie als Musterbeispiel für eine Schlüsselart, also eine Spezies, die durch Aktivitäten Lebensräume und Strukturen schafft, auf die andere Arten oder Lebensgemeinschaften angewiesen sind. Der Biber setzt mit seinen Dammbau- und Fällungsaktivitäten Impulse in der Auenökologie und kann ein Motor für Umdenkungsprozesse im Umgang mit unseren Bach- und Flusslandschaften sein. Er hat nebenbei eine bisher kaum beachtete gesellschaftliche Bedeutung für den Hochwasserschutz und die Grundwasserneubildung. Es gilt die positiven Aspekte in den Vordergrund zu stellen und die Kraft des Bibers für die immer mehr zurückgedrängte Natur und für uns selber zu nutzen!

Das Buch will informieren, Vorurteile auszuräumen helfen, Praktisches im Umgang mit und dem Erleben von Bibern darstellen und etwas von der Faszination Biber vermitteln, die wir alle spüren.

▷ **Wasser und Weichlaubhölzer, wie hier Pappel- und Weidenbestände entlang den Altwassern der Donau, gehören zu den unverzichtbaren Bestandteilen eines Biberreviers.**

Biologie des Bibers

Geschaffen für ein Leben im Wasser

BIBERSYSTEMATIK

Biber gehören zur Ordnung der Nagetiere. In dieser Gruppe sind die beiden Biberarten, der Europäische Biber und der Kanadische Biber, nach dem südamerikanischen Wasserschwein, auch Capybara genannt, die zweitgrößten heute lebenden Nagetierarten. Die nächsten Verwandten des Bibers sind Eichhörnchen und Murmeltiere. Die ähnlich lebenden Bisam und Nutria sind hingegen nur weitläufiger mit dem Biber verwandt.

Ursprungsform der Biberartigen war, wie für viele andere Nagetierarten, die Familie *Paramyidae*, die im Eozän vor etwa 50 Millionen Jahren lebte. Aus den *Paramyidae* ging vor etwa 40 Millionen Jahren im Oligozän der *Agnotocastor* hervor, der als Stammform aller Biber gilt. Im Verlauf von weiteren Millionen Jahren entwickelten sich aus dem *Agnotocastor* über 19 Bibergattungen. Der größte Biber, der Riesenbiber *Castoroides ohioensis* lebte in Nordamerika. Er erreichte mit bis 200 kg die Größe eines Schwarzbären und starb erst vor etwa 10 000 Jahren aus.

Zoologische Einordnung des Bibers

Klasse	Säugetiere *(Mammalia)*
Ordnung	Nagetiere *(Rodentia)*
Unterordnung	Hörnchenverwandte *(Sciuromorpha)*
Überfamilie	Biberartige *(Castoroidea)*
Familie	Biber *(Castoridae)*
Gattung	Biber *(Castor)*
Arten	Europäischer Biber (*Castor fiber* Linnaeus 1758) Kanadischer Biber (*Castor canadensis* Kuhl 1820)

Unterschiede zwischen Europäischem und Kanadischem Biber

Merkmal	Europäischer Biber	Kanadischer Biber
Chromosomen	48	40
Junge im Wurf (adulte Weibchen)	2–3	3–5
Nasenbein (Schädel)	länger	kürzer
Nasenöffnung (Schädel)	dreieckig	trapezförmig
Analdrüsensekret Männchen	dünnflüssig, gelblich	dickflüssig, braun
Analdrüsensekret Weibchen	zäh, grau	dünnflüssig, gelblich

Aus einer dieser vielen Gattungen, dem *Stenofiber*, der vor etwa 26 Millionen Jahren lebte, entstand vor 15 Millionen Jahren im Südosten Europas die Gattung *Castor* mit der Art *Castor fiber*. Diese breitete sich über ganz Eurasien aus und wanderte über die Landbrücke

Unterarteneinteilung	Deutscher Name	Refugiumpopulation	Restpopulation zu Beginn des 20. Jahrhunderts	Zugehörigkeit der Ost- und Westlinie[87]
Castor fiber fiber	Skandinavischer Biber	Telemark, Norwegen	60–120 [62]	Westlinie
Castor fiber galliae	Rhonebiber	Rhone, Frankreich	30 [345]	Westlinie
Castor fiber albicus	Elbebiber	Elbe, Deutschland	200 [144]	Westlinie
Castor fiber vistulanus	Belorussischer Biber	Dnjeper- und Nemaneinzugsgebiet, Litauen, Weißrussland, Ukraine, Woronesch, Russland	>1000 [326]	unbekannt
Castor fiber pohlei	Westsibirischer Biber	Konda, Russland	300 [219]	Ostlinie
Castor fiber tuvinicus	Tuwinischer Biber	Azas, Russland	30–40 [219]	Ostlinie
Castor fiber birulai	Mongolischer Biber	Bulgan, Mongolei, Russland China	<100–150 [218]	Ostlinie

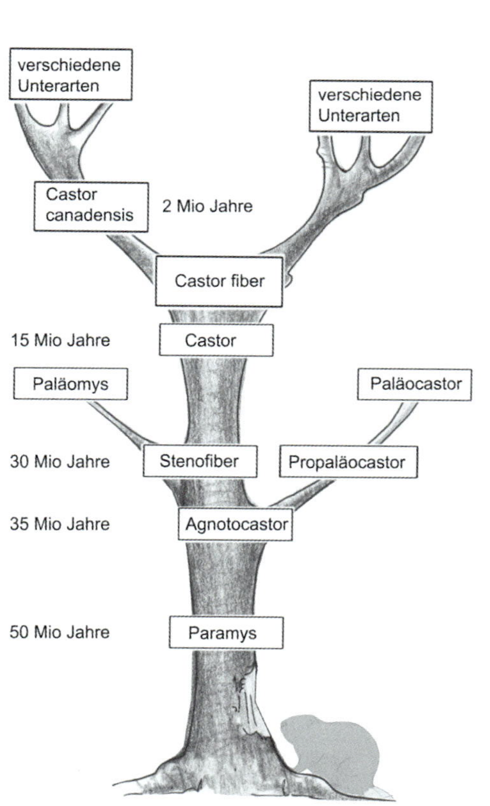

▷ **Auch wenn die heutigen Biber (links) sehr viel kleiner sind als der ausgestorbene Riesenbiber (rechts), ist doch der Bauplan der Gleiche geblieben. Unverkennbar unterstreichen die riesigen Schneidezähne die Zugehörigkeit zu den Nagetieren.**

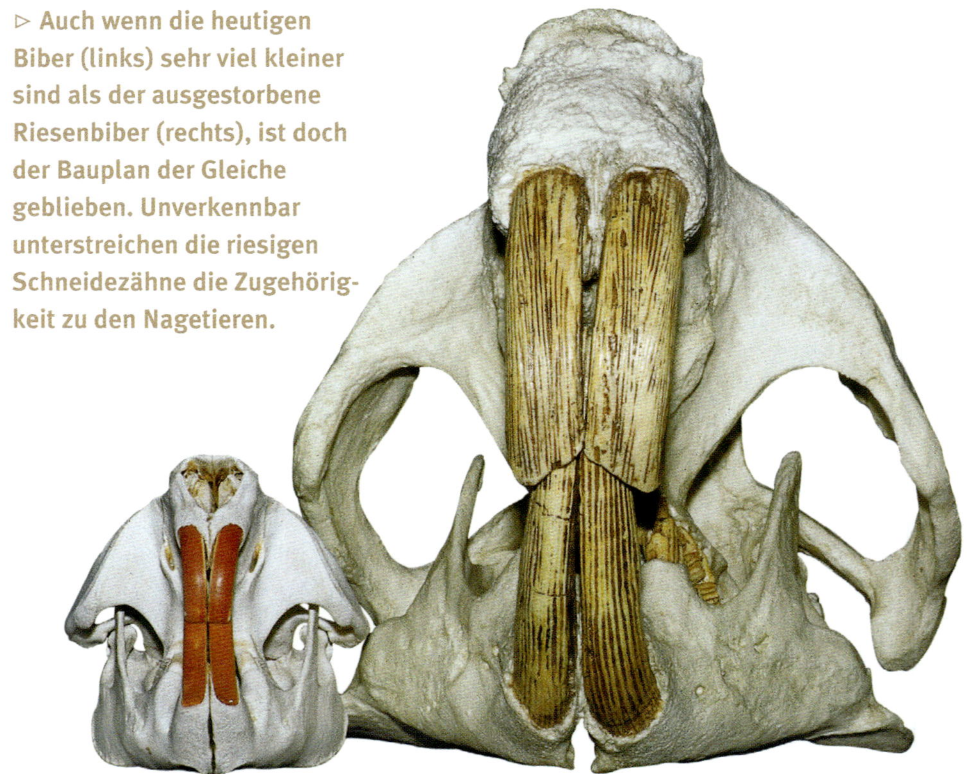

Woher hat der Biber seinen Namen?

Der deutsche Name Biber stammt ebenso wie das englische „beaver" aus dem Indogermanischen und bedeutet „braun"; von der gleichen Wortwurzel ist auch der Bär abgeleitet. „Der Braune" heißt der Biber auch in den meisten europäischen Ländern, so in Frankreich (bièvre), in Russland und Polen (bobr) oder in Schweden (bäver).
Für die wissenschaftliche Bezeichnung „Castor" gibt es eine griechische und eine lateinische Deutung. Die griechische geht zurück auf Kastor, einen der beiden Dioskuren, Söhne des Zeus und der Leda. Dieser war auch als Heilkundiger bekannt, und Heilsubstanzen aus Tieren wurden mit seinem Namen belegt, so auch das Bibergeil. Über diesen Umweg kam der Biber zum Namen Castor.
Die lateinische Deutung bedient sich mittelalterlichen Jägerlateins: demnach beißt sich ein verfolgter Biber seine Hoden (Bibergeilsäcke) ab und opfert sie dem Jäger, um am Leben gelassen zu werden: zurück bleibt ein kastrierter (von lateinisch castrare) Biber.

zwischen Sibirien und Alaska, die Beringstraße, nach Nordamerika ein. Die ältesten Nachweise der Gattung *Castor* in Nordamerika sind 7 Millionen Jahre alt. Damals lebte *C. californicus.* Er unterscheidet sich vom Europäischen Biber praktisch nur in der Größe.[370] Die Autoren vermuten, dass die beiden Arten derselben Linie entspringen und als eine Art zusammengefasst werden sollten. Die ältesten Nachweise von *C. canadensis* sind rund 2 Millionen Jahre alt.

Europäischer und Kanadischer Biber waren lange Zeit als zwei Unterarten einer einzigen Art gesehen worden, genetische Untersuchungen und Zuchtversuche in Polen und Russland haben aber gezeigt, dass es sich eindeutig um zwei verschiedene Arten handelt, die sich nicht kreuzen können. Beide Arten sind in Aussehen und Lebensweise sehr ähnlich, zeigen aber auch Unterschiede.[274] (Tabelle Seite 11)

Eine sichere Unterscheidung der beiden Arten ermöglichen Konsistenz und Farbe des Analdrüsensekretes sowie genetische Marker, bei toten Bibern auch Schädelmerkmale.[361, 207]

Bei beiden Biberarten wurden und werden noch zahlreiche Unterarten unterschieden, beim Kanadischen Biber sind es bis zu 24.[123] Die bis zu 8 beim Europäischen Biber beschriebenen Unterarten spiegeln in erster Linie die Restvorkommen wider, die nach der fast vollständigen Ausrottung durch den Menschen übrig geblieben waren.[326]

Neuere genetische Untersuchungen zeigen jedoch, dass das System des Europäischen Bibers wahrscheinlich einfacher ist und es wohl nur zwei Linien gibt, eine „westliche" *(C. f. fiber, C. f. albicus, C. f. galliae)* und eine „östliche" (die anderen bisherigen Unterarten).[84] Diese Linien spiegeln zwei verschiedene Rückzugsgebiete der Biber während der Eiszeiten wider.[87] Mit der Vergletscherung verschwanden die Biber aus weiten Teilen ihres Verbreitungsgebietes und überlebten in eisfreien Reliktgebieten. Von diesen beiden Gebieten im Süden Frankreichs und im Schwarzmeergebiet wanderten sie mit dem zurückweichenden Eis wieder nach Norden und besiedelten die neu entstandenen Lebensräume. Die Diskussion um die Systematik des Bibers ist jedoch noch nicht abgeschlossen, weitere und detailliertere genetische Untersuchungen werden zu einer Klärung beitragen (siehe auch Seite 161).

Biberverwandtschaft

Die Ordnung der Nagetiere stellt mit 34 Familien und rund 2600 Arten annähernd die Hälfte aller höheren Säugetiere weltweit. Sie graben, tauchen, schwimmen, klettern, ja einige Arten gleiten sogar. So konnten sie die unterschiedlichsten Lebensräume, von den feuchten Tropen über die heißesten Wüsten

▷ **Bisam** ***(Ondatra zibethica)***
Unterordnung Mäuseverwandte *(Myomorpha)*
Familie Mäuseartige *(Muridae)*
Unterfamilie Wühlmäuse *(Microtinae)*
Länge bis 35 cm + 25 cm Schwanz
Gewicht bis 1,5 kg

▷ **Nutria** ***(Myocastor coypus)***
Unterordnung Meerschweinchenverwandte *(Caviomorpha)*
Familie Biberratten *(Myocastoridae)*
Länge bis 65 cm + 40 cm Schwanz
Gewicht 8–10 kg

▷ **Biber** ***(Castor fiber)***
Unterordnung Hörnchenverwandte *(Sciuromorpha)*
Familie Biber *(Castoridae)*
Länge bis 1 m + 35 cm Kelle
Gewicht 25–30 kg (Ausnahmen etwas schwerer)
Schwanz als abgeflachte, beschuppte Kelle ausgebildet

bis hin zur arktischen Tundra, erobern und sich verschiedenste Nischen vom Wasser bis hin zu den äußersten Wipfeln der Baumkronen erschließen.

Was macht diese Tiergruppe so erfolgreich? Im Wesentlichen ist es der Bauplan des Gebisses, der bei allen Nagetieren dem gleichen Prinzip folgt: je zwei Schneidezähne, deren Äußeres durch Eiseneinlagerungen orange gefärbt ist, was den Zahnschmelz besonders hart und widerstandsfähig macht.[234] Am Schädel setzen enorme Kaumuskeln an. Mit diesem Gebiss können selbst härteste Materialien bearbeitet werden. So öffnen sie Nüsse (Eichhörnchen), knacken Muscheln (Bisam) oder fällen Eichen (Biber).

Drei dieser Nager, nämlich Biber, Nutria und Bisam, bewohnen heute bei uns den gleichen Lebensraum, die Gewässer und ihre Ufersäume. Der Biber stammt aber als einziger aus Europa, während die Heimat des Bisams in Nord- und die der Nutria in Südamerika liegen. Erst der Mensch brachte beide nach Europa.

In der Nähe von Prag wurden 1905 die ersten Bisame von Graf Colorado-Mannsfeld in böhmische Teichgebiete eingesetzt. Von hier aus trat die Art ihren Siegeszug über Mittel- und Osteuropa an. Um 1915 tauchten die ersten Tiere am Regen im Bayerischen Wald auf und nur 20 Jahre später hatte der Bisam die Rheinauen bei Breisach erreicht.[167] Wegen seiner Grabtätigkeit in Dämmen und Teichanlagen sowie als Räuber von Muschelbänken wird der Bisam in Deutschland und Frankreich verfolgt. In anderen Ländern, wie Tschechien oder der Slowakei, ignoriert man ihn oder schätzt ihn als wertvolles Pelztier. Sie sind zwar in Österreich im Jagdrecht, genießen aber keine Schonzeit und dürfen das ganze Jahr bejagt werden.

Der Bisam ist als nordamerikanische Art an strenge Winter angepasst. So konnte er sich ohne Stützung durch den Menschen flächig verbreiten. Er bewohnt in Nordamerika die gleichen Regionen, ja den gleichen Lebensraum wie der Biber. Immer wieder kommt es vor,

dass der Bisam die äußeren Schichten der Biberburg bewohnt und gelegentlich sogar in der Burg geduldet wird. Während der Biber hauptsächlich einen Streifen von 20 Metern entlang des Gewässers nutzt, ist der Bisam viel enger an den Wasserbereich gebunden. Im Sommer, wenn Nahrung im Überfluss vorhanden ist, überlappen sich die Speisezettel der beiden mit einer Ausnahme: der Biber frisst nur Pflanzen, während der Bisam auch tierische Kost, wie Krebse, Muscheln oder Insekten, verzehrt. Im Winter, der Zeit des Mangels, besetzt der Biber als Rindenspezialist eine völlig andere Nahrungsnische. Der Bisam braucht dagegen auch im Winter eiweißreiche Nahrung, wie Knospen oder Muscheln. Durch seine geringe Größe kann er aber seinen niedrigeren Nahrungsbedarf leichter mit hochwertiger Nahrung decken.

Die Nutria, bei uns auch Sumpfbiber genannt, obwohl sie gar nicht zu den Biberartigen gehört, stammt aus Südamerika. In der Größe liegt sie deutlich unter dem Biber und über dem Bisam. Ihr wissenschaftlicher Name *Myocastor* bedeutet soviel wie „Mausbiber". In Europa wurde der Nager zunächst als Pelztier in Farmen gehalten. Auch ihr Fleisch schätzte man.

In der Camargue in Südfrankreich wurde die Art später ausgesetzt, um Fischteiche von allzu reichem Pflanzenwachstum zu befreien. Der Versuch erwies sich als äußerst erfolgreich, so dass weitere Aussetzungen folgten. In den 1970er Jahren zählte man allein in Frankreich rund 30 000 Tiere.[167] In Regionen mit strengen Wintern schlugen die Aussetzungen fehl, da die Nutrias strenge Winter mit gefrorenen Wasserflächen nicht überlebten. Daher war die Nutria, anders als der Bisam, lange nur inselartig verbreitet. Zunächst besiedelte sie Bereiche, wo warme Abwässer ein besonderes Kleinklima schufen.[277] Heute jedoch scheinen sich Nutrias aber auch an raueres Klima anzupassen. So existieren z. B. im Elbeinzugsbereich, am Hochrhein und an der Isar größere Ansiedlungen.[150]

KÖRPERBAU

Will man den Lebensraum des Bibers charakterisieren, gibt es nur zwei Faktoren, die bestimmend sind: Wasser und Bäume. Wasser prägt seinen Körperbau wie kein zweites Element, im Groben bis hin zum kleinsten Detail. Doch tatsächlich verbringt er nur 2 bis 3 Stunden täglich im Wasser, 90 % der Zeit hält er sich dagegen an Land auf,[229] vor allem in seinem Bau. Wasser ist Schutz, Nahrungsquelle und Transportmedium zugleich. Ja, sogar die Fortpflanzung findet hier statt.

Gestalt

Um möglichst wenig Kraft beim Schwimmen zu verbrauchen, ist seine Gestalt stromlinienförmig. Doch anders als der Fischotter ist der Biber nicht für Schnelligkeit und Wendigkeit gebaut. Durch seinen kompakten Körperbau kann er die Wärme besser halten, da so die Energie abstrahlende Oberfläche im Verhältnis zum Körpervolumen kleiner wird. Dies ist ein entscheidender Faktor für einen „wasserbewohnenden" Pflanzenfresser, der von wenig energiereicher Nahrung lebt.

Biber in Zahlen

Daten für ausgewachsene Tiere	
Gewicht	bis 20 – 25 kg
Gesamtlänge	bis 135 cm
Schwanzlänge	bis 35 cm
Körperlänge	bis 100 cm
Mittlere Lebenserwartung	8 Jahre
Maximale Lebenserwartung	in Freiheit: 21 Jahre in Menschenhand: 35 Jahre
Paarungsstrategie	monogam
Paarungsort	Wasser
Paarungszeit	Januar–März
Tragzeit	105 – 107 Tage
Setzzeit	April bis Juni
Geburtsgewicht	500–700 g
Junge pro Wurf	in der Regel 2–3 (maximal 5)
Zahl der Würfe pro Jahr	1
Einsetzende Geschlechtsreife	30 Monate
Zahl der Zähne	20
Ernährungsweise	reiner Vegetarier
Überwinterung	hält keinen Winterschlaf

Biber und Wasser

Geschwindigkeit beim Schwimmen:
4–10 Kilometer/Stunde
Maximale Dauer von Tauchgängen: 5–6 Minuten, bei Inaktivität bis 15 Minuten[274]
Herzschlagfrequenz unter Wasser: 20 % reduziert
Längster von Bibern gegrabener Kanal:
230 Meter, in Colorado/USA

Hand und Fuß

Auffällig sind die starke Arbeitsteilung und die unterschiedliche Größe zwischen Vorderpfoten und Hinterfüßen. Die Vorderpfoten sind richtige Hände mit fünf feingliedrigen Fingern, mit denen er geschickt zugreifen kann. Einen gegengelagerten Daumen, wie wir oder andere Primaten ihn entwickelt haben, besitzen Biber jedoch nicht. Diese Funktion unseres Daumens übernimmt der „Kleine Finger", mit dessen Hilfe selbst dünne Stöckchen eingeklemmt und geschickt abgeschält werden. Alle seine Finger und Zehen sind mit relativ kräftigen Krallen besetzt. Sie sind ideale Werkzeuge zum Graben.

Die Hinterfüße sind um ein Vielfaches größer und kräftiger. Sie sind weitgehend unbehaart und haben ausgeprägte Schwimmhäute. Bei der Fortbewegung im Wasser sind sie der Hauptantrieb.

Außerhalb des Wassers wirkt der Biber fast plump. Seine Vorderpfoten sind kürzer als seine Hinterbeine, was ihm seine typisch überbaute Gestalt verleiht. Seine Beine sind äußerst kurz, damit ist sein Überblick in der dichten Vegetation begrenzt. Gelegentlich stellt er sich daher auf die Hinterbeine, um sich zu orientieren.

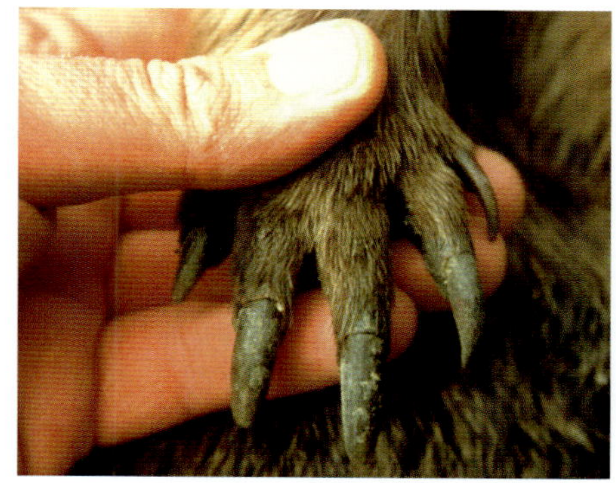

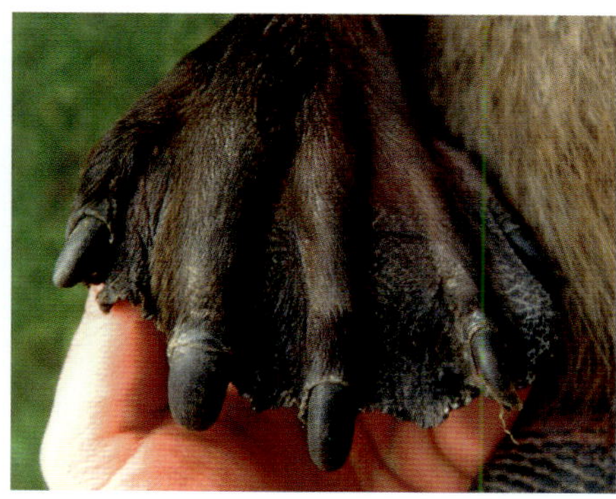

▷ **Die Vorderpfoten sind richtige Hände, mit denen Biber Feinarbeit verrichten. Die Hinterfüße sind deutlich größer und dienen mit ihren Schwimmhäuten vor allem dem Antrieb im Wasser.**

Kelle

Die Kelle ist das hervorstechendste Merkmal des Bibers und das bekannteste zugleich. Unter Kelle versteht man den scheinbar unbehaarten Teil des Biberschwanzes. Sie ist breit, flach und mit hornartigen Hautplättchen besetzt. Die Kelle hat dabei mehrere Funktionen. Der breite Schwanz dient als Auftriebs- und Balancekörper beim Fressen im Wasser und als Stütze an Land.[289]

Beim Schwimmen dient die Kelle als Ruder. Auch zur Kommunikation unter Bibern wird der Schwanz eingesetzt. So warnt man Familienmitglieder vor einer Gefahr, indem man mit der Kelle auf das Wasser klatscht. Doch auch als Speicherorgan hat die Kelle große

▷ **Biber arbeitet mit seinen Pfoten am Markierhügel und stützt sich mit dem Schwanz ab.**

▷ Der Biberschwanz, auch Kelle genannt, ist so ungewöhnlich wie charakteristisch. Er ist äußerlich von hornartigen Hautplättchen besetzt und dient im Inneren der Fettspeicherung. Daneben warnt der Biber seine Artgenossen mit der Kelle, indem er bei Gefahr auf die Wasseroberfläche klatscht.

Bedeutung. Depotfett lagert der Biber hier für Notzeiten ein.

Eine bedeutende Rolle wird der Biberkelle auch bei der Thermoregulation von zahlreichen Autoren eingeräumt.[3, 61, 421] Sie soll einen wichtigen Beitrag gegen die Überhitzung des ansonsten sehr gut isolierten Bibers leisten. An dieser absoluten Deutung lassen aber jüngere Untersuchungen zweifeln.

Über die Kelle verliert der Biber immer Wärme, ebenso wie über die Ohren und Augen, ähnlich wie über ein offenes Fenster. Wird es dem Biber aber zu heiß, so verändert sich die Temperatur nicht markant an den Ohren oder der Kelle. Die wesentliche Wärmeableitung findet über den Rücken statt, dem Körperbereich, der am schwächsten isoliert ist. 50 % weniger Haare und eine nahezu fehlende Fettschicht bilden eine Art energetisches Fenster, über das die Temperatur effektiv reguliert wird.[466] Dieses Phänomen lässt sich bei vielen Tierarten, wie z. B. auch dem Bisam, beobachten. Wirksame Wärmeableitung setzt im Tierreich an dem Ort an, wo eine Überhitzung als erstes fatale Folgen hätte – am Kopf. Daher haben

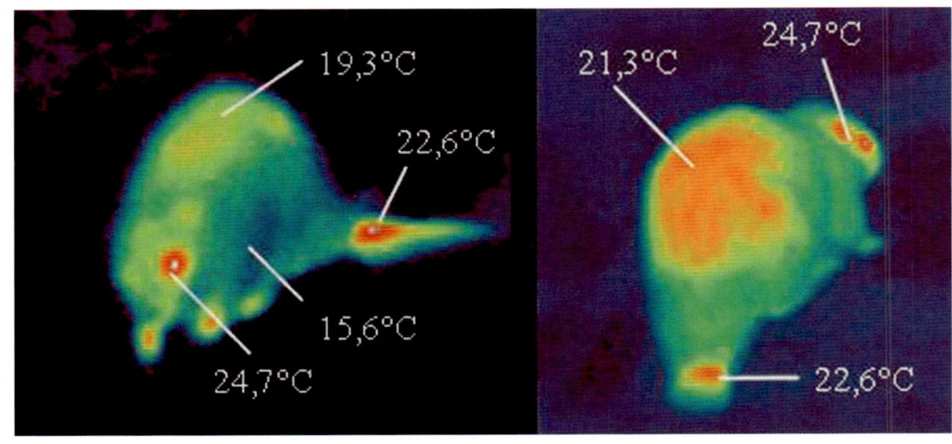

▷ Links Biber bei 10°C, rechts bei 29°C. Während der Kellenansatz und die Augen- und Ohrenregion ständig Wärme abgeben, findet die eigentliche Wärmeregulation über den Rücken statt,[466] wo nahezu kein isolierendes Fett gespeichert wird (Dicke der Fettschicht siehe Abbildung Seite 19 oben).[140] Das wichtigste Fettdepot ist der Schwanz.

Elefanten, Wüstenfüchse und Wüstenigel so große Ohren. Sie wirken wie Kühlradiatoren. Eine Ableitung über den Schwanz erscheint ungewöhnlich.

Doch als Gewässerbewohner der nördlichen Breiten ist der Biber vor allem mit dem Problem der Unterkühlung und weniger mit der Gefahr der Überhitzung konfrontiert. Depotfett löst gleich zwei Probleme auf einmal: Es isoliert und dient zugleich als Reserve im Winter.

Das gelartige Fett wird als Unterhautfettgewebe in mehreren Schichten eingelagert.[140] Bereits im Juli beginnt der Biber Fett anzusetzen, wobei der Biberschwanz der wichtigste Speicher ist. Bis zu 2 cm dick werden hier die Speckschichten. Im November erreicht das Depotfett in der Kelle einen maximalen Fettanteil von 60 %.[3] Ab dann beginnt der Biber von seinen Körpervorräten zu zehren. 3–4 kg verliert ein erwachsener Biber so über den Winter.[140] Das sind immerhin 15–20 % seines Körpergewichts.

Sinne

Nase, Augen und Ohren liegen beim Schwimmen auf einer Linie über dem Wasserspiegel, während der restliche Körper weitgehend untergetaucht ist. Frühzeitig Gefahren zu erkennen, ohne selbst wahrgenommen zu werden, ist das Prinzip. Besonders ausgeprägt ist dabei der Geruchssinn, was sich in einem großen Nasenschwamm widerspiegelt. Die Gehirnregion, die für die geruchliche Wahrnehmung zuständig ist, das so genannte olfaktorische Zentrum, gilt als gut ausgeprägt.[329] Doch wozu braucht der Biber einen starken Geruchssinn?

Zum einen, um Feinden aus dem Weg zu gehen. Nimmt er etwas Verdächtiges wahr, versucht er sofort Witterung aufzunehmen. Aber es ist nicht nur die Feindvermeidung, die eine gute Nase erfordert. Auch ferne Nahrungsquellen, vor allem Pappeln und Weiden, werden so über mehrere hundert Meter aufgespürt. Der Geruchssinn ist somit ein Fernsinn und der wich-

▷ **Alle wichtigen Sinnesorgane wie Nase, Augen und Ohren liegen beim schwimmenden Biber unmittelbar über dem Wasserspiegel und liefern so Informationen, ohne dass er selbst wahrgenommen wird.**

tigste Sinn des Bibers überhaupt, vergleichbar mit den Augen beim Menschen. Es sind daher auch Duftstoffe, die bei der Kommunikation unter Bibern eine zentrale Rolle spielen. Ob ein Revier besetzt ist, ob der Inhaber gar einen Partner sucht oder ob das Revier noch frei ist, lässt sich an den Duftmarkierungen erfahren.[274]

Der zweitwichtigste Sinn ist das Gehör. Als Anpassung an das Schwimmen und Tauchen ist die Ohrmuschel kaum größer als ein Daumennagel und innen wie außen stark behaart. Der Gehörgang ist relativ lang, das deutet auf einen gut entwickelten Hörsinn hin.[229] Beim Tauchen werden die empfindliche Nase und die Ohren mit Hautfalten verschlossen, dennoch kann der Biber unter Wasser hören.

Das Sehvermögen ist relativ schwach ausgeprägt und die Augen sind vor allem ein Nahsinn. Die seitliche Augenstellung ermöglicht ein Gesichtsfeld von fast 300°, doch nur auf rund 60° überlappen sich beide Gesichtsfelder. Lediglich in diesem Bereich kann der Biber dreidimensional bzw. räumlich sehen. Durch die Rundumsicht erkennt er früh mögliche Gefahren; die dreidimensionale Sicht ist dagegen für Feinarbeiten wichtig.

Auch unter Wasser dienen die Augen der Orientierung. Geschützt werden sie durch eine

▷ **Im Naturschutzgebiet Deusmauer Moor mit der Schwarzen Laber im Landkreis Neumarkt (D) schaffen Biber durch ihre Dämme besonders reizvolle und erlebnisintensive Landschaften.**

transparente Nickhaut. Eine besondere Anpassung der Linse oder des Augapfels über eine Veränderung der Muskeln, wie bei Unterwasserjagd von Fischotter oder Kormoran, gibt es jedoch nicht.[274]

Lange Zeit galten Biber als farbenblind. Die Forschung hat jedoch inzwischen gezeigt, dass die allermeisten Säuger zwei zum Farbsehen notwendige Zapfentypen besitzen: die Blau-Zapfen und die Grün-Zapfen. Lediglich einige Meersäuger wie Robben und Wale verfügen nur über Grünzapfen und sind damit farbenblind.[319] Biber sind dagegen zu „dichromatischem" Farbensehen in der Lage. Dies entspricht in etwa der Farbwahrnehmung eines rot-grünblinden Menschen.[319] Neben den für das Farbsehen verantwortlichen Zapfen befinden sich auf seiner Netzhaut vor allem Stäbchen. Sie sind bis zu 1000 Mal lichtempfindlicher und ermöglichen selbst noch bei starker Dämmerung ein helles Bild zu erkennen.[190] Ein weiterer Hinweis auf das im Vergleich zu anderen nachtaktiven Säugern gering entwickelte Sehvermögen ist das fehlende „Tapetum lucidum", jene reflektierende Schicht, die das einfallende Licht den Rezeptoren zuführt. Dadurch können andere nachtaktive Tierarten das Restlicht besser nutzen. Jeder kennt das Phänomen der im Scheinwerferlicht reflektierenden Katzen- oder Rehaugen.

Dem Tastsinn dienen so genannte „Vibrissen", gröbere Haare, die als Tastorgane spezialisiert sind. An ihren Wurzeln befinden sich zahlreiche Nervenendungen, die die feinste Berührung an die entsprechenden Hirnregionen weiterleiten. Körperbreit sind diese Tasthaare an der Nase und bis zu 9 cm lang, kleiner und feiner dagegen an der Handwurzel. Sie ermöglichen auch eine Orientierung in absoluter Dunkelheit und im trüben Wasser. Besonders ausgeprägt sind Vibrissen bei nachtaktiven Baubewohnern wie dem Biber.

Gehirn

Die Größe des Gehirns im Verhältnis zum Körpergewicht gilt als Hinweis auf die Fähigkeit, Probleme in einer komplexen Umwelt zu lösen.[274] Bei diesem Quotienten (Hirngewicht/Körpergewicht) liegt der Wert des Bibers (0,8) über dem von Bisam und Nutria, und ähnelt dem des Eichhörnchens. Betrachtet man die Ausdifferenzierung des Gehirns, zeigt sich, dass die entwicklungsgeschichtlich jüngeren Regionen, wie die Großhirnrinde (Neocortex), stärker ausgebildet sind. Über die Geistesleistungen der Biber berichtet auch eine Geschichte aus Bern. Ein Arzt in der Psychiatrischen Klinik hielt dort Kanadische Biber. In ihrem Schwimmbecken war der Stöpsel des Ausflusses so gestaltet, dass das Wasser oben durch 2 kleine Löcher abfloss. Am Ufer waren kleine Stöckchen mit passendem Durchmesser deponiert. Die Biber schafften es jede Nacht mit den Stöckchen die Löcher zu stopfen und so den Wasserspiegel zu heben.[330]

▷ Mit seinem stromlinienförmigen Körper gleitet der Biber fast widerstandslos durchs Wasser. Taucht der Biber aus seiner Burg drückt es die Luftblasen sichtbar aus seinem Fell.

Die Isolation: Haare und Fettschicht

Wasser ist ein besonders energiezehrendes Medium. Im Vergleich zu gleich warmer Luft verliert der Biber im Wasser in der gleichen Zeit 88 % mehr Energie.[252] Dies verdeutlicht, dass er nicht dafür geschaffen ist, sich allzu lange in kaltem Wasser aufzuhalten. Im Winter ist der Biber nicht nur mit eiskaltem Wasser, sondern zudem noch mit geringwertiger Rindennahrung konfrontiert – eine denkbar ungünstige Kombination. Dennoch hält er, anders als seine nahen Verwandten, die Murmeltiere, keinen Winterschlaf. Es ist daher eine Frage des Überlebens, den Wärmeverlust zu minimieren.

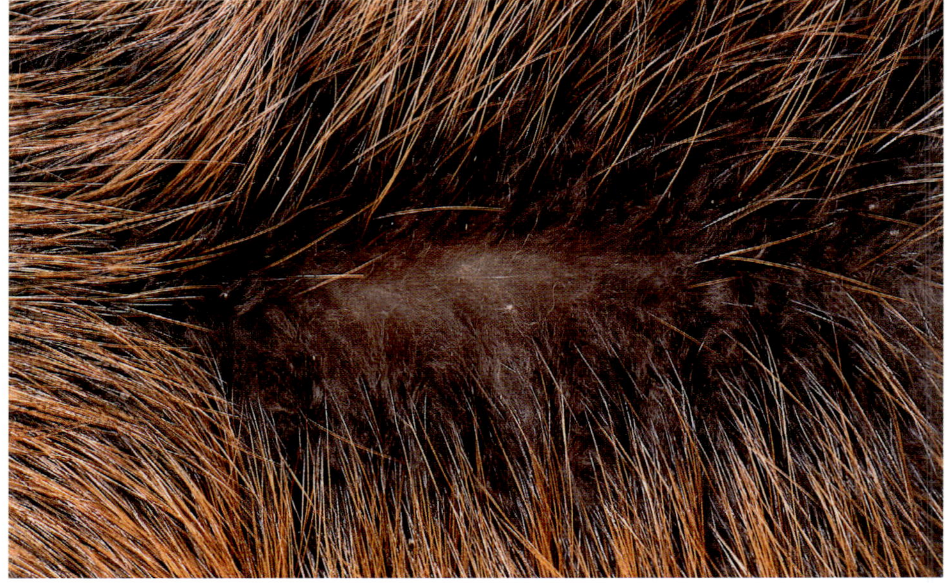

▷ Der Biberpelz ist berühmt für seine wärmende Wirkung. Die an der Basis liegenden gewellten Wollhaare halten die isolierenden Luftpolster, während die langen Grannenhaare das Eindringen von Wasser verhindern.

Über 80 % des Körpers ist von Pelz bedeckt. Lediglich die Hinterfüße und die Kelle sind wenig behaart. Dennoch: nur 24 % der Wärmeisolation wird im rund 3 °C kalten Wasser vom Pelz erbracht.

76 % der Isolation erbringt dagegen das Körperfett.[274] Fettpolster für die kalte Jahreszeit werden bereits ab Juli aufgebaut. Im Hochwinter schützt dann eine bis zu 3 cm starke Speckschicht den Körper gegen Auskühlung im Wasser.[140]

Bauchseits, wo er am häufigsten nass ist, besitzt der Biber rund 23 000 Haare pro Quadratzentimeter, am Rücken dagegen nur rund die Hälfte. Die Haare weisen besondere Strukturen auf. Zwei Haupttypen lassen sich dabei unterscheiden: die Grannenhaare und die Wollhaare. Die längeren Grannen sind an ihrer Spitze speerartig verbreitert. Unter dem Wasserdruck legen sich diese Haare dachziegelartig übereinander und verhindern, dass Feuchtigkeit in die dichte, stark gewellte, fast daunenartige Unterwolle eindringt.[80] Luftpolster werden hier durch die besonderen Haarstrukturen gehalten. Wasser ist aber 800 Mal dichter als Luft und verdrängt teilweise die isolierende Luftschicht aus dem Pelz. Deshalb steigen beim Abtauchen Luftblasen an die Oberfläche.

Damit der Pelz seine isolierende Eigenschaft behält, braucht er eine besondere Pflege. Kaum kommt der Biber aus dem Wasser, schon beginnt er sich ausgiebig zu putzen. Eine gespaltene Putzkralle an der zweiten Zehe der beiden Hinterfüße dient als Kamm und hält

Anzahl Haare pro cm²

Mensch	bis 300
Feldmaus	bis 5900
Schermaus	bis 7300
Eichhörnchen	8000–10 000
Schneehase	13 000 – 14 000
Bisam	14 000 – 16 000
Biber	12 000 – 23 000
Fischotter	25 000 – 51 000
Seeotter	100 000

▷ **An der zweiten Zehe der Hinterfüße befindet sich je eine gespaltene Kralle. Diese Putzkralle dient als Kamm, um die Fellstruktur in Ordnung zu halten.**

die Haarstruktur in Form. An Körperstellen, die der Biber nur schwer erreicht, übernehmen Partner, Eltern oder Geschwister die Aufgabe des „Groomings", also die soziale Körperpflege.

Um das Fell wasserabweisend zu halten, helfen Talgdüsen in der Haut an der Basis jeden Haares. Mit Hilfe der Vorderpfoten verteilt er diese wasserabweisende fettige Substanz bei der Fellpflege über die Haut und im ganzen Pelz.[353]

Keine Bedeutung für die Fellpflege hat dagegen die ölige Flüssigkeit aus dem großen Analdrüsenpaar, den sogenannten Ölsäcken oder dem Castoreum.[298] Es dient vielmehr der Kommunikation unter Bibern und wird von beiden Geschlechtern gebildet, unterscheidet sich aber zwischen Männchen und Weibchen deutlich und ebenso zwischen europäischen und kanadischen Bibern (siehe Geschlechterbestimmung).[353, 356] Der Duft dieser Drüsen dient vor allem der Abschreckung von fremden Artgenossen, als eine Form von Duftzaun zur Reviermarkierung. Zum anderen aber auch bei Einzelgängern, um potenzielle Partner anzulocken.

Die inneren Organe

Betrachtet man seine inneren Organe, so zeigt sich auch hier, dass der Biber ein echter Wasserbewohner ist. Obwohl seine Lungen gar nicht besonders ausgeprägt sind und sein Herz für seine Körpergröße relativ klein ist, taucht er bis zu 5 Minuten. Bei Gefahr kann er gar bis zu 15 Minuten regungslos unter Wasser ausharren.[274] Doch wie funktioniert dies? Zum einen pflegt der Biber eher einen gemächlichen Lebensstil, was einen niedrigeren Stoffwechsel und damit einen geringeren Sauerstoffbedarf bedingt. Zum anderen verlangsamt sich die Herzschlagfrequenz bei Tauchgängen von 100 Schlägen pro Minute auf 50.[271, 430] Die Blutgefäße in den Extremitäten und der Kelle verengen sich. So verbleibt mehr Sauerstoff im Gehirn. Ausgelöst wird dies durch eine Art Tauchreflex: In der Nasenregion befinden sich zahlreiche Nervenendungen.

Pelztiere

Tiere, die auf Grund ihres Wasserlebens oder ihrer Verbreitung in nördlichen Regionen besonders dichte und haarreiche Pelze aufweisen, wurden seit jeher vom Menschen als Fellieferant genutzt. Besonders hochwertig ist der Pelz von Fischotter und Biber. Vor allem auf dem Handel von Biberpelzen gründete sich der Reichtum der nordamerikanischen Kolonien und ganzer Handelsgesellschaften.

Die berühmteste ist wohl die Hudson Bay Company, der der englische König Charles II. knapp 4 Millionen Quadratkilometer Land in Kanada zur Pelztierjagd schenkte. Von 1670 ab lieferte die Gesellschaft in 135 Jahren über 16 Millionen Biberpelze. Ihr Wappen zeigt daher das wichtigste Handelsobjekt, den Biber, gleich viermal. Aber auch andere Pelze waren von Bedeutung: Eichhörnchen als Handschuhe, Maulwurf als Pelz ohne Haarstrich und Vielfraß als Kragenbesatz, da sich hier kein Reifanhang bildet.

▷ Dieser Biber ist an den Zitzen als Weibchen zu erkennen.

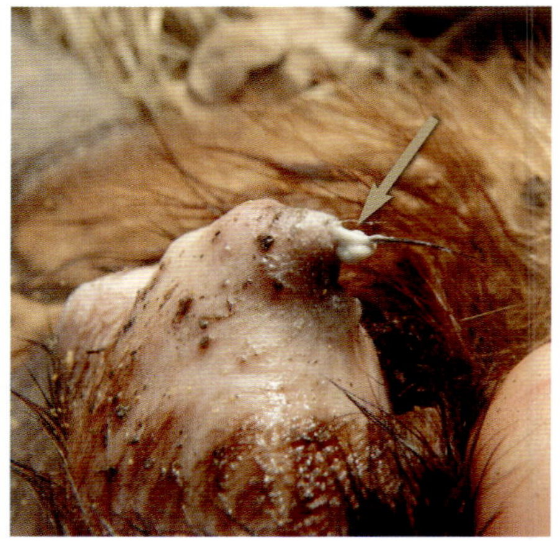

▷ Über Farbe und Konsistenz des Analdrüsensekrets ist die Geschlechtsbestimmung möglich. Beim Weibchen des Europäischen Bibers ist das Sekret dickflüssig grau wie Zahnpasta, während es beim Männchen dünnflüssig gelblich ist.

Taucht diese ins Wasser, fließt sofort ein verstärkter, sauerstoffreicher Blutstrom ins Gehirn und in das Herz.[179] Das Körpergewebe dagegen erträgt hohe Konzentrationen an Kohlendioxid. Holt der Biber an der Oberfläche Luft, tauscht er bis zu 75 % des Lungenvolumens pro Atemzug aus. Das Zwei- bis Dreifache dessen, was ein Mensch ersetzen kann. Ein weiterer Faktor ist die besonders hohe Menge Sauerstoff, die das Hämoglobin des Bibers im Blut, und das Myoglobin in seinen Muskeln binden kann.

Der Biber ist in vielerlei Hinsicht ungewöhnlich. Eine Besonderheit ist auch die Kloake – eine Tasche, die in einen gemeinsamen Ausgang von Darm, Harnblase und Fortpflanzungsorganen mündet. Typisch ist sie bei Amphibien, Reptilien, Vögeln und den Kloakentieren, einer Gruppe niederer Säuger, wie dem australischen Schnabeltier. Unter den echten Säugetieren ist sie dagegen einmalig.

Geschlechtsbestimmung

Eine weitere Anpassung an das Wasser sind die äußerlich nicht sichtbaren Geschlechtsorgane. Tatsächlich liegen die Genitalien in einer Hautfalte, für den Betrachter unsichtbar, verborgen.

Dadurch ist die Geschlechterbestimmung aus der Distanz unmöglich. Lediglich in der Säugezeit kann man beim Weibchen mit etwas Glück zwei ausgeprägte Zitzenpaare erkennen. Die zuverlässigste Methode zur Geschlechtsbestimmung ist die Farbe und Konsistenz des Analdrüsensekrets. Männchen besitzen beim Europäischen Biber ein dünnflüssiges gelbliches, Weibchen ein zähviskoses graues Sekret.[353, 63] Daneben lassen sich die Geschlechter auch genetisch anhand von Gewebeproben (am einfachsten Haarwurzelzellen) oder über eine Blutprobe differenzieren. Über Röntgenaufnahmen lässt sich beim Männchen der Penisknochen erkennen.

▷ Biber sind nicht nur hervorragend an das Wasser angepasst, sie vergrößern mit ihren Dämmen aktiv die Wasserflächen zu ihrem Vorteil wie hier am Fischbach bei Welden (D).

▷ **Vier orange Schneidezähne, die sich selbst schärfen und durch Eiseneinlagerungen in der äußeren Schicht besonders hart sind, gehören zum Charakteristikum aller Nagetiere.**

Gebiss

Neben der Kelle sind die großen Schneidezähne ein besonderes Merkmal des Bibers. Doch ist der Bauplan des Gebisses nagetiertypisch: je zwei Schneidezähne im Ober- und Unterkiefer. Deren äußere Schicht (Zahnschmelz) ist durch Eiseneinlagerungen orange gefärbt und trotzt so besonders der Abnutzung. Da der Zahnschmelz härter ist als das weiße Dentin, nutzen sich die beiden Schichten verschieden stark ab. So schärfen sich die Schneidezähne beim Nagen ständig nach. Aber auch durch Zähne wetzen kann nachgeschliffen werden. Dies ist vor allem im Sommerhalbjahr von Bedeutung, wenn Biber keine Bäume fällen und Äste entrinden.

Der Kaudruck der Schneidezähne liegt bei 120 kg pro Quadratzentimeter und ist damit sechsmal so hoch wie beim Menschen. Schon manch ein Biber konnte sich mit ihrer Hilfe aus einer misslichen Lage befreien. Auch bei Auseinandersetzungen sowohl mit Feinden als auch unter Bibern werden die Schneidezähne als effektive Waffe eingesetzt. Tiefe Fleischwunden können diese dem Gegner beibringen. Da die Schneidezähne besonders beansprucht werden, haben sie offene Wurzeln und wachsen permanent nach.[326]

Nach den Schneidezähnen klafft eine große Zahnlücke, das Diastema, worauf ein Prämolar (Vorbackenzahn) und drei Molare (Backenzähne) folgen. Diese Mahlzähne zerreißen die Pflanzenfasern und lassen einen Nahrungsbrei entstehen. Sie bilden die erste Verdauungsstufe.

Die Zahnformel für den Biber:

$$\frac{1013}{1013}$$

Die Schneide- und die Milchvorbackenzähne sind bereits mit zwei Wochen voll entwickelt. Mit rund einem Jahr ist das Gebiss vollständig.

Vergleichbar mit anderen Wasserbewohnern, wie der Nutria oder dem Bisam, hat auch der Biber Anpassungen, um unter Wasser fressen und nagen zu können. So besitzt er hinter den Nagezähnen Hautfalten, die den Mundraum verschließen. Damit gelangen weder Wasser noch Holzsplitter in den Rachenraum.

▷ **Mit seinen scharfen, harten Schneidezähnen macht der Biber auch vor großen und harten Bäumen von über 80 cm Durchmesser nicht halt. Die Zahnspuren sind deutlich im Anschnitt zu erkennen.**

Verdauungssystem

Zellulose als zentrales pflanzliches Stützelement ist Hauptbestandteil der Bibernahrung, vor allem im Winter. Durch ihre komplexe Struktur ist sie schwer verdaulich. Zellulosereiche Nahrung kann daher der Biber, wie alle anderen Säugetiere auch, nur mit Hilfe von Bakterien und Protozoen aufschließen. Nachdem leicht verdauliche Bestandteile, wie Proteine oder Glukose, bereits im Magen bzw. Dünndarm resorbiert wurden, folgt das Zaekum, der Blinddarmsack für schwerverdauliche Bestandteile. Hier schließen Bakterien die Zellulose weiter auf. Die Bedeutung des Zaekums spiegelt sich in seiner Größe wider, die fast dem doppelten des Magens entspricht. Der Inhalt des Zaekums wird nach der Verdauung als Blinddarmkot ausgeschieden. Dieser „Blinddarmkot" ist besonders eiweiß- und vitaminreich. Er wird vom Biber oral aufgenommen und ein zweites Mal verdaut. Dabei werden insgesamt bis zu 35 % der Zellulose aufgeschlossen, ein relativ hoher Wert für Nichtwiederkäuer.[229]

Altersschätzung beim Biber über Zahnentwicklung

Alter	Merkmale (verändert nach[326])
ab 2. Monat	1. Molar vorhanden
ab 3. Monat	2. Molar vorhanden, Schneidezähne gelb
ab 7. Monat	3. Molar vorhanden, Schneidezähne orange
ab 12. Monat	Dauergebiss komplett Altersschätzung über Abschliff ist sehr grob
3–7-jährig	leicht abgekaute Zähne
8–12-jährig	stärker abgekaute Zähne
über 12 Jahre	stark abgekaute Zähne, Zahnausfall

▷ Das Biberweibchen frisst in dieser Position ihren Blinddarmkot, um ihn nochmals zu verdauen. Die Jungen nehmen die Darmbakterien von den Eltern auf.

Auch der Darm ist mit der rund sechsfachen Körperlänge charakteristisch für reine Pflanzenfresser. Etwa 60 Stunden dauert es von der Nahrungsaufnahme, bis das Futter aufgeschlossen und wieder ausgeschieden ist.[194] Doch nicht nur die Ausbeute ist beeindruckend, auch der Inhalt der Nahrung ist ungewöhnlich. Gerade die Rinde der bevorzugten Weiden und Pappeln enthält eine Vielzahl von bakteriziden Inhaltsstoffen. Nur besonders angepasste Bakterienstämme im Zaekum überleben diese Nahrung. Eine Besonderheit, die viele Nager gemeinsam haben. Nutzt der Biber ältere Bäume, steigen dazu noch die Einlagerungen an Korkgewebe, die nicht nur mechanisch schwer zu verwerten sind.

Der nahrungsreiche Sommer ist die Zeit des Wachstums für Biber, während im Winter nur die Jungen an Gewicht zulegen.[414] Doch wie lässt sich das erklären? Sie werden in der Burg von den Eltern in die Mitte genommen und gewärmt, um weniger Energie zu verlieren. Außerdem versorgen die Alttiere ihre Jungen mit Nahrung, wenn es draußen besonders unwirtlich ist, damit sie nicht unnötig Kalorien bei der Nahrungssuche in der Kälte verbrauchen. Anders als die meisten Säugetiere wachsen Biber das ganze Leben lang.

NAHRUNG

Der Biber ist ein reiner Vegetarier. Gelegentlich im Magen gefundene kleine Wirbellose wie Schnecken oder Insekten werden passiv und unbeabsichtigt mit den Pflanzen aufgenommen. Einer Jagd nach Fischen geht der Biber nicht nach, auch wenn Gessner im Jahr 1669 in seiner „Historia animalium“ den Biber als Fischräuber darstellt.[110] Diese falsche Behauptung hält sich erstaunlich lange und wird leider auch heute noch verbreitet. Der Biber ist schon aufgrund seines massigen Körperbaus nicht in der Lage, Fischen aktiv nachzustellen.

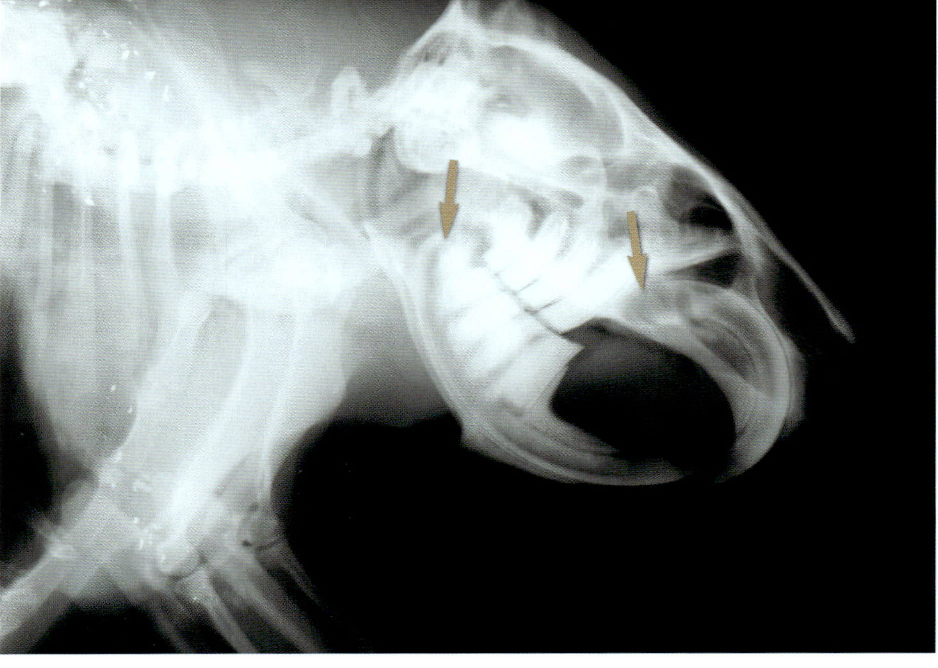

▷ Das Röntgenbild eines Bibers verdeutlicht, dass die Wurzeln der Schneidezähne offen sind. So können sie permanent nachwachsen. Die Schneidezähne, besonders im Unterkiefer, sind lang und tief im Kiefer verankert (siehe Pfeil), um den enormen Nagedruck zu verteilen.

▷ Gerne verzehren Biber ihre Nahrung nahe des Ufers im Schutz des Wassers. Zweige oder Pflanzenstängel werden extra hierher transportiert, um sie in Ruhe verspeisen zu können.

▷ Früher glaubte man fälschlicherweise, dass Biber Fische fressen. Der Biber wurde auch deshalb zu Unrecht verfolgt. Diese Abbildung stammt aus Conrad Gessners berühmtem Thierbuch von 1669.

Muschelreste oder Reste von Fischen, die man in Biberrevieren findet, stammen entweder von einem Bisam, einem Mink oder in seltenen Fällen auch von einem Fischotter.

Ein über 20 kg schwerer Organismus, wie der des Bibers, der sich zudem noch täglich mehrere Stunden im auskühlenden Wasser aufhält, benötigt eine Menge Kalorien (Grundumsatz für einen Europäischen Biber mit 20 kg pro Tag: im Sommer 3600 kJ = [858 kcal], im Winter 4200 kJ = [1000 kcal]).[113] Ähnlich wie viele andere Pflanzenfresser verbringt der Biber wenig Zeit mit der Suche nach Nahrung, dafür umso mehr Zeit mit Nahrungsaufnahme und Verdauung. Um die benötigte Energie aus der zur Verfügung stehenden pflanzlichen Nahrung zu gewinnen, ist ein ausgefeiltes Verdauungssystem erforderlich (siehe Kapitel Verdauungssystem!).

Der Biber ist in seiner Nahrungswahl äußerst flexibel. Die Jahreszeit bestimmt weitgehend seinen Speiseplan. In verschiedenen Studien wurden bisher 580 krautige (366) und verholzte (214) Pflanzenarten, die im Wasser oder in Ufernähe verfügbar sind, als potenzielle Bibernahrung identifiziert.[299] Diese reichen von der Teichrose über das Indische Springkraut und Japanischen Knöterich bis hin zum Mais und der Zuckerrübe.

Der Elbebiber beispielsweise nutzt 150 Kräuter und 63 Gehölzarten.[139] Im Woroneschgebiet dagegen umfasst das Nahrungsspektrum des Bibers nur 145 Pflanzenarten, davon 123 Kräuter.[80]

▷ **Gewässer mit reicher Uferstruktur, wie zahlreichen Buchten, Verstecken und überhängenden Sträuchern, sind ideale Futterplätze für Biber.**

Interessant ist der Aspekt, dass sich unter den 580 vom Biber genutzten Pflanzenarten 57 giftige befinden. Diese 22 Gehölze und 35 krautige Pflanzen sind von schwach bis sehr stark giftig einzuordnen. Allerdings ist der Umfang der Nutzung dieser giftigen Pflanzen und die Wirkung der toxischen Stoffe auf den Biber bisher wenig erforscht.[287, 299]

Innerhalb des breiten Nahrungsspektrums hat der Biber eindeutige Präferenzen für bestimmte Pflanzenarten (z. B. Pappel- und Weidenarten).[447] Beim Kanadischen Biber konnte nachgewiesen werden, dass dieser innerhalb der Weidengewächse bestimmte Vorlieben hat und eng verwandte Weidenarten unterscheiden kann.[109] Krautige Pflanzen, Blätter, Gräser, Kräuter und Wasserpflanzen dominieren die Nahrung im Frühling und im Sommer, Gehölze dagegen im Herbst und im Winter.[26] Im Sommer ist der Biber ein wählerischer Generalist, im Winter dagegen ein Rindenspezialist. Seine Strategie wechselt zwischen Energiegewinn-Maximierung im Sommer und Energieverlust-Minimierung in den Wintermonaten.

Untersuchungen haben zudem gezeigt, dass es in der Zusammensetzung der Nahrung weder einen nennenswerten Unterschied zwischen den Geschlechtern noch zwischen jungen und alten Bibern gibt.[206]

▷ Im Norden Europas, so wie hier in Norwegen, gibt es ideale Lebensräume für Biber. Wenn die aufgehende Sonne den Nebel auf dem See in erstes Licht taucht, sind die Biber meist schon wieder in ihrer Burg. Große Seen bieten Platz für mehrere Biberfamilien; gehölzbestandene Ufersäume, aber auch die nährstoffreichen Wurzeln von Teichrosen liefern ausreichend Nahrung.

Nahrung im Jahreslauf

Frühjahr und Sommer

Von Mai bis September bietet sich dem Biber im gesamten Verbreitungsgebiet eine ideale Nahrungsgrundlage. Das Spektrum der Nahrungspflanzen variiert jedoch mit Klimaregion und Vegetationszone. In diesem Jahresabschnitt frisst der Biber vorwiegend krautige Pflanzen, Gräser, Kräuter und Blätter von gewässernahen Gehölzen[26] sowie Wasserpflanzen, an denen er besonders die stärkehaltigen Rhizome liebt. Rinde spielt in der Vegetationsperiode nur eine untergeordnete Rolle. Untersuchungen in den USA haben ergeben, dass im Sommer das Verhältnis von verholzter zu nicht verholzter Nahrung bei etwa 1:15 liegt.[45, 184]

Der Biber verschmäht wenig, was schmackhaft und energiereich ist. In unserer intensiv genutzten Kulturlandschaft konnte sich der Biber weitere, sehr energiereiche Nahrungsquellen erschließen; ufernahe Feldfrüchte sowie intensiv gedüngte, nährstoffreiche Wiesen.

Besonders gern frisst er Mais, Zuckerrüben, Weizen und Raps.

In einigen Bereichen, wie an der Donau bei Regensburg, haben sich Biberfamilien sogar auf Gemüsekulturen spezialisiert. Außer Zwiebeln wird dort inzwischen jedes Gemüse von den Bibern gefressen: Karotten, Rot- und Weißkraut, Sellerie, Kohlrabi, Rote Bete usw.

Es dauert jedoch einige Zeit, bis der Biber die genannten Feldfrüchte annimmt. Ist er aber erst einmal auf den Geschmack gekommen, gibt es kein Halten mehr.

Der Biber ist dann auch bereit, sich für diese Feldfrüchte weit vom Gewässer zu entfernen (bis über 150 Meter). Durch die meist bis unmittelbar ans Gewässer heranreichenden Ackerflächen wird es dem Biber aber auch sehr leicht gemacht, die Feldfrüchte kennen und schätzen zu lernen. (Siehe auch Kapitel Lösungen für Biberkonflikte!)

Im Spätsommer und im Herbst erweitert der Biber seinen Speiseplan zudem um Fallobst (v. a. Apfel- und Birnenarten), das er sich auch gerne aus Hausgärten holt. Ist das Fallobst aufgebraucht, fällt der Biber gelegentlich auch den dazugehörigen Baum. Leider haben die eigentlich sehr intelligenten Tiere noch nicht erkannt, dass es im nächsten Jahr nur dann Fallobst gibt, wenn der Baum noch steht.

▷ Die stärkereichen Rhizome von Teich- und Seerosen werden vom Biber gerne ausgegraben und verspeist, manchmal bilden sie sogar einen Teil seines Wintervorrats.

▷ Die Tabelle enthält eine kleine Auswahl aus weit über 350 krautigen Pflanzenarten, die auf dem Speiseplan des Bibers stehen und in oder entlang von Gewässern wachsen.

Seerose *(Nymphaea alba)*	Teichrose *(Nuphar lutea)*
Igelkolben *(Sparganium sp.)*	Pfeilkraut *(Sagittaria sagittifolia)*
Kalmus *(Acorus calamus)*	Froschlöffel *(Alisma plantago-aquatica)*
Fieberklee *(Menyanthes trifoliata)*	div. Seggenarten *(Carex sp.)*
Breit- und Schmalblättriger Rohrkolben *(Typha latifolia, T. angustifolia)*	Wasserknöterich *(Polygonum amphibium)*
Sumpfkresse *(Rorippa sp.)*	Echtes Mädesüß *(Filipendula ulmaria)*
Giersch *(Aegopodium podagraria)*	Ampfer *(Rumex sp.)*
Beinwell *(Symphytum officinale)*	Brennnessel *(Urtica sp.)*
Schilf *(Phragmites australis)*	Gänsefußgewächse *(Chenopodiaceae)*

▷ Durch den Dammbau schafft der Biber alle Übergänge von der offenen Wasserfläche, die die Teichrose besiedelt, bis hin zum feuchten Verlandungssaum, auf dem der Blutweiderich wächst. Durch diese Vielfalt an Standorten profitiert eine große Zahl von attraktiven Pflanzenarten, die wiederum der Biber nutzt.

▷ Blutweiderich

▷ Pfeilkraut

▷ Igelkolben

▷ Großer Rohrkolben

▷ Gelbe Teichrose

▷ Im Herbst und Winter bildet Baumrinde oft die einzige Nahrung. Zu dieser Jahreszeit ist die Biberaktivität besonders auffällig und eine Kartierung der aktuellen Vorkommen ist einfach.

Herbst und Winter
Gegenüber der Vegetationsperiode wird die Nahrung im Winterhalbjahr deutlich knapper. Für einen Pflanzenfresser wie den Biber, der keinen Winterschlaf hält, stellt der Winter eine enorme Herausforderung dar. Um zu überleben, muss er seine Nahrungsgewohnheiten den kargen Gegebenheiten anpassen. Holziges Material, bestehend aus Weidentrieben, dominiert.[26]

Je nach Klima ist er gezwungen, etwa die Hälfte des Jahres von der relativ protein- und kohlenhydratarmen, im wesentlichen Ballaststoffe liefernden Baumrinde zu leben.[140] Grünnahrung wie Gras spielt nur eine untergeordnete Rolle. Das Verhältnis liegt bei etwa 25 kg Gehölzen zu 6,2 kg sonstigen Pflanzen pro Monat im Winter.[45]

Im Herbst und Winter liegt auch das Gesamtvolumen, das der Biber frisst, deutlich über dem von Frühjahr und Sommer. Da in der kargen Jahreszeit die verfügbare pflanzliche Nahrung relativ nährstoffarm ist, muss der Biber dies über die Nahrungsmenge ausgleichen und entsprechend mehr fressen.[26]

Der Biber liebt vor allem die Knospen sowie die zarte und dünne Rinde der jungen Zweige mit ihren vergleichsweise nährstoffreichen, nicht verholzten Parenchymzellen. Diese für den Winter hochwertige Nahrung befindet sich zum Leidwesen des Bibers jedoch meist in den oberen Regionen der Bäume. Da der Biber aufgrund seines Körperbaus nicht auf Bäume klettern kann, muss er sie fällen, um an die gewünschten Äste zu gelangen. An Uferabschnitten mit einem dichten Bestand an strauchigen und buschigen Weiden hat es der Biber einfacher. Dort kann er die für ihn interessanten Äste und Zweige direkt abbeißen, ohne zuvor einen Baum fällen zu müssen. Die grobe Borke oder das Holz der Bäume verschmäht er.

Nahrungsgehölze

Bei Bäumen und Sträuchern haben die Biber deutliche Vorlieben.[162, 339, 407, 469] Besonders attraktiv sind Aspen, Weiden, aber auch Kanada- und Schwarzpappeln. Hartlaubhölzer wie Eichen und Ulmen werden vom Biber durchaus genutzt und liegen mit Esche, Buche und Hainbuche im Mittelfeld der Beliebtheitsskala. Selbst die harzenden, rohfaserreichen Fichten werden im Uferbereich gefällt, aber selten vollständig entrindet. Nadelhölzer bilden, zusammen mit den Erlen, eher das Ende der Skala. Diese sind als Nahrung unbeliebt, dienen aber vor allem als Damm- und Burgbaumaterial.

Beim Baumaterial ist der Biber nicht sonderlich wählerisch. Außer Eibe wird nahezu jedes verfügbare Gehölz genutzt. In Parkanlagen und Gärten geht der Biber auch an nicht heimische Ziergehölze und Obstbäume.

Die vom Biber bevorzugte Weiden- und Pappelrinde weist einen im Vergleich höheren Anteil an Rohasche, Rohprotein und Rohfett auf als die der unbeliebten Erlen. Diese hat zusätzlich noch höhere Gehalte an bitteren Gerbstoffen und schwer verdaulichen Rohfasern.[390]

Die Auswahl der Nahrungsgehölze trifft der Biber überwiegend nach dem Geruch.[274]

Nährstoffgehalt und Spurenelemente unterscheiden sich von Art zu Art. Als Generalist kann der Biber auf Dauer nicht nur von einer Pflanzenart leben. Nährstoffdefizite einer Pflanze gleicht er durch die gezielte Wahl einer anderen Art aus. Während Weiden in der Regel die Grundnahrung darstellen, können z. B. Hasel und Esche Natrium, Kirsche und Pappel Phosphat liefern.[302]

Um dauerhaft in einem Gebiet siedeln zu können, brauchen die Biber eine Winternahrung, die sich rasch regeneriert und bereits in den nächsten Jahren wieder genutzt werden kann. Weichhölzer wie Weiden und Pappeln sind an die Dynamik eines natürlichen Fließgewässers hervorragend angepasst. Sie sind ständigen Veränderungen, die durch Hochwasser, Uferabbrüche oder Biberfällungen hervorgerufen werden, ausgesetzt und weisen deshalb eine hohe Regenerationsfähigkeit auf, die durch Stockausschläge zum Ausdruck gebracht wird. 60 bis 88 % aller abgebissenen Weiden treiben mit 10 bis 35 Stock-

▷ Biber haben im Winter eine Eiche gefällt und deren Rinde intensiv genutzt.

ausschlägen pro Biberschnitt wieder aus.[253, 469] Jedoch sind Weidenstockausschläge, die durch einen Biberschnitt hervorgerufen wurden, etwa zwei Jahre lang reich an bitteren Fraßabwehrstoffen. Die Weiden versuchen sich so vor zu intensiver Nutzung zu schützen, damit sie sich in ausreichendem Maße regenerieren können. In dieser Phase meidet der Biber meist diese jungen Triebe. Danach normalisiert sich der Gehalt an Bitterstoffen wieder und die Stockausschläge werden erneut attraktiv. Dieses Schutzphänomen ist auch bei anderen Pflanzen bekannt, die sich so gegen blattfressende Insekten schützen. Die Pflanzen produzieren nach der Verletzung durch einen Herbivoren zur Abwehr verstärkt Konzentrationen an Bitterstoffen Phenolglycoside und Tannine.[302]

Nadelbäume als Bibernahrung?

Noch weitgehend ungeklärt ist, warum manche Biber gelegentlich Nadelbäume fällen oder schälen. Während dies früher vorwiegend dem Kanadischen Biber zugeschrieben wurde, ist es inzwischen auch in einigen Regionen Bayerns und der Schweiz beim Europäischen Biber verbreitet.[80] So zum Beispiel in der Oberpfalz im Bereich des Naabsystems. Fichte und Tanne werden im Vergleich zur Kiefer häufiger genutzt. Allerdings gibt es auch regelrechte Kieferspezialisten. Gefressen werden die jungen Triebe bzw. Nadeln sowie die Rinde. Bis zu einem Stammdurchmesser von etwa 10 cm werden die Fichten meist gefällt und verzogen, wobei der untere Bereich des Baums vor dem Fällen entastet wird. Man könnte vermuten, der Biber entfernt die unteren Äste, weil sie ihn beim Fällen behindern und stechen. Stärkere Bäume werden nicht gefällt, sondern im unteren Stammbereich geschält. Da der Biber die Stämme meist rundum entrindet, sterben sie zwangsläufig ab. Das Phänomen reicht von einzelnen ufernahen Bäumen bis hin zu Kleinbeständen. Als Gründe für die Koniferennutzung, die im Frühjahr ihren Höhepunkt aufweist, werden mehrere Theorien angeführt: Jenkins vermutet, dass Bestandteile der Koniferenrinde zur Bildung des Castoreums genutzt werden, das im Frühjahr zur Reviermarkierung benötigt wird.[184] Doch auch Biber ohne Koniferen im Revier haben keine Probleme mit der Bildung von Duftstoffen. Die immergrünen Koniferen scheinen aufgrund ihrer im Vergleich zu den Laubbäumen geringeren jahreszeitlichen Nährstoffschwankungen im Frühjahr nahrhafter.[184] Eine weitere Theorie vermutet, dass vor allem Weibchen vor dem Werfen der Jungen bzw. während der Säugungsphase bevorzugt Koniferenrinde fressen. Eine weitere Hypothese besagt, dass Biber die stark beschattende Fichte am Ufersaum fällen, um Licht für attraktivere Pflanzen zu schaffen. Wo einst die Nadelbäume wuchsen, stellen sich nämlich bald reiche Krautsäume und Pionierbaumarten ein.

Stammdurchmesser

Zwei Drittel aller vom Biber genutzten Stämme haben einen Durchmesser von unter fünf Zentimeter. Nur ein Drittel liegt in einem stärkeren Durchmesserbereich (zwischen 6 und 90 cm).

Abtransportierte Ast- und Stammteile sind zu 98 % schwächer als 16 cm.[469] Stärkere Stämme nutzt der Biber also nicht vollständig. Bäume, die er nicht mehr zum Wasser transportieren kann, werden in der Regel auch nicht weiter verwertet, außer sie liegen unmittelbar am Ufersaum. Nur ein kleiner Teil der Rinde und der Triebe wird bereits am Ort der Fällung verzehrt. Der Großteil der Nahrung wird im Schutz des Ufers gefressen. Auch das Material für den Wintervorrat sowie für den Damm- und Burgbau muss er tragen, schleifen bzw. flößen können.

Welche Dimensionen der Biber nutzt, hängt stark von der Jahreszeit ab. Im Sommer werden schwache, im Herbst eher mittlere Durchmesser bevorzugt. Auch die Fällaktivität erreicht ihren Höhepunkt im Herbst. Um den Wintervorrat in Form von Ästen anzulegen, die Burg winterfest zu machen oder um die Dämme zu erhöhen, braucht der Biber deutlich mehr und stärkere Bäume als zu allen anderen Jahreszeiten. Doch wo könnte der Vorteil der stärkeren Bäume liegen? Bäume mittlerer Dimension besitzen eine stärkere Rinde, deren

Nährstoffe bei der Wasserlagerung nicht so leicht ausgewaschen werden. Außerdem herrscht Zeitdruck im Herbst und Winter. Mit möglichst wenig Energieverbrauch soll zum Beispiel in kurzer Zeit ein Nahrungsfloß angelegt werden. Dies geht am schnellsten mit stärkeren Bäumen, die größere Kronen haben. So müssen weniger Bäume für die gleiche Menge an Nahrungsvorräten gefällt werden. Mit zunehmendem Durchmesser steigt der Energieverbrauch für den Transport der Astabschnitte, während der relative Anteil der nutzbaren Rinde abnimmt.

Im mittleren Durchmesserbereich liegt das günstigste Verhältnis von Fäll- und Transportaufwand zu erzieltem Ertrag.

Aber auch von der Verwertbarkeit des Pflanzenmaterials hängt es ab, welche Baumdurchmesser genutzt werden. Bei schwer verdaulichen Baumarten, die der Biber meist als Baumaterial verwendet, werden eher geringe Dimensionen gefällt. Energieaufwand und Ertrag müssen immer in einem sinnvollen Verhältnis stehen.[274]

▷ Stärkere Bäume fällt der Biber, indem er den Stamm rundum benagt. Sanduhrförmige Fraßbilder sind dann das Ergebnis. Die Fällrichtung kann er dabei allerdings nicht steuern.

▷ Wenn Bäume nach dem Fällen hängen bleiben, fällen Biber einfach weiter.

Entfernung der Fällplätze

Die Nahrungssuche findet von einem zentralen Ort, der Biberburg, aus statt. „Central place foraging" nennt dies der Fachjargon. Von hier aus starten sie ihre Ausflüge zu den verschiedensten Nahrungsquellen. Die Fällplätze liegen in der Regel flussaufwärts weiter entfernt als flussabwärts.[274] Der Grund liegt auf der Hand. Der Biber transportiert die geernteten Stammteile müheloser mit der Strömung als gegen sie. Grundsätzlich sucht er seine Nahrung bevorzugt am Gewässersaum. Im Wasser lassen sich die schweren Äste leichter transportieren, und eine rasche Flucht vor Feinden ist möglich. Findet er am Uferrand jedoch nicht die bevorzugten Arten bzw. Dimensionen, so nutzt er zunächst ein größeres Baumartenspektrum, auch von weniger beliebten Baumarten. Je größer die Distanz zum Ufer und zur Burg wird, umso wählerischer ist er. Weite Laufstrecken, bis 200 Meter, und damit ein hoher Energieaufwand, werden nur in Kauf genommen, um die bevorzugten Weiden und Pappeln zu fällen. Mit zunehmender Entfernung vom Gewässer geht also der Einfluss des Bibers auf die Gehölze zurück. Bei Wahlversuchen mit Gehegebibern zeigte sich, dass die Fraßzeit und die Zahl der geschnittenen Stöcke linear mit der Distanz zum Ufer abnimmt.[104]

Geht die geeignete Nahrung ufernah insgesamt zurück, verlagert sich die Biberaktivität auf entferntere Plätze mit attraktiver Nahrung. Wird der Energieaufwand für die Nahrungssuche oder den Transport zu hoch, stauen Biber dann Gewässer auf oder leiten sie um, hin zu neuen Nahrungsquellen. Durch den Überstau können Biber leichter die schweren Ast- und Stammteile transportieren und der energetisch aufwändige Weg über Land verkürzt sich. Durch den Dammbau verringert sich also der Energieverbrauch und verbessert sich die Nahrungssituation.

In Bern lebt seit 2012 eine Biberfamilie im Marzili, der Badeanstalt der Stadt, direkt unter dem Parlament. Da in der Stadt Nahrungsbäume rar sind, macht die Familie regelmäßig Ausflüge bis 2,5 km flussaufwärts, um an ihr bevorzugtes Futter zu kommen. Im Herbst 2017 konnte mit Hilfe einer Fotofalle dieselbe Familie 4 km flussaufwärts in einem fremden Biberrevier bei einer erstaunlichen Tätigkeit beobachtet werden (das Biberweibchen konnte anhand einer typischen Kerbe am Schwanz identifiziert werden):

Vom Ufer eines kleinen Seitenbachs zur Aare führte ein 50 m langer Biber-Wechsel sehr steil durch einen Wald auf ein kleines Hochplateau. Hier lag 20 Meter über dem Fluss ein Zuckerrübenfeld, das die Biberfamilie jede Nacht aus dem 4 km entfernten Marzili besuchte. Bis zu 7-mal pro Nacht haben einzelne Familienmitglieder den Weg zum Rübenfeld auf sich genommen. Weshalb dieser Aufwand, wenn auf dem Weg viele Weiden am Ufer stehen?

Ein ausgewachsener Biber benötigt im Winter rund 1 kg frische Weidenrinde pro Tag. Ein daumendicker Weidenast von 1 Meter Länge liefert rund 100 g frische Rinde. Ein ausgewachsener Biber müsste also 10 Meter Weidenäste fällen und abnagen – jedes Stück von 1 Meter länge fünfmal drehen und 4 mal nach links oder rechts schieben – um die nötige Tagesration zu bekommen. Ein ganz schöner Aufwand!

Weidenrinde hat zudem nur etwa die Hälfte der Energie von Zuckerrüben und ist schwerer verdaulich. Wenn sich ein Biber nur von Weidenrinde ernährt, verliert er im Winter zudem ständig an Gewicht. Die Reise von 4 km flussaufwärts lohnt sich also, um die einfacher fressbaren, leichter verdaulichen und dazu erst noch energiereicheren Zuckerrüben zu holen.

Wintervorrat

Um den Winter zu überstehen, braucht der Biber genügend Rindennahrung. Dies ist in Gewässern, die nicht zufrieren, in der Regel kein Problem, da meist Gehölze

im Uferbereich erreichbar sind. Friert das Gewässer jedoch regelmäßig zu, beginnt er im Herbst oder im Frühwinter einen Vorrat anzulegen. Diesen bezeichnet man beim Biber als Nahrungsfloß. Dazu stapelt er Äste und Zweige vor seinem Hauptbau so übereinander, dass sie das Eigengewicht unter Wasser drückt. Zudem saugen sich die Äste mit der Zeit voll Wasser, werden schwerer und sinken weiter ab. Einzelne Äste spießen oder verhaken sich dabei im Gewässerboden und verhindern ein Abdriften. Häufig sind auch Äste des Floßes mit den ins Wasser vorstehenden Ästen der Burg verflochten. Endgültig fixiert wird das Ganze, wenn sich auf dem Gewässer die Eisdecke bildet, die den oberen Teil des Nahrungsfloßes mit einfriert.[274]

Weide und Aspe bilden meist den Hauptbestandteil des Nahrungsfloßes. Es werden aber auch Esche, Eiche, Birke und Wasserpflanzen eingelagert, vorwiegend jedoch die Gehölze, die der Biber auch sonst im jeweiligen Revier bevorzugt.[80]

Die Äste der Baumarten, die der Biber nicht oder nur selten frisst (z. B. Erlen), werden meist relativ spät aufgelegt und dienen offensichtlich als Gewicht, damit der eigentliche verwertbare Wintervorrat weit genug unter Wasser gedrückt wird und in der Folge unterhalb der späteren Eisschicht liegt.[412] Das Nahrungsfloß erreicht der Biber von seinem Bau aus, dessen Eingangsröhre so tief liegt, dass

▷ Im Wasser vor der Burg legen Biber oft einen Wintervorrat aus Ästen und Zweigen an, deren Rinden sie im Laufe der kalten Jahreszeit verzehren. Der Zugang zum Nahrungsfloß erfolgt unter Wasser von der Burg aus; so muss die Biberfamilie auch bei einem zugefrorenen Gewässer nicht verhungern.

eine Eisschicht auf dem Gewässer diesen Eingang des Baus normal nicht versperren kann.

Die Größe der Nahrungsflöße variiert stark zwischen den einzelnen Bibervorkommen. In Värmland (Schweden) hatte das größte Nahrungsfloß ein Volumen von 93,6 m^3, der Durchschnitt lag jedoch bei 22 m^3. Bei den Bibervorkommen im Quabbin-Reservat in Massachusetts (USA) wurde ein durchschnittliches Volumen von 72,9 m^3 im Jahr 2001 und 72,1 m^3 im Jahr 2002 gemessen. Die Maximalgröße betrug hier sogar 153,8 m^3.[50, 136] Rückschlüsse vom Volumen des Nahrungsfloßes auf die Größe der Familie können jedoch nicht gezogen werden.

Der Wintervorrat wird offensichtlich nur dann genutzt, wenn es unbedingt sein muss. Ufergehölze werden vom Biber an Land geschnitten, solange sie erreichbar sind. So wurden im milden Winter 1994/95 die bereits angelegten Nahrungsflöße in den Revieren an der Isar kaum genutzt, weil der Biber seinen Nahrungsbedarf anderweitig decken konnte.[469]

Überleben in der Kälte

Der Winter stellt für Pflanzenfresser die größte Herausforderung dar: wenig und qualitativ schlechte Nahrung bei gleichzeitig niedrigen Temperaturen und damit hohen Thermoregulationskosten.
Manche Arten ziehen daher in den Süden, andere halten einen Winterschlaf und wieder andere bleiben wach und stellen sich auf die kalte Jahreszeit ein. Zu dieser Gruppe gehört auch der Biber. Um dies zu bewerkstelligen, hat er im Laufe seiner Evolution eine Reihe von verhaltensmäßigen und physiologischen Anpassungen entwickelt.
So legt er bereits im Herbst Nahrungsflöße vor seiner Burg an, die ihm, selbst unter eisbedeckten Gewässern, als tägliche Futterquelle dienen. Die Winterburg wird besonders gut mit Schlamm isoliert und abgedichtet, damit wenig Wärme verloren geht.
Aber auch im Körper laufen frühzeitig Vorbereitungen für den Winter ab. Biber beginnen bereits im Sommer Depotfettvorräte vor allem in der Kelle und am Bauch einzulagern. 3 bis 4 kg Fett werden so gespeichert und über den Winter verbraucht.[140]
Im Dunkel der Burg stellt sich ihr Biorhythmus um, die Körpertemperatur sinkt um rund ein Grad und fast 20 Stunden des Tages werden verschlafen. Dabei wärmen sich die Mitglieder der Biberfamilie gegenseitig und heizen so gemeinsam ihre Burg. Die Schlaf- und Wachphasen der einzelnen Tiere sind oft zueinander verschoben, wodurch der Bau immer warm bleibt. Unter extremen klimatischen Bedingungen im hohen Norden Kanadas verlassen die Biber sogar nur noch einmal pro Woche ihre Burg.[242]

▷ „Biber auf Eis“: Biber halten keinen Winterschlaf. Für das Leben in der Kälte sind sie durch den dichten Pelz und Fettdepots besonders angepasst. Bei starkem Frost sind die Biber jedoch nur kurzzeitig außerhalb ihres Baus aktiv. Sonnenstrahlen werden im Winter gerne zum Aufwärmen genutzt.

In extrem strengen Wintern kann es sein, dass der Biber seine unter dem Eis erreichbaren Nahrungsvorräte vorzeitig aufbraucht. Um trotzdem an Nahrungsgehölze zu gelangen, gräbt er sich an Land aus seinem Bau. Dies macht er auch, wenn die Eisschicht so dick ist, dass sie den Burgeingang blockiert.

Biber können aufgrund ihrer enormen Anpassungs- und Lernfähigkeit die unterschiedlichsten Lebensräume innerhalb eines breiten Spektrums klimatischer Bedingungen besiedeln. Jedoch lassen sich regional keine einheitlichen Überwinterungsstrategien zuordnen. Selbst benachbarte Reviere müssen nicht die gleiche Strategie verfolgen. Die Biber entscheiden individuell, ob ein Wintervorrat angelegt wird.

So sind schon innerhalb Bayerns erhebliche Unterschiede zwischen den einzelnen Revieren zu erkennen. Während in Nordbayern kaum Nahrungsflöße angelegt werden, überwiegen an der Donau und südlich davon Biberansiedlungen mit Wintervorräten, obwohl die Biber von den gleichen Wiedereinbürgerungsgebieten abstammen.[469]

Die Auslöser für die Anlage von Wintervorräten sind nicht eindeutig geklärt. Viele Faktoren dürften bei der Entscheidung eine Rolle spielen:

Dies sind das vorherrschende Klima (Wassertemperatur), die Intensität der Eisbildung, die Fließgeschwindigkeit, die Tiefe und die Breite des Wasserlaufs, der Fettvorrat des jeweiligen Bibers, die Ruhephasen, die Stoffwechselrate, die Zusammensetzung und Größe der Familie, für ein Nahrungsfloß geeignete Pflanzen sowie das Vorhandensein alternativer Futterquellen.[80, 136]

Eines ist jedoch offensichtlich: In kälteren Klimaregionen bilden die Biber häufiger Nahrungsflöße als in milden.[136] Während im europäischen Norden in etwa 80 bis 85 % der Biberreviere Wintervorräte angelegt werden, wiesen in der Schweiz bei der landesweiten Bestandeserhebung 2008 nur 17 % der Reviere einen Wintervorrat auf.[9]

In Bayern nahm der Anteil der Reviere mit Wintervorräten, wahrscheinlich bedingt durch die milden Winter, in den letzten Jahren ab. Die Biber lernen offensichtlich mit den Jahren aus Erfahrung. Tradierte Verhaltensweisen spielen für die Anlage eines Wintervorrats eine eher untergeordnete Rolle. So verzichteten norwegische Biber, die in ihrem Herkunftsland Wintervorräte anlegten, in ihrer neuen Heimat Schweiz darauf.[37]

Ein ähnliches Verhalten wurde auch bei schwedischen Bibern am bayerischen Inn oder bei Elbebibern, die an der Sinn in Hessen ausgebürgert wurden, beobachtet.[341, 469]

Die Fähigkeit, ein Nahrungsfloß zu errichten, erscheint dagegen angeboren zu sein. Dies zeigte sich anhand aufgezogener Biber, die nie von älteren Bibern lernen konnten und dennoch ein Nahrungsfloß anlegten. Als dann aber das Gewässer im Winter nicht zufror, wurde in den darauffolgenden Jahren kein Wintervorrat mehr angelegt.[274]

▷ **Biberweibchen holt sich einen frischen Weidenzweig, um ihn am Ufer zu verspeisen. Rindennahrung hat das ganze Jahr über eine Bedeutung im Speiseplan.**

Ergänzende Winternahrung

Wie im Sommer, so nutzt der Biber auch im Winter die Errungenschaften der menschlichen Kulturlandschaft, um seine zu dieser Jahreszeit karge natürliche Nahrung energiereich und schmackhaft zu ergänzen. Als willkommene Grünnahrung frisst der Biber im Winter gerne den gewässernah angebauten Raps, den er auch im tiefen Schnee freilegt. Nach der Ernte brachliegende Maisfelder oder ehemalige Lagerplätze von Zuckerrüben werden, wenn sie gewässernah liegen, vom Biber immer wieder nach zurückgelassenen Feldfrüchten abgesucht. In Oberbayern und der Schweiz gibt es mehrere Reviere, in denen die Biber im Herbst Zuckerrüben ernten und diese in unterirdischen Röhren als Wintervorrat einlagern.

Attraktive Nahrungsplätze sind auch Enten- oder Fasanenfütterungen am Ufer, die Jäger den Winter über regelmäßig mit Getreide bestücken.

Nahrungsmenge

Die Nahrungsmenge, die ein Biber zu sich nimmt, wird oft überschätzt. Während die krautigen Pflanzen, die ein Biber im Ufersaum verzehrt, meist gar nicht auffallen, springen die spitzen Stümpfe der gefällten oder die sanduhrförmig angenagten Bäume sofort ins Auge. Sie sind nach dem Fällen noch über Jahre zu sehen. Die herumliegenden Bäume beeindrucken und täuschen zugleich den Betrachter. Häufig werden die gefundenen Bäume auf den Rest des Jahres hochgerechnet, so dass sich schnell eine astronomische Anzahl gefällter Bäume und eine unglaubliche Futtermenge pro Tag ergibt, vor allem wenn dann noch übersehen wird, dass das Holz gar nicht gefressen wird. Die tatsächlichen Futtermengen sehen jedoch anders aus.

Analysen von Wintervorräten und Fütterungsversuchen ergaben für den Europäischen Biber einen durchschnittlichen Konsum von 900 g frischer Rinde pro Tag im Winter (zwischen 600 und 1000 g).[75] Dies entspricht etwa 300 bis 500 g Trockensubstanz. Schulte konnte dies mit eigenen Versuchen bestätigen und errechnete für den Biber zur Deckung seines Winterenergiebedarfs eine notwendige Futtermenge (Trockensubstanz) von 2 % des Körpergewichts pro Tag.[390] Da das Durchschnittsgewicht eines erwachsenen Europäischen Bibers etwa 18 kg beträgt, liegt man in den fünf Wintermonaten bei einem Gesamtbedarf von etwa 54 kg Rindentrockensubstanz pro Tier.[80] Die winterliche Rindennahrung ist dabei eine reine Erhaltungsnahrung, die lediglich den Nettoenergiebedarf deckt. Je nach Rindendicke dürfte bereits eine Pappel mit einem Brusthöhendurchmesser von 2,5 cm etwa 1,3 kg an verwertbarer Nahrung für den Biber liefern.[274] So vermag also bereits ein relativ kleiner Baum einen Biber einen Tag lang zu ernähren. Im Sommer muss ein erwachsener Biber täglich etwa 1,5 bis 2 kg frische Grünmasse zu sich nehmen.[45, 205] Hier liegt die benötigte Nahrungsmenge (Trockensubstanz) also etwa um ein Drittel höher als im Winter. Im Frühling muss die Nahrung das Wachstum, die Fortpflanzung, das Wachstum des Nachwuchses und den Fellwechsel „finanzieren".

Nahrungsort

Der Biber bevorzugt Nahrungsorte, die in der Regel nicht weiter als zehn Meter vom Gewässer entfernt liegen. Über 90 % der Nahrungsflächen liegen in diesem Bereich.[22] Bessere Deckung, z. B. im Wald oder in einem Maisfeld, trägt dazu bei, dass sich der Biber weiter vom sicheren Gewässer entfernt.[148] Fehlende Nahrung im Uferbereich oder besondere Feldfrüchte können den Biber dazu verleiten, einen breiteren Streifen zu nutzen und mehrere hundert Meter über Land zu gehen. Neben dem Nahrungsangebot hat auch der Feinddruck Auswirkungen auf die zurückgelegte Strecke. Biber in Bärengebieten nutzen weniger Bäume und entfernen sich nur selten weiter als 30 Meter vom Ufer. In Gebieten ohne bibergefährliche Beutegreifer legen sie dagegen weitere Strecken zurück.[415] Die Distanz, die der Biber zu einem Nahrungsplatz zurücklegt, hängt somit von der Nahrung, den Baumarten, den Baumdimensionen, der Deckung und dem Feinddruck ab.

▷ Frassplatz am Ufer: Die Reste der Zweige und Äste bleiben als weiß geschälte Hölzchen oder Stammteile zurück und zeugen von der nächtlichen Bibermahlzeit.

Fraßplätze

Die Nahrungspflanzen werden selten an dem Ort verzehrt, an dem sie wachsen. Um seinem Sicherheitsbedürfnis Rechnung zu tragen, beißt der Biber die Pflanzen oder Teile davon ab und transportiert sie zu einem geschützten Uferbereich. Er sucht dafür gerne einen Platz mit dichten, überhängenden Zweigen oder Röhren im Ufer auf. In ihrem Schutz lässt er es sich dann schmecken. Zurück bleiben nur die nicht verzehrten Pflanzenteile wie entrindete Stöckchen oder Maisstängel ohne Kolben. Mit der Zeit häufen sich diese Reste an, so dass auch ein Laie diese Stellen leicht als Fraßplatz identifizieren kann.

▷ Biber holen sich energiereiche Zuckerrüben manchmal auch entfernt vom Gewässer, wie dieser Biberwechsel zeigt.

Der Biber als Zerstörer der Auen und Wälder?

Biber fällen Bäume, wie der Mensch, wenn auch sehr viel weniger. Eine fünfköpfige Biberfamilie fällt durchschnittlich pro Jahr ca. 50 Stämme mit einem Durchmesser von 18 cm.[469] Sind nicht alle gefällten Bäume nutzbar, da sie sich im Astwerk der Nachbarn verfangen haben oder vom Menschen beseitigt wurden, steigt die Zahl der Fällungen leicht an. Der Anteil an „Hängern" liegt bei rund 12 bis 15 %.[342] Bei rund 10 gefällten Bäumen (Durchmesser 18 cm) pro Jahr und Biber und ungefähr 40 000 Bibern in Deutschland, wären dies 400 000 Stämme pro Jahr. Dieser Beispielstamm mit einem Brusthöhendurchmesser von 18 cm hat ein ein Volumen von etwa 0,3 Festmeter (fm). Stark vereinfacht gesagt würden Biber also ungefähr 120 000 fm pro Jahr ernten. Der Einschlag der Forstwirtschaft in Deutschland liegt bei rund 53 000 000 Festmeter. Würde man rein rechnerisch den gleichen Durchschnittsstamm von 0,3 fm ansetzen, käme man auf 176 000 000 gefällte Bäume. Biber nutzen also nur etwa 0,2 % dessen, was unsere Forstwirtschaft einschlägt.

Doch wie hoch ist der jährliche Zuwachs? Jährlich wachsen pro ha 7,7 fm nach. Bei einer Waldfläche von 11,1 Mio. Hektar in Deutschland sind dies über 84 000 000 fm pro Jahr. Folglich werden nur 0,14 % des tatsächlichen Waldzuwachses von den Bibern genutzt. Selbst wenn sich der Biberbestand in Deutschland theoretisch nochmal verdreifachen würde würde, auf etwa 120 000, würden lediglich 0,4 % des jährlichen Baumzuwachses vom Biber beansprucht. Berücksichtigt man noch den Umstand, dass der Biber vorwiegend wirtschaftlich uninteressante Baumarten, wie Weiden oder Zitterpappeln (Anteil 90 %), die aber wiederum eine besonders hohe Regenerationsfähigkeit aufweisen, nutzt, ist er weit davon entfernt, ein Zerstörer des Waldes zu sein.

Biber und Forstwirtschaft haben also vieles gemeinsam. Sie nutzen beide erheblich weniger als nachwächst und zerstören damit nicht den Wald. Dort, wo ein Baum fällt, stellt sich bald wieder Verjüngung ein. Sind die Fällplätze im Winter wirklich auffällig, verschwinden sie bereits im April unter dem üppigen Grün der Stockausschläge.

Anders ist dies, wo der Wald gerodet wird, um Straßen oder Gewerbegebieten Platz zu machen. Pro Tag werden 58 ha in Deutschland überbaut. Jede Sekunde versiegeln wir 3,1 m^2 unwiederbringlich. Flächen, auf denen nichts mehr nachwächst und kein Wasser mehr versickert, sondern schnell oberflächig abläuft und zu künftigem Hochwasser beiträgt.

Allein von der Menge an Bäumen, die jedes Jahr in Deutschland im Zuge von Unterhaltungsmaßnahmen entlang unserer Straßen (231 000 km) gefällt und dann klein gehäckselt zum Verrotten ausgebracht werden, könnten sämtliche Biber Deutschlands lange leben. Auch die Wasserwirtschaftsämter sowie die Wasser- und Bodenverbände fällen an unseren Gewässern nach wie vor Bäume im Rahmen der Gewässerunterhaltung, und dies trotz Biber.

LEBEN UND STERBEN

Fortpflanzung

Im Vergleich zu anderen Nagern, aber auch zu anderen Säugetieren, weist der Biber eine sehr niedrige Fortpflanzungsrate auf. Bedingt durch die Familien- und Revierstruktur pflanzt sich nur ein geringer Teil der Population fort. In einer Biberfamilie gibt es stets nur ein fortpflanzungsfähiges Weibchen.

Der Biber zählt zu den K-Strategen. Er investiert in relativ wenige Nachkommen viel Energie für die Aufzucht und die Jungen bleiben vergleichsweise lange (zwei Jahre) bei ihren Eltern. Eine so lange Mutterbindung findet man bei uns sonst nur noch beim Braunbär.

Die Geschlechtsreife tritt bei den Weibchen des Europäischen Bibers normalerweise mit 2,5 Jahren (30 Monaten) ein. Demzufolge gebären die meisten Weibchen frühestens im Alter von 3 Jahren das erste Mal. Die Männchen können dagegen schon mit 1,5 Jahren geschlechtsreif werden.[80]

In polnischen Zuchtanlagen hat sich sogar gezeigt, dass 35 % der Weibchen erst mit 4 Jahren, 10 % erst mit 5 Jahren das erste Mal Junge bekamen.[164] Pro Jahr bringen weniger als 70 % der gebärfähigen Weibchen einer Biberpopulation tatsächlich Jungtiere zur Welt.[139]

Die Paarungszeit beginnt im Januar und erstreckt sich in unseren Breiten in der Regel bis in den

K- und r-Strategen

Tiere und Pflanzen teilt man in ihre Wachstumsstrategien ein.
K-Strategen sind Arten, deren Population sich langsam ihrer Umweltkapazität (Lebensraum und Nahrung) (K) nähert; ihr Bestand pendelt langfristig um die Tragfähigkeit ihres Lebensraums. Die Lebensräume dieser Arten sind über längere Zeiträume stabil, wie z. B. Wälder. K-Strategen können daher später geschlechtsreif werden, haben wenige Nachkommen, ein längeres Leben und sind meist größer.
r-Strategen bewohnen dagegen Lebensräume, die kurzfristig entstehen und wieder vergehen. Die Populationen wachsen rasch an und brechen ebenso plötzlich ein. Gekennzeichnet sind die r-Strategen durch hohe Wachstumsraten, eine frühe Geschlechtsreife, zahlreiche Nachkommen und ein kurzes Leben mit schnellen Generationswechseln. Das „r" steht dabei für die Wachstumsrate in der Formel für Populationswachstum. Feldmäuse sind solche typischen Vertreter. Die Jungen werden bereits befruchtet, während sie noch säugen und setzen bereits 35 Tage nach ihrer Geburt selbst die ersten Nachkommen. Dann folgen alle 3 bis 4 Wochen weitere Würfe. Ein Weibchen bringt es in seinem kurzen Leben von rund einem Jahr auf 12 Würfe und etwa 100 Junge.

Fortpflanzungspotenzial verschiedener Tierarten

Tierart	Alter der Geschlechtsreife der Weibchen	Anzahl Würfe pro Jahr	Anzahl Junge pro Weibchen und Jahr (in Klammern pro Wurf)
Biber	30 Monate	1	2–3
Nutria	3–4 Monate	2–3	6–18 (3–6)
Bisam	3–4 Monate	5–6	15–42 (3–7)
Feldmaus	2 Wochen	bis 12	72–96 (6–8)
Wanderratte	5 Wochen	bis 12	96–108 (8–9)
Feldhase	7–8 Monate	3–5	6–25 (2–5)
Reh	7–8 Monate	1	1–3
Wildschwein	7–9 Monate	1–2	4–10
Braunbär	30 Monate	1	2–3

Daten außer Biber und Reh:[336]; Biber:[80]; Reh:[431]

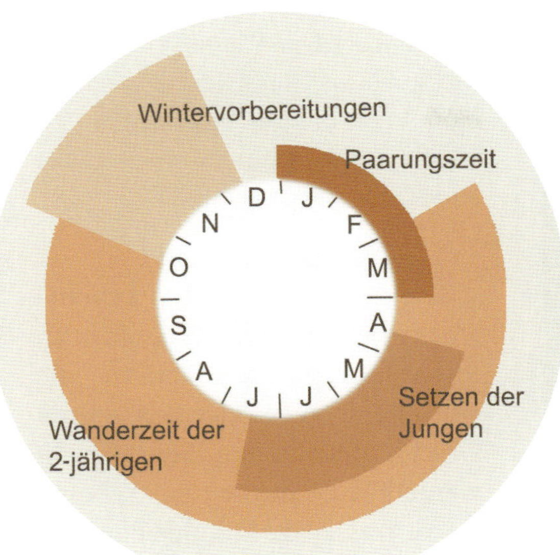

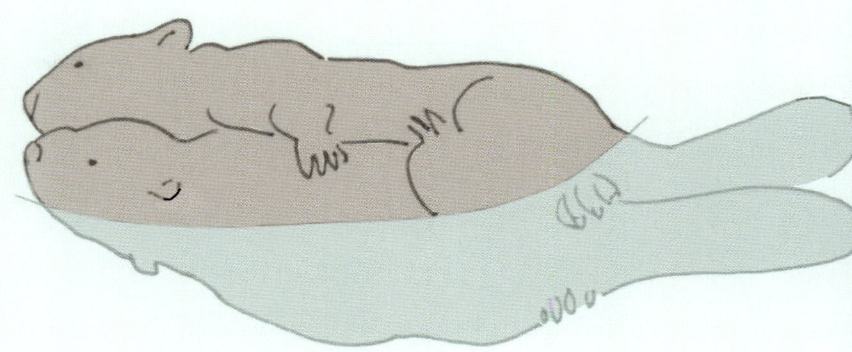

▷ **Die Paarung des Bibers erfolgt bäuchlings im Wasser, was äußerst ungewöhnlich für Säugetiere ist. Kaum jemand hat je eine solche Biberpaarung in freier Natur beobachtet.**

▷ **Das Biberjahr beginnt mit der Paarungszeit im Januar. Weitere wichtige Ereignisse sind die Geburt und Aufzucht der Jungen und Vorbereitungen auf den Winter, wie das Burgabdichten und das Nahrungsfloß-anlegen.**

März. Die meisten Paarungsaktivitäten finden aber im Januar und im Februar statt. Hier erreicht die Spermienproduktion der Männchen ihren Höhepunkt. In den Monaten März bis Mai lässt diese dann deutlich nach.[80] Eisfreies Wasser hat eine stimulierende Wirkung auf die Biber.[139]

Die eigentliche Paarung findet meist nachts im oder unter Wasser statt, wobei das Männchen das schwimmende Weibchen seitlich umklammert. Die Kopulation dauert 1 bis 4 Minuten und wird meist 5- bis 6-mal wiederholt.[80] In der Paarungszeit von Januar bis März sind die Weibchen nicht ununterbrochen brünstig. Nur 2- bis 4-mal sind sie im Abstand von 12 Tagen für jeweils 12 bis 24 Stunden empfängnisbereit.[460, 410]

Neuere Beobachtungen an Bibern des Russischen Staatszirkus zeigen eine Kopulationsdauer von 30 bis 40 Sekunden bei 2 bis 5 Wiederholungen. Das Weibchen signalisiert seine Paarungsbereitschaft, indem es ins Wasser geht und dort lange, tiefe, krächzende Pfeiflaute von sich gibt.[410] Der erigierte Penis eines 2-jährigen Männchens hat eine Länge von 12 cm und einen Durchmesser von 1,5 cm. Nach erfolgreicher Paarung sorgt eine bestimmte Ausformung der Vagina, der sogenannte „Vaginal Stopper“ dafür, dass eine weitere Befruchtung unterbunden wird. Dies schützt vor einer multiplen Vaterschaft. Dieser Stopper verschwindet dann innerhalb der darauffolgenden zwei Tagen wieder.[410]

Nach einer Tragzeit von 105 bis 107 Tagen kommt es, je nach Paarungszeitpunkt, von April bis Juni zur Geburt.[80, 81, 460] Die meisten Weibchen werfen aber im Mai.[326] Es werden 1 bis 4, äußerst selten bis zu 6 Jungtiere geboren. Durchschnittlich gebärt ein europäisches Weibchen pro Wurf zwischen 2,7 und 2,9 Nachkommen.[80, 81, 139] Der nordamerikanische Biber hat mit durchschnittlich 3,4 Jungen pro Wurf eine höhere Fortpflanzungsrate.[323]

Während die jungen Weibchen der europäischen Biber bei ihren ersten Würfen meist nur 1 oder 2 Junge gebären, sind es bei späteren Würfen in der Regel 3 bis 4.[80] Sie können nur einmal im Jahr Junge bekommen.

Die Jungen sind Nestflüchter, auch wenn sie die ersten Wochen noch im Bau bleiben. Sie kommen

▷ Bibermütter sind äußerst fürsorglich und lassen ihren Nachwuchs nie ohne Aufsicht. Diese Biberfamilie lebte unter einer befahrenen Straße in einem unterirdischen Bach.

sehend, behaart und mit einem Gewicht von 500 bis 700 g zur Welt. Die Gesamtlänge liegt bei 30 bis 35 cm. Das Geschlechterverhältnis der neugeborenen Biber ist nahezu ausgeglichen.[326]

Milch ist in den ersten Lebenstagen die einzige Nahrung der jungen Biber.

Sie weist einen besonders hohen Fett- und Eiweißanteil auf, dafür ist der Milchzuckeranteil relativ niedrig.

Dieser hohe Fettanteil ermöglicht den Jungen ein schnelles Wachstum. Man kann dies als Anpassung an die semiaquatische Lebensweise deuten. Das Verhältnis von Körpervolumen zur Wärme verlierenden Oberfläche wird durch das Wachstum günstiger. Denn schon bald halten sich die kleinen Biber nicht nur im schützenden Bau, sondern auch im Wärme zehrenden Wasser auf. Insgesamt säugen sie etwa 8 Wochen.

Zusammensetzung der Muttermilch bei verschiedenen Arten

Art	Milchfett	Milcheiweiß	Milchzucker	Trockensubstanz
Biber	18,21 %	11,41 %	1,61 %	33,12 %
Mensch	4,50 %	1,10 %	7,00 %	13,00 %
Wildschwein	5,10 %	7,10 %	3,70 %	17,20 %
Feldhase	15,60 %	10,00 %	1,50 %	32,50 %

Daten außer Mensch[336, 416]

Bereits in ihrer zweiten Lebenswoche beginnen die Jungbiber an Pflanzen herumzuknabbern, die von ihren Eltern oder den älteren Geschwistern in den Bau gebracht werden. In der dritten Lebenswoche fressen sie krautige Pflanzen und Blätter. Ab einem Alter von etwa 3 Wochen stellt dies bereits ihre Hauptnahrung dar. Um diese effektiv verdauen zu können, nehmen sie von ihren Eltern Blinddarmkot mit den entsprechenden Bakterien auf. Schmidbauer konnte bei zwei 16 Tage alten Europäischen Bibern in einer Kunstburg beobachten, wie sie Blinddarmkot an der Kloake der Mutter aufnahmen. Gelingt es den Kleinen nicht, ihren Verdauungsapparat mit den notwendigen Bakterien zu infizieren, können Entwicklungsstörungen bis hin zum Tod die Folge sein.

Auch wenn die Biber vom ersten Tag an schwimmen können, bleiben sie 4 bis 5 Wochen im Bau. Allerdings versuchen sie bereits in dieser Zeit ihre Schwimmfertigkeiten im Wasserbereich des Baus zu trainieren und planschen dort regelmäßig für kurze Zeit herum. Das Fell der Jungbiber ist in den ersten Lebenswochen jedoch noch nicht wasserabweisend und die

▷ **Junge Biber müssen noch so manches lernen. Dazu gehören selbst so einfache Dinge wie das Gleichgewicht beim Putzen zu halten.**

Grannenhaare, die eine wichtige Funktion beim Wasserabweisen erfüllen, sind erst mit 6 bis 8 Wochen entsprechend entwickelt. In dieser Zeit wird das nasse Fell der Kleinen durch die Eltern gepflegt und gereinigt. Die Jungen können das noch nicht. Sie müssen das erst lernen.[274]

Tauchen können die Jungen anfangs nicht, obwohl sie es bereits ab der zweiten Woche immer wieder versuchen. Dazu sind sie zum einen noch zu leicht und treiben wie ein Stück Kork auf dem Wasser, zum anderen beherrschen sie die Technik noch nicht. So schaffen sie es bestenfalls nur kurzzeitig unter die Wasseroberfläche zu gelangen. Erst mit etwa zwei Monaten können sie dann richtig tauchen.

Im Alter von 4 bis 5 Wochen verlassen die Jungen in der Regel das erste Mal gemeinsam mit ihren Eltern den Bau zu ersten Ausflügen. Sie bleiben sehr nahe bei den Erwachsenen und flüchten sich immer wieder auf deren Rücken. Die Eltern-Kind-Beziehung ist sehr stark ausgeprägt.

Während des gesamten ersten Jahres werden die Jungen von den Eltern und den älteren Geschwistern umsorgt. Sie werden rund um die Uhr beaufsichtigt. In den ersten Wochen werden die Kleinen sogar in den Bau zurückgebracht, sollten sie diesen zu früh verlassen. In freier Wildbahn lässt sich beobachten, wie ältere Biber wenige Wochen alte Jungtiere quer ins Maul nehmen und damit zurück in den Bau tauchen.

In den ersten zwei bis drei Monaten wird den Kleinen auch die pflanzliche Nahrung gebracht.

Mit etwa 12 Monaten ist das Gebiss vollständig entwickelt.[326] Dann können die Jungbiber auch stärkere Äste durchnagen oder Bäume fällen und haben eine gewisse Selbstständigkeit erreicht.

▷ **Die Bibermutter bringt ihr Junges zurück in den sicheren Bau.**

▷ Bild 1

▷ Bild 2

Eine erstaunliche Beobachtung: Beerdigen Biber ihre tot geborenen Jungen?

Es war am 7. Mai 2016, als M. Plattner an der Aare in der Schweiz eine unglaubliche Beobachtung machte, die so in der Natur noch nie beschrieben wurde. Kurz vor Mittag beobachtet sie ein ihr gut bekanntes Biberweibchen. Aufgrund der großen Brüste war das Weibchen zu dieser Zeit offenbar bereits führend und säugte in der Burg Junge (Bild 1). Plötzlich begann das Weibchen eine Mulde auszuheben, um sich hinein zu setzen. Das Weibchen schien unruhig, betrachtete immer die Kloake und legte sich wieder hin. Plötzlich richtete sie sich wieder auf und gebar ein offensichtlich totes Junges (Bild 3). Während mehrerer Minuten betastete die Mutter das tot geborene Junge und beschnupperte es intensiv (Bild 4). Dann geschah etwas Erstaunliches: Die Mutter entfernte sich 2 Meter von ihrem toten Jungen, grub ein Loch, legte das Junge ab und begann es mit trockenem Schilf und Ästen zuzudecken (Bild 5–7). Hier brach die Beobachtung abrupt ab, sodass wir nicht wissen was weiter passierte. Drei Wochen später lag das Loch offen da und das Junge war verschwunden, wahrscheinlich von Füchsen gefressen. Die Biberfamilie konnte später im Sommer mit drei diesjährigen Jungtieren beobachtet werden.

▷ Bild 3

▷ Bild 4

▷ Bild 5

▷ Bild 6

▷ Bild 7

▷ Bild 8

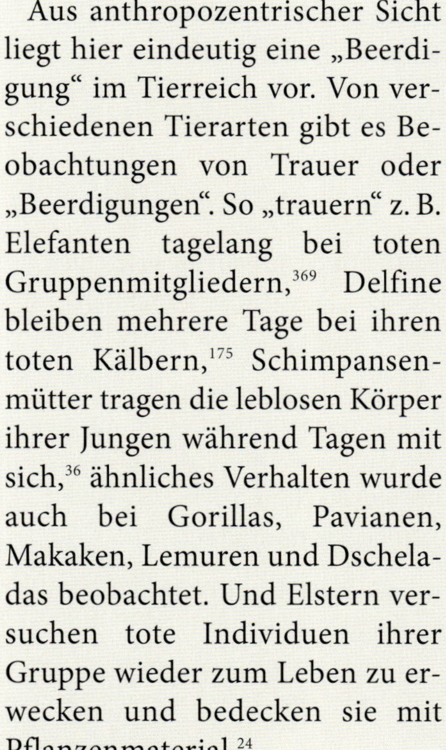

Aus anthropozentrischer Sicht liegt hier eindeutig eine „Beerdigung“ im Tierreich vor. Von verschiedenen Tierarten gibt es Beobachtungen von Trauer oder „Beerdigungen“. So „trauern“ z. B. Elefanten tagelang bei toten Gruppenmitgliedern,[369] Delfine bleiben mehrere Tage bei ihren toten Kälbern,[175] Schimpansenmütter tragen die leblosen Körper ihrer Jungen während Tagen mit sich,[36] ähnliches Verhalten wurde auch bei Gorillas, Pavianen, Makaken, Lemuren und Dscheladas beobachtet. Und Elstern versuchen tote Individuen ihrer Gruppe wieder zum Leben zu erwecken und bedecken sie mit Pflanzenmaterial.[24]

Nur weil wir mit menschlichen Augen keine offensichtliche Trauer sehen, heißt das nicht, dass es keine gibt. Das Verhalten des Biberweibchens aber dahingehend zu interpretieren wäre höchst spekulativ. Es gibt aber eine einfache Erklärung für das beobachtete Verhalten, das auch bei anderen Arten beobachtet werden kann: Dachse zerren tote Gruppenmitglieder manchmal aus dem Bau und vergraben sie außerhalb des Baus[352] und Füchse vergraben Nahrung und manchmal sogar ihre toten Familienmitglieder.[233] Der Dachs ist nicht bekannt dafür, dass er Futter vergräbt, sein Verhalten wird aber als Sauberhaltung des Baus interpretiert. Beim Fuchs hingegen ist es eindeutig als Anlage eines Futtervorrats zu sehen.

Bei unserem Biberweibchen ist die offensichtlichste Erklärung für die „Beerdigung“ außerhalb der Biberburg, dass sie damit vermeiden wollte, dass der Kadaver Raubtiere oder Parasiten anzieht oder sogar eine Krankheit bei den restlichen Familienmitgliedern auslöst, weil das Junge an einer Infektion gestorben ist.

Dieses Verhalten würde damit auch evolutionsbiologisch Sinn ergeben: das Erkennen von Tod und das Beseitigen oder gar „Beerdigen“ von toten Gruppenmitgliedern würde das eigene Überleben und den Fortpflanzungserfolg erhöhen.

Lebenserwartung

Biber gehören zu den langlebigsten Nagetieren weltweit. Der natürliche Alterstod tritt in der Regel mit 12 bis 14 Jahren ein. Da jedoch auch andere Todesursachen greifen, liegt die durchschnittliche Lebenserwartung bei 8 Jahren. Der nachweislich älteste Biber an der Elbe wurde 21 Jahre alt. Diese Daten dürften auch auf die übrigen Vorkommen des Europäischen Bibers in Mitteleuropa übertragbar sein.[147, 145] In Menschenhand wurde ein Biber sogar 35 Jahre alt.[80]

Todesursachen

Neben dem Alterstod kommen beim Biber eine Vielzahl weiterer Todesursachen in Betracht. Trotz familiärer Fürsorge sind die ersten zwei Jahre für einen Jungbiber sehr hart. 50 bis 75 % der Jungen überstehen die ersten beiden Lebensjahre nicht.[142] Die Verteilung der einzelnen Todesursachen ist nur eingeschränkt repräsentativ, da sich das Auffinden der toten Biber bei einigen Todesursachen als sehr schwierig darstellt (z. B. Hochwasser).

Krankheiten

Krankheiten sind beim Elbebiber für 19 % der Todesfälle verantwortlich.[422] In Österreich sind 31,6 % der untersuchten Todesfälle auf Krankheiten zurückzuführen. Während von Infektionen männliche und weibliche Biber etwa zu gleichen Teilen betroffen sind, werden Organerkrankungen vermehrt bei Weibchen nachgewiesen.[145, 423, 422] Das Spektrum der beim Biber festgestellten Erkrankungen ist sehr breit, wobei Pneumonien und Darminfektionen (v. a. bei Jungtieren) als häufigste Todesursachen

Krankheit	Bakterielle Erreger	Anmerkung
Kokkeninfektionen	*Streptococcus sp. Staphylococcus sp.*	Tritt sowohl bei freilebenden Bibern als auch in Gehegen auf; hat bei vier adulten Bibern Osteoperiostitis verursacht
Listeriose	*Listeria sp.*	Lediglich ein Fall bei einem Tier unbekannter Herkunft
Pseudotuberkulose oder Yersiniose	*Yersinia enterocolitica*	Zoonose, also auf den Menschen übertragbar
Leptospirose	*Leptospira sp.*	Wird als die weltweit am weitesten verbreitete Zoonose betrachtet. Sowohl bei Tieren als auch beim Menschen. Tritt in der Schweiz regelmäßig beim Biber auf
Salmonellose	*Salmonella altendorf, S. dublin, S. enteritidis, S. typhimurium*	Vorwiegend bei Gehegetieren; Erreger z. T. auch für den Menschen pathogen
Tuberkulose	*Mycobacterium sp.*	Wurde an Bibern in Deutschland und den USA in freier Wildbahn und in Gehegen nachgewiesen; tritt epidemieartig auf
Tularämie	*Francisella tularenis*	Zoonose; Europäischer Biber ist resistent; verursacht beim Kanadischen Biber eine hohe Mortalitätsrate; relevanteste bakterielle Infektion in freier Wildbahn
Pasteurellose	*Pasteurella multocida*	Atemwegserkrankung

zu nennen sind.[145, 422] Die bisher bekannten bakteriellen Infektionen zeigt die Tabelle auf Seite 60f.

Parasiten

Parasitäre Erkrankungen werden beim Biber hauptsächlich durch den Befall mit Endoparasiten verursacht. Dabei handelt es sich in der Regel um Würmer *(Helminthen)* wie Saugwürmer *(Trematoda)*, Bandwürmer *(Cestoda)*, Fadenwürmer *(Nematoda)* oder Kratzer *(Acanthocephala)*.[326, 426, 111, 30]

Während bei Forschungsarbeiten in Woronesch (Russland) 32 verschiedene Helminthen gefunden wurden, konnten bei Untersuchungen an westeuropäischen Bibern bisher nur wenige Arten belegt werden.[326, 426] Bei einer Untersuchung in Nordost-Polen wurden 9 verschieden Arten nachgewiesen.[111]

Krankheit	Endoparasit	Anmerkung
Coccidiose	*Eimeria sprehni*	Einzelne Nachweise beim Europäischen und Kanadischen Biber
Echinokokkose	*Echinococcus granulosus*	Nachweis von 3 Larvenformen in der Leber eines adulten Bibers in Nordost-Polen
Echinokokkose (Fuchsbandwurm)	*Echinococcus multilocularis*	Zoonose, also auf den Menschen übertragbar. Kann beim Menschen pathogen sein. In der Schweiz seit 2002 regelmäßig festgestellt
Kapillarose	*Capillaria (Calodium) hepatica*	Im Leberparenchym; gelangt durch den Tod des Wirts (z. B. Biber) in die Außenwelt; Eier werden durch Aasfresser weiterverbreitet
	Psilotrema castoris	Zuletzt im Dünndarm von 4 Bibern in Nordost-Polen gefunden; dies ist erst der 3. Nachweis weltweit
Stichorchose	*Stichorchis subtriquetus*	Im Biberdarm; beim Entwicklungszyklus dieses biberspezifischen Trematoden sind Wassermollusken nötig; wurde beim Europäischen und Kanadischen Biber nachgewiesen, aber bisher nicht in den autochtonen Biberpopulationen Asiens; Befall bei jüngeren Bibern stärker als bei älteren
Travassiose	*Travassosius rufus*, *Travassosius americanus*	Im Magen; biberspezifischer Nematode; *T. rufus* wurde nur beim Europäischen Biber nachgewiesen, *T. americanus* dagegen sowohl in Nordamerika als auch in Finnland, China, der Mongolei und Russland; Befall bei älteren Bibern stärker als bei jüngeren
Trichinellose	*Trichinella britovi*	erster Nachweis an einem Europäischen Biber in Lettland; obwohl der Biber kein Fleischfresser ist, kann er sich mit dem Erreger infizieren
Toxoplasmose	*Toxoplasma gondii*	Hauskatzen stellen den Hauptwirt dar. Für Biber tödlich.
Trichostrongylidose	*Trichostrongylus capricola*	Nachweis von 2 Nematoden im Dünndarm eines adulten Bibers in Nordost-Polen

Tabellen nach [30, 80, 111, 182, 255, 274, 326, 423, 471]

Der Biberkäfer

(Platypsyllus castoris)

Der Biberkäfer wird auch gelegentlich Biberlaus genannt. Es handelt sich jedoch um keine Laus, sondern um einen Käfer. Augenlos und ungeflügelt lebt dieser ausschließlich auf dem Biber, was schon sein lateinischer Name „*castoris*" verrät. Mit kleinen Dornenkränzchen ist der nur 3 mm große Käfer fest am Biber verankert und wird selbst bei der Fellpflege nicht abgestreift. Selbst bei Tauchgängen findet er genügend Luft im Biberpelz. Hier frisst er vermutlich Hautschuppen oder Milben, die er mit seinen besonderen Mundwerkzeugen in die Mundspalte kehrt. Parasitisch lebt der Käfer aber nie. Die Eier werden nicht im Fell des Gastgebers abgelegt, sondern in der Biberburg, von wo die etwa 2 mm langen Larven auf die Biber gelangen. Die Verpuppung findet allerdings wieder in der Erde statt. Der Käfer kommt weltweit an allen Biberrassen vor, egal ob in Eurasien oder in Nordamerika, und hat offenbar eine enge Koevolution mit dem Biber durchlaufen.[106, 137]

▷ Die Biberlaus ist ein hoch spezialisierter, ausschließlich auf Bibern lebender Käfer.

Die Milbe, die ebenfalls ausschließlich am Biber vorkommt, trägt den lateinischen Namen *Schizocarpus mingaudi*.

Im Blut der Biber wurden bisher keine Parasiten gefunden.[111]

An Ektoparasiten sind die Milbe *(Schizocarpus mingaudi)*, die vor allem in den Ohrmuscheln und den Mundwinkeln auftritt, und der an den Schwimmhäuten vorkommende Hundeegel *(Herpobdella)* bekannt.[80]

In Biberpopulationen mit einer geringen Dichte ist der Parasitenbefall in der Regel minimal. Nimmt die Besiedelungsdichte zu, kann es jedoch zu erheblichen Veränderungen von Gesundheitszustand und Konstitution kommen. Innerartlicher Stress, Revierkämpfe, Beißereien oder ein möglicher Nahrungsmangel bei starker Konkurrenz können zu einer Schwächung der Biber führen. Parasiten oder Infektionen, die von einem gesunden und kräftigen Biber ertragen und bewältigt werden können, haben bei einem geschwächten Biber eine viel stärkere Durchschlagskraft. Der Tod des Bibers ist nicht selten die Folge. Zudem geht bei einer hohen Populationsdichte die Übertragung der Parasiten und Infektionen wesentlich einfacher und schneller vonstatten.

Verkehrsunfälle

Bedingt durch das hohe Verkehrsaufkommen und unser dichtes Straßennetz sind Verkehrsunfälle seit 1990 fast überall in Europa die häufigste Todesursache. Der Anteil bewegt sich in den jeweiligen Untersuchungen zwischen 40 % in Kroatien und 55 % in Drömling, Sachsen-Anhalt (Österreich 47 %, Schweiz 60 %, Sachsen 44 %, Halle, Sachsen-Anhalt 47 %).[118, 145, 327, 422, 423, 469, 471] In Ostdeutsch-

▷ **Auswandernde Jungbiber werden häufig Opfer von Verkehrsunfällen.**

land hat sich der Anteil der Verkehrsopfer nach der Wende von 10 % auf etwa 47 % mehr als vervierfacht.[422]

Der hohe Anteil an Verkehrsopfern ist nicht überraschend, verlaufen doch mitten durch die Auen und entlang vieler Fließgewässer Straßen und Wege. Sie reichen nicht selten bis unmittelbar ans Gewässer heran.

Illegale menschliche Nachstellungen

Durch Erschlagen, Erschießen, Vergiften sowie Fallen und Reusen sind an der Elbe 12,3 % der gefundenen Biber ums Leben gekommen, in Oberbayern sogar 15 %.[422, 469] Bedenklich sind die Beobachtungen an einigen Bibern, die im Rahmen des bayerischen Bibermanagements lebend gefangen wurden. Etwa 10 % dieser Biber wiesen an den Vorderpfoten Verletzungen wie Quetschungen oder Brüche auf, manchen fehlten sogar mehrere Finger oder die ganze Pfote.

Da man ausschließen kann, dass sich Biber diese Verletzungen im Zuge ihrer natürlichen Lebensgestaltung zuziehen, liegt die Vermutung nahe, dass Schlagfallen, wie z. B. die Bisam-Köderfalle oder die Haargreiffalle, die im Uferbereich oder auf Biberwechseln gestellt werden, dafür verantwortlich sind. Diese Fallen sind für einen erwachsenen Biber normal nicht tödlich, führen aber zu den oben beschriebenen Verletzungen. Dieser unselektive Falleneinsatz erfüllt weder die tierschutz- noch artenschutzrechtlichen Anforderungen, wenn streng geschützte Arten dadurch zu Schaden kommen. Auch stellen Bisam-Fangreusen, in denen die Tiere ertrinken, ebenso wie Conibear-Fallen (amerikanischer Schlagfallentyp) eine große Gefahr für Jungbiber dar. Es stellt sich die Frage, wieso diese Tötungsfallen, die die tierschutzrechtlich geforderte Selektivität bei weitem nicht gewährleisten und in vielen Ländern verboten sind, noch eingesetzt werden. Der Bisamfang ist genauso gut mit Lebendfallen möglich, wie die große Anzahl gefangener Bisame in den bayerischen Biberfallen zeigt.

In der ehemaligen DDR musste die Bisamjagd vom 15. Mai bis zum 30. September ausgesetzt werden, wenn Jungbiber gefährdet werden konnten.[326]

Bissverletzungen durch Artgenossen

So sozial und fürsorglich die Biber innerhalb der Familie miteinander umgehen, so heftig verfahren sie mit fremden Artgenossen. Bei Revierkämpfen kommt es oft zu erheblichen Bisswunden. Diese führen normalerweise selbst nicht zum Tode, sie infizieren sich jedoch sehr leicht. Diese Infektionen stellen dann die eigentliche Todesursache dar. Arteigene Bisse waren an der Elbe in 5 % der Fälle für den Tod eines Bibers verantwortlich. Für die geschlechtsreifen Biber dürfte dies eine der natürlichen Haupttodesursachen sein, da diese besonders häufig in Revierstreitigkeiten verwickelt sind.[326, 422, 469] Eine Untersuchung beim Kanadischen Biber zeigt[62a], dass Bissverletzungen deutlich häufiger in der Ausbreitungsphase im Frühjahr auftreten (62 %). Insgesamt weisen 34 % der untersuchten Biber innerartliche Bissverletzungen auf. Während bei Bibern im ersten Lebensjahr nur bei 10 % der Individuen Verletzungen zu finden sind, sieht es in den älteren Altersklassen deutlich anders aus. Bei den Jährlingen haben 41 % Verletzungen, bei den Subadulten 38 % und bei den Adulten sogar 46 %. Der Umstand, dass bereits Jährlinge in Revierkämpfe verwickelt sind, resultiert daraus, dass sich in den nordamerikanischen Untersuchungsgebieten auch schon Jährlinge auf Wanderschaft begeben, um ein neues Revier zu gründen. Die adulten Biber, die bereits ein Revier besitzen, sind deshalb verletzt, weil bei den Revierverteidigungskämpfen nicht nur der Eindringling, sondern auch der Verteidiger verletzt werden kann. Es gibt keine signifikanten Unterschiede zwischen Männchen und Weibchen. Beide Geschlechter müssen auf der Suche nach einem neuen Revier wandern und beide sind auch an der Verteidigung eines bestehenden Reviers beteiligt. Interessant ist auch die Beobachtung, dass an kleineren Bächen deutlich weniger Biber Verletzungen aufwiesen (16 %) als an Flüssen (44 %).[62a] Dies dürfte dadurch zu erklären sein, dass zum einen die Reviere an den Bächen eindeutiger abgegrenzt und einfacher zu verteidigen sind, zum anderen bedingt durch diese klare Revierabgrenzung dort weniger wandernde Biber eindringen.

Die Bissverletzungen finden sich vorwiegend am Rücken und an der Kelle. Sie kommen häufig dann zustande, wenn einer der Kontrahenten flüchten will und ihm der Überlegene nachsetzt. Aber auch auf der Körperunterseite sind Bissstellen zu finden. So wurde in Bayern ein toter Biber gefunden, dessen Bauchdecke elfmal von einem anderen Biber durchbissen wurde. Es wird mit unglaublicher Wucht zugebissen. Die Wunden sind in der Regel sehr tief. Wie problematisch solche Bissverletzungen im Körperbereich für die Biber sind, zeigen langjährige Erfahrungen aus dem Tiergarten Nürnberg. Dieser fungierte als Auffangstation für die im Rahmen des bayerischen Bibermanagements gefangenen Biber. Vor allem im März, wenn die Zweijährigen beginnen, sich ein eigenes Revier zu suchen, werden nicht wenige Biber mit zum Teil schon infizierten Bisswunden gefangen. Diese Infektionen sind sehr schwer und nur mit einer aufwendigen Behandlung in den Griff zu bekommen. So muss jede Wunde am Körper täglich mit Rivanol und Wasserstoffperoxyd gespült werden, um den Eiter unter dem verklebten Fell aus der Wunde zu spülen. Dies ist bei einem adulten Biber, der sich in der Regel wehrt, nicht gerade einfach zu realisieren. Manchmal ist sogar eine Narkose nötig, um die Wunden freilegen und vernünftig grundreinigen zu können. Zusätzlich wird alle zwei Tage Oxytetrazyklin gespritzt, ein Antibiotikum, das Biber sehr gut vertragen und die Darmflora nicht schädigt. Die Behandlung erfolgt etwa zehn Tage lang. Bricht man zu früh ab, breitet sich die Infektion sofort wieder aus. Ohne Behandlung lässt sich eine Infektion auch bei frischen, noch nicht entzündeten Wunden kaum vermeiden. Etwas anders scheint es sich bei Verletzungen am Schwanz zu verhalten. Dort finden sich oft gut ausgeheilte tiefe Kerben, die von früheren Verletzungen herrühren.

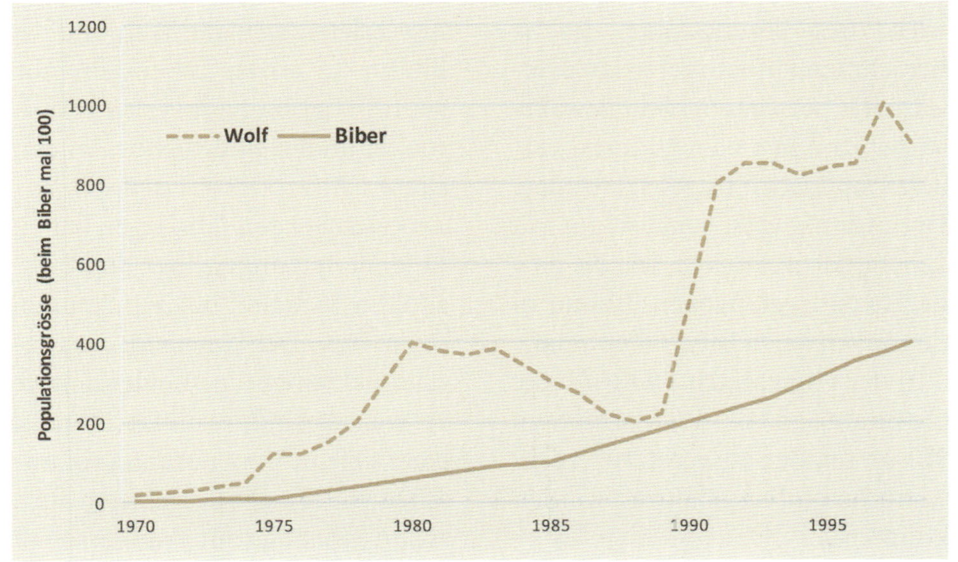

▷ Biber werden nicht von Feinden reguliert. Ob wenig, ob viele Wölfe: die Biberpopulation steigt weiter an.[7]

▷ **Biber können bei Hochwasser ertrinken oder tödlich unterkühlen, wenn sie nicht wie hier einen rettenden Baum oder eine nicht überflutete Insel erreichen. Gerade für Jungbiber in der Burg sind Frühjahrshochwasser eine häufige Todesursache.**

Da die infizierten Bisswunden am Biberkörper in der Natur kaum ausheilen und deshalb häufig zum Tode führen, stellen sie einen Hauptfaktor der innerartlichen Selbstregulation der Biberpopulation dar.

In den Niederlanden kommen zwischen 33 und 44 % der Biber, die durch ein bestehendes, fremdes Revier wandern, dabei ums Leben.[303]

Natürliche Feinde

Natürliche Feinde haben bei uns vorwiegend die Jungbiber. Hier sind große Greifvögel wie Seeadler Uhu, große Raubfische wie Hecht oder Wels sowie die Raubsäuger Mink und Fuchs zu nennen.[291, 326] Tatsächliche Auswirkungen auf die Biberpopulation gibt es jedoch nicht. Ob der Fischotter jungen Bibern nachstellt, ist in der Literatur umstritten. Bisher ging man davon aus, dass beide Arten gut nebeneinander existieren können und der Fischotter eher den Biber meidet.[80] Neueste Beobachtungen aus der Schweiz zeigen jedoch, dass Biber vor allem während der Jungenaufzucht äußerst aggressiv auf Otter reagieren und diese auch attackieren und beißen. Verschiedene Angriffe von Bibern auf Otter konnten mit Fotofallen dokumentiert werden. Mehrere Otter zeigen Hautverletzungen, die vermutlich von Biberbissen stammen.[285]

Durch die Ausbreitung des Wolfs in den letzten Jahren in Deutschland ist ein neuer natürlicher Feind hinzugekommen, der Jahrzehntelang nicht vorhanden war. Doch ein nennenswerter Einfluss auf die Biberpopulation ist nicht zu erwarten. Dies zeigen zahlreiche Untersuchungen aus Gebieten, in denen Wolf und Biber gemeinsam vorkommen (z.B. Lettland, Polen, Russland). In keinem Fall war der Wolf in der Lage, die Biberpopulation zu reduzieren.[297]

So stieg beispielsweise in Lettland, einem Land, das etwas kleiner ist als Bayern, der Wolfsbestand von 230 Tieren im Jahr 1985 auf etwa 1000 Wölfe im Jahr 1997. Im gleichen Zeitraum wuchs die Biberpopulation von etwa 5000 auf 34 000 Tiere an. Von einer Regulation der Biberpopulation durch den Wolf kann bei diesen Zahlen keine Rede sein. Die Zunahme der Wölfe verursachte aber einen deutlichen Rückgang der Elch-, Rotwild-, Reh- und Wildschweinpopulation, der klassischen Wolfsbeute in Lettland.[7]

Offensichtlich dadurch und bedingt durch den damit verbundenen Nahrungsmangel haben einige Wölfe begonnen, den Biber saisonal als Nahrungsquelle zu nutzen. Magenuntersuchungen an geschossenen Wölfen zeigen, dass Biber bei manchen Wölfen in Lettland bis zu 30 % der Sommernahrung ausmachen, im Winter dagegen gar keine Rolle spielen.[7] Dies lässt den Schluss zu, dass diese Wölfe vorwiegend den Jungbibern nachstellen. Ein erwachsener Biber ist sehr wehrhaft und kann seinen Feinden tiefe Wunden zufügen. Deshalb wird sich ein Wolf genau überlegen, ob er sich diesem Verletzungsrisiko aussetzt. Ein verletzter Wolf hat bei der Jagd sehr schlechte Chancen. Ein Elchkalb stellt für ihn eine wesentlich einfachere und fleischreichere Beute dar.

Auch in Russland nahm die Biberpopulation von ca. 25 000 im Jahr 1960 auf aktuell etwa 600 000 Tiere deutlich zu.[80, 371] Und dies trotz 30 000 Wölfen und ca. 80 000 Braunbären. Auch hier kann man nicht von einer Regulation der Biberpopulation durch diese Raubtiere sprechen.

Gleiches belegt auch die Wiedereinbürgerung des Bibers in Nordamerika. Dort wurden die Biber inmitten der Lebensräume von Wolf, Bär, Luchs oder Puma eingesetzt. Dennoch wuchs die Population von wenigen tausend Bibern auf heute grob geschätzte 10 bis 40 Millionen Biber wieder an.[52]

Selbstverständlich gibt es regional Wölfe bzw. Wolfsrudel, die sich auf Biber spezialisiert haben. Einen Einfluss auf die Gesamtpopulation haben sie jedoch nicht, wie die obigen Zahlen eindrucksvoll zeigen.

Die meisten wissenschaftlichen Arbeiten, die die Bedeutung des Bibers als Wolfsnahrung untersuchen, stützen sich dabei auf die Analyse des Wolfskots. Deshalb ist nicht klar, ob die gefundenen Biberreste von bereits toten Bibern stammen, die als Aas gefressen wurden oder ob der Biber durch aktive Jagd vom Wolf zur Strecke gebracht wurde. Letzteres findet vorwiegend an Land statt oder unterhalb von Dämmen, wo der Wasserstand sehr niedrig ist.[105] Die Wölfe lauern an Stellen, die häufig von Bibern aufgesucht werden, wie Wechsel zu Nahrungsquellen oder Dämmen. Dabei nutzen die Raubtiere die Vegetation oder den Biberdamm als Deckung. Andere Beobachtungen aus Nordamerika beschreiben, dass Wölfe im Winter an Eislöchern lauern, wo die Biber das Wasser verlassen und an Land gehen.[297] Die Wölfe überprüfen im Winter die Biberreviere regelmäßig und erkennen anhand der Frische der Bibermarkierungen, ob die Biber gerade aktiv sind oder im Bau verharren. So finden sie heraus, ob es sich lohnt, auf den Biber zu warten oder weiterzuziehen.

Eine Populationsregulation durch natürliche Feinde gibt es somit beim Biber, auch dort wo Wolf, Bär und Luchs noch in großer Zahl vorkommen, nicht. Hier greifen andere Mechanismen, vor allem die Selbstregulation über das Reviersystem. (Siehe Kapitel Populationsregulation!)

Sonstige Todesursachen

Dass Biber von einem Baum erschlagen werden, den sie selbst gefällt haben, ist eine sehr seltene Todesursache. In Europa sind bisher lediglich acht Fälle, in Nordamerika nur drei dieser Unglücksfälle dokumentiert.[292]

▷ Aus der Schweiz sind zwei Fälle bekannt, bei denen sich die Biber beim Fällen eines Stammes den Unterkiefer eingeklemmt haben. Beide Tiere wurden von Füchsen bei lebendigem Leib gefressen.

Zu Winterverlusten durch Verhungern oder Erfrieren kommt es vor allem bei geschwächten oder unerfahrenen Bibern und bei Bibern ohne Revier in strengen Wintern.

Hochwasser sind vor allem für die neugeborenen Biber im Frühjahr tödlich.[168] Beim Pfingsthochwasser 1999 wurden in Bayern einige ertrunkene Jungbiber an Triebwerkseinläufen gefunden. Bei rasch steigendem Hochwasser ertrinken die Kleinen in ihrem Bau, wenn sie nicht schnell genug von ihren Eltern an einen sicheren Ort gebracht werden, da sie noch nicht richtig tauchen können. Jungbiber, die noch nicht selbstständig sind, verenden auch meist, wenn sie von der starken Strömung erfasst und weit abgetrieben werden. Ohne Eltern haben sie keine Chance zu überleben. Aber auch für erwachsene Biber stellt ein Hochwasser immer eine Gefahr dar. Vor allem im Winter, wenn sie von ihren Reserven leben, kann so ein sehr Kraft und Energie zehrendes Ereignis eine enorme Schwächung und den Tod bedeuten. Auftretender Eisgang oder Eisstoß verschärfen die Lage noch zusätzlich.

Gewässer mit regelmäßig auftretenden starken Hochwassern werden meist nicht oder erst bei einem hohen Populationsdruck vom Biber besiedelt. Oft existieren diese Ansiedlungen dann auch nur temporär, weil kaum Jungbiber aufgezogen werden können. In solchen Gebieten wächst die Population sehr langsam und stagniert meist früh auf einem sehr niedrigen Niveau.

Der tatsächliche Einfluss von Hochwasserereignissen auf die Biberpopulation lässt sich nur unzureichend beziffern, weil eventuell zu Tode gekommene Biber schwer aufzufinden sind.

Ein neueres Problem ist der Faktor Trockenheit, der durch die Erderwärmung noch verstärkt werden dürfte. Aufgrund von Wassermangel fallen Biberreviere trocken. Zuerst werden die Biber versuchen, die Dämme auszubessern oder die verbliebenen Wasserbereiche zu vertiefen, um das Wasser zu halten.[1] Hilft das alles nichts mehr, sind die Biber dann entweder gezwungen, ihr Revier zu verlassen und sich einen neuen Platz zu suchen oder sie müssen mangels Alternative ausharren und auf Regen hoffen. Das Abwandern ist in dicht besiedelten Gebieten nur bedingt eine tatsächliche Option. Zum einen sind praktisch

▷ **Massiver Eisschub kann Biberburgen zerstören und zu Wintermortalität führen.**

keine freien Gewässerabschnitte für eine Revierneubildung mehr frei. Zum anderen dürfte die Trockenheit nicht nur ein Revier betreffen, sondern mehrere, wodurch die Konkurrenz um eventuell freie Gewässerabschnitte erheblich sein dürfte. Eine deutliche Zunahme von Revierkämpfen und damit verletzten Bibern dürfte die Folge sein.

Verharren die Biber bei Trockenheit, wird der mögliche Zugriff von Räubern (z. B. Wolf) erheblich vereinfacht. Zum einen fehlen die Flucht- (Abtauch-) Möglichkeiten für den Biber, zum anderen stellt die Biberburg keinen sicheren Rückzugsort mehr dar, wenn der Eingang nicht mehr geschützt unter Wasser liegt, sondern frei zugänglich ist.

Trocknet ein Biberrevier vollständig aus und die Biber haben keine Ausweichmöglichkeit, verdursten sie.

Welchen Einfluss die Trockenheit tatsächlich hat, wird die Zukunft zeigen. Eine Untersuchung aus Russland belegt in einem Fall eine Biberabnahme, im anderen Fall eine Zunahme der Biber im jeweiligen Untersuchungsgebiet.[1, 299a]

Die umfangreichsten Forschungsarbeiten zur Thematik der Todesursachen stammen aus dem Elberaum. Dort wurden 1282 Biber untersucht.[145, 299a, 422] An der Elbe fielen die meisten Todesfälle in den Monaten April und Mai an. In Bayern erreicht die Mortalität einen Monat früher, im März und April, ihren Höhepunkt.[469] Begründet wird dieser Unterschied mit dem im Durchschnitt stärker kontinental geprägten, längeren und kühleren Winter an der Elbe und der damit offenbar später einsetzenden Setz- und Migrationszeit. Untersuchungen in Österreich und der Schweiz unterstützen diese Ergebnisse.[423, 471]

In oberbayerischen Untersuchungen hatten trächtige Weibchen einen hohen Anteil an den Todesfällen.[469]

Für das verstärkte Auftreten von Todesfällen im Frühjahr gibt es mehrere Erklärungen. Die subadulten Biber müssen zu dieser Jahreszeit das elterliche Revier verlassen und auf Wanderschaft gehen, um einen Geschlechtspartner und einen noch unbesetzten Gewässerabschnitt zu suchen. Auf dieser Wanderschaft, die auch streckenweise über Land gehen kann, lauern viele Gefahren. Diese Biber werden häufig Opfer von Verkehrsunfällen, sei es auf der Straße oder der Schiene. Sie werden beim Durchqueren schon besetzter Reviere in Kämpfe verwickelt, mit der Folge schwerer Bissverletzungen der Kampfbeteiligten, die dann zum Tode führen. So mancher Biber erstickt auch in einer Fischreuse oder kommt in einer Bisamfalle um.[326] Nach einem harten Winter sind die Biber oft geschwächt und deshalb auch anfälliger für Krankheiten und Infektionen. Dies dürfte bei wandernden, heimatlosen Bibern eine größere Rolle spielen als bei Revierinhabern, da bei diesen der Faktor Stress niedriger sein dürfte.

Mit dem Erreichen der Geschlechtsreife, Paarbildung und Reviergründung sinkt die Mortalitätsrate. Sie erhöht sich dann erst wieder ab dem 10. Lebensjahr mit Beginn des natürlichen Alterstodes.[145]

DIE BIBERFAMILIE UND IHR REVIER

Die Biberfamilie mit ihrem Revier, wie man den Gewässerabschnitt nennt, den sie bewohnt und gegen fremde Artgenossen verteidigt, stellt die soziale Grundeinheit einer Biberpopulation dar. Die Familie besteht typischerweise aus drei Altersgruppen: Den Eltern, den einjährigen und den diesjährigen Jungen. Die halbwüchsigen Zweijährigen verlassen normalerweise nach dem Winter die Familie und gehen auf Wanderschaft, um sich einen Geschlechtspartner und einen freien Gewässerabschnitt zu suchen und sich dort niederzulassen. Nur in Ausnahmefällen werden Zweijährige noch ein weiteres Jahr im Umfeld ihrer Eltern geduldet, ohne jedoch eine eigene Familie zu gründen. Anders war dies in Norwegen. In einer über 18 Jahre dauernden Studie verließen die jungen Biber erst mit durchschnittlich 3,5 Jahren das elterliche Revier. Manche Jungtiere blieben sogar bis zu 7 Jahre in der Familie. Die jungen Biber warteten umso länger, je dichter die Biberpopulation war – offensichtlich um konkurrenzfähiger bei der Suche nach einem eigenen Revier zu sein.[246]

In einer nordamerikanischen Studie verließen 64 % der Zweijährigen, 21 % der Dreijährigen die Familie. Sogar einjährige Tiere gingen schon auf Wanderschaft (14 %).[433] Es kam dort mehrfach zu

Der Biber – eine Auwaldart?

Bis vor kurzer Zeit war das Bild vom Biberlebensraum geprägt von langsam fließenden und stehenden Gewässern mit reichem Uferbewuchs an Weiden und anderen Weichhölzern: der Biber als Auwaldart. Es war das Bild der Gebiete, in denen die letzten Biber Europas überlebt hatten.

Mit der Ausbreitung der Biber in vielen Ländern hat sich aber gezeigt, dass sie in der Wahl ihrer Lebensräume sehr viel flexibler sind. Sie stellen sich als unerwartet anspruchslos heraus, alles was ein Biber braucht, ist Wasser und Nahrung. Die einfachen Grundbedürfnisse gleicht er mit seiner Fähigkeit zur Lebensraumgestaltung aus. Wo die Gewässer zu klein sind oder wenig Wasser führen, baut er Dämme, um sich die Wasserverhältnisse zu schaffen, die er braucht. So können aus kleinen Bächen ganze Ketten von Biberseen entstehen. Frühjahr, Sommer und Herbst bieten dem Biber überall genügend Nahrung, und wo an Bächen und Gräben die Gehölze als Winternahrung spärlicher sind, gleichen Biber dies durch größere Reviere aus. Der Biber ist also keine reine Auwaldart, sondern eine Art, die viele Lebensräume besiedeln kann, solange nur Wasser vorhanden ist. Als Auwaldart wären Biber nicht die Dammbaumeister, die sie sind. Im Auwald ist genügend Wasser, das Dammbauen haben Biber im Verlauf ihrer Evolution in den kleinen und kleinsten Bächen bis hinauf in die Mittelgebirge gelernt. Der Biberdamm im Entwässerungsgraben der Agrarlandschaft ist also kein Zeichen für zu viele Tiere, sondern für den Biber das Natürlichste der Welt: aufstauen, wenn das Wasser nicht reicht.

So darf man sich auch nicht über Biber in Klärteichen wundern, aus Bibersicht ist das oft ein Traum-Lebensraum. Ausreichende Wassertiefe erspart das Bauen von Dämmen, aufgeschüttete Dämme machen es einfach, einen Erdbau anzulegen, die Bepflanzung der Teiche in der ausgeräumten Landschaft bietet Nahrung im Winter, und der Ablaufgraben erschließt Mais- und Zuckerrübenäcker. Der Biber in der Kläranlage ist also kein Zeichen für eine „Überpopulation" an Bibern, sondern eher für deren ökologische Anpassungsfähigkeit.

▷ Gegenseitige Fellpflege (engl. Grooming) spielt für den Familienzusammenhalt eine große Rolle.

einer zweiten Wanderschaft, vor allem bei Männchen, die älter als 3 Jahre waren. Diese Männchen übernahmen häufiger benachbarte Reviere als Männchen auf ihrer Jugendwanderschaft.

Innerhalb der Familie gibt es sehr enge soziale Kontakte. Die älteren Familienmitglieder kümmern sich liebevoll um die jüngeren. Man sucht engen Kontakt. Außerhalb der Burg gibt es bei jedem Aufeinandertreffen eine zärtliche Nasenberührung mit einem leisen Erkennungslaut. In der Burg rückt man zusammen. Eng aneinandergeschmiegt wird der Tag schlafend im Wohnkessel verbracht. Die gegenseitige Fellpflege, ähnlich den Affen, ist ein regelmäßiger und sehr wichtiger sozialer, aber auch funktioneller Bestandteil des Biberlebens.[147] Wie ernst die Sorge um die jungen Biber innerhalb einer Familie ist, zeigt ein Beispiel aus Südbayern. Als eine Biberfamilie abgefangen werden sollte, wurde als erstes Tier ein Jungbiber mit einer großen Lebendfalle aus Aluminium gefangen. Als dieser kleine Biber in der Falle saß, hat ein älterer versucht, diesen zu befreien und dabei erhebliche Löcher in die Falle genagt.

Ein Biberpaar lebt ein Leben lang in Monogamie. Erst wenn ein Partner stirbt, sucht sich der zurückbleibende einen neuen Lebensgefährten. Wie überall gibt es allerdings auch hier Ausnahmen von der Regel. In der Slowakei wurde das Leben eines Biberweibchens genau beobachtet. Dabei wurde überraschend festgestellt, dass dieses Tier über Jahre eine allein erziehende Mutter war. Sie verließ allerdings zur Paarung für einige Zeit das Revier, kam wieder zurück, gebar ihre Jungen und zog diese dann alleine groß.[177]

Eine Langzeituntersuchung in Norwegen zeigt, dass es regelmäßig zu Partnerwechseln kommen kann. Über einen Zeitraum von 16 Jahren kam es von 62 Paaren in 30 Revieren bei 25 Paaren zu einem Partnerwechsel. 16 Individuen hatten in dieser Zeit 2 Partner, 4 Individuen hatten sogar mehr als 2 Partner. Es wurden dabei praktisch gleich viele Männchen wie auch Weibchen gewechselt. Die Mehrzahl der neuen Partner waren subdominante Tiere, die von außerhalb des Territoriums kamen. Der Partnerwechsel erfolgte meist im 7. Jahr der Partnerschaft und war unabhängig vom vorherigen Fortpflanzungserfolg. Anscheinend kam es mit zunehmender Populationsdichte zu mehr Partnerwechseln. Mehrere verdrängte Individuen wiesen Bisswunden auf und allgemein zeigten zahlreiche Biber im Untersuchungsgebiet Verletzungen am Schwanz, was auf innerartliche Kämpfe zurückzuführen war.[245]

Haben sie sich erstmal niedergelassen, ist diese Reviertreue allen Bibern zu eigen, vor allem wenn sie Junge und eine Familie haben. Ein Revier wird nur sehr selten aufgegeben. Nur besondere Gründe, wie z. B. Nahrungsmangel, Hochwasser oder wenn das Gewässer trocken fällt, können sie zu einem Umzug veranlassen. Sind hilflose Junge vorhanden, werden sie von den Eltern transportiert, eines nach dem anderen. Dabei werden sie wie ein Bündel Holz auf den Armen getragen.

Biber erkennen sich an ihrem Geruch. Jede Familie hat ihre eigene Duftnote. So können Angehörige von fremden Bibern unterschieden werden. Lange glaubte man, dass das Analdrüsensekret dafür verantwortlich sei. Rosell konnte jedoch zeigen, dass die Biber das Analdrüsensekret nicht im Fell verstreichen, um es wasserdicht zu machen oder sich selber zu markieren.[353] Auch Wilsson konnte nie beobachten, dass sich Biber während des Putzens an die Kloake griffen um Analdrüsensekret im Pelz zu verteilen.[460] Der Geruch der Familie ist aber so familientypisch, dass sich Biber als zueinandergehörig erkennen, auch wenn sie sich zuvor noch nie getroffen haben, beispielsweise, wenn zweijährige Biber, die bereits das elterliche Heim verlassen mussten, zum ersten Mal einen Neugeborenen ihrer Sippe treffen. Begegnen sich zwei Biber, beschnuppern sie sich erst einmal ausgiebig. Sie müssen sich sprichwörtlich riechen können.[274]

Biberalltag

Der Biber ist nachtaktiv. Tagsüber schläft er mit Unterbrechungen durch Putzen, Säugen und Fressen im Bau. Diesen verlässt er meist mit der Abenddämmerung. In besonders ungestörten Revieren, fern von Ortschaften, kann man ihn im Sommer auch schon früher beobachten. Die erste Hälfte der Nacht außerhalb seines Baus verbringt der Biber mit Nahrungsbeschaffung und Fressen. Dazu benötigt er im Sommer mindestens sechs Stunden. Nach dem Winter, wenn er möglichst schnell wieder zu Kräften kommen will, sowie im Herbst, wenn er sich auf den Winter vorbereitet (Fettschicht, Nahrungsfloß), wendet er dafür sogar bis zu elf Stunden auf. Im Winter dagegen ist er gar nur sechs Stunden wach und schläft mindestens 20 Stunden, bei einem Tagesrhythmus von 26 bis 29 Stunden.[139, 142] Um Mitternacht legt er meist für zwei Stunden eine Ruhephase im Bau ein. Die zweite Hälfte der Nacht verbringt er dann meist mit Revierkontrolle, Reviermarkierung oder Ausbesserungsarbeiten an Bauen und Dämmen. All seine Aktivitäten werden immer wieder von Phasen der Körper- und Fellpflege unterbrochen. Vor allem im Bau erfolgt dies als wichtiger sozialer Akt unter Beteiligung weiterer Familienmitglieder. Spätestens am Morgen ziehen sich die Biber wieder in ihren Bau zurück, wo sie sich dann, nach einem letzten sozialen Pflegeakt, dicht aneinander schlafen legen.[139]

Familiengröße

In Deutschland wurde der Elbebiber besonders gut und exakt untersucht. Vor allem in Sachsen-Anhalt fanden über Jahre sehr aufwendige Biberzählungen statt. Gleiches gilt für das Woronesch-Gebiet in Russland.

In Sachsen-Anhalt leben durchschnittlich 3,4 Biber pro Biberrevier. Im Woronesch-Gebiet lag der Schnitt in 238 untersuchten Revieren bei 4,2 Bibern pro Ansiedlung (= Revier). Betrachtet man nur die Familien, so leben in Sachsen-Anhalt durchschnittlich 3,97 Biber in einer Familie, im Woronesch-Gebiet 4,78 Biber.[80, 145] Eine Familie des Europäischen Bibers kann in optimalen Habitaten bis zu neun oder zehn Mitglieder umfassen.

Jedoch leben nicht alle Biber in Familien. Wie auch beim Menschen muss eine Familie erst entstehen, das heißt es gibt selbstverständlich auch die Lebensformen, die vor einer Familiengründung stehen: alleinlebende Biber und Paare ohne Nachwuchs. In der Schweiz waren 2008 in einer starken Wachstumsphase mit über 17 % jährlichem Zuwachs von 472 Revieren knapp die Hälfte (47%) Einzel- oder Paarreviere und 53 % Familienreviere.[9] In einzelnen Regionen der Schweiz, wo es regional zu einer Sättigung der Population kam, stieg das Verhältnis von Einzel-/Paarrevieren zu Familienrevieren immer mehr zu Gunsten der Familienreviere an von 42 %:58 % 2014[272] bis zu 37 %:63% 2017.[273]

▷ Die Biberfamilie ist eine Gemeinschaft ohne erkennbare Hierarchie, die ihren Zusammenhalt durch gegenseitiges Putzen und Begrüßen stärkt.

Das Populationswachstum in dieser Region lag 2017 nur noch bei 8,8 %. In der russischen Woronesch-Population verteilen sich Einzelbiber, Paare und Familien verschiedener Größen wie folgt: Ein Tier 18 %, 2 Tiere 13 %, 3–5 Tiere 42 %, 6–8 Tiere 26 % und mehr als 8 Tiere 3 %.[80]

Familiengrößen von Europäischen Bibern[145]

Gebiet	Durchschnittliche Anzahl Biber pro Revier	Untersuchte Reviere
Sachsen-Anhalt	3,4	637
Niedersachsen/Schleswig-Holstein	3,4	32
Brandenburg	3,5	219
Mecklenburg-Vorpommern	3,5	200
Spessart (Hessen/Bayern)	4,9	31
Saarland	3,3	47
Niederlande	3,5	38
Dänemark	4,3	7
Durchschnitt	3,7	

Reviergröße und Territorialität

Wie groß ist ein Revier? Die Reviergröße richtet sich vor allem nach der Ausstattung mit Nahrungsressourcen, aber auch nach der Gewässerform. Kleinere, stehende Gewässer werden nur von jeweils einer Familie bewohnt. Nur sehr große Seen, wenn sie ausreichend Platz und Nahrung bieten, können auch von mehr als einer Familie besiedelt werden.[142] In der Schweiz werden Seen mit 50 ha Fläche und 3 km Uferlänge von bis zu 3 Familien besiedelt.[9, 32a] An Gewässern mit optimalen Nahrungsbedingungen sind die Reviere relativ klein (0,5 bis 1 km Fließgewässerstrecke). Mit schlechter werdender Qualität nimmt die Reviergröße zu (bis 6 km Fließgewässerstrecke). Die Reviergröße ist so angelegt, dass die ansässigen Biber dauerhaft in dem Gebiet überleben können.

Unter zunehmendem Populationsdruck kann sich die Reviergröße vermindern. Der damit einhergehende Dichtestress bewirkt dann einen geringeren oder keinen Nachwuchs, eine höhere Sterblichkeit sowie eine Abnahme des Körpergewichts. Auch die Körpergröße wird beeinflusst, die einzelnen Tiere bleiben kleiner.[142]

Die genutzte Reviergröße ändert sich aber auch mit der Jahreszeit. Im Winter ist die genutzte Reviergröße gegenüber dem Sommer deutlich kleiner. Warum ist das so? Der Grund liegt in jahreszeitlich unterschiedlichen Strategien des Nahrungserwerbs. Im Sommer ist es das Ziel des Bibers, den Energiegewinn zu maximieren.[25] Um dies

Bibergeil – ein ganz besonderer Stoff

Bibergeil, oder wissenschaftlich Castoreum, ist eine flüssig-gelbliche Substanz, die Biber in einem Drüsenpaar (Präputialdrüse) im Bereich der Kloake produzieren. Bibergeil ist ein sehr komplexer Stoff, bisher wurden über 40 chemische Komponenten darin gefunden. Bei vielen dieser Verbindungen handelt es sich um Inhaltsstoffe, die auch in den Nahrungspflanzen der Biber vorkommen. Dabei sind es vor allem Stoffe, die von den Pflanzen als Abwehrstoffe gegen Tiere produziert werden, so genannte sekundäre Pflanzenstoffe.

Biber haben es nicht nur geschafft, diese Verteidigungslinie der Pflanzen zu durchbrechen, sie haben die Stoffe umfunktioniert: als Geruchsstoffe zur Markierung ihrer Reviere. Wie es Biber allerdings schaffen, die mit der Nahrung aufgenommenen Pflanzenstoffe in ihren Bibergeilsäcken zu konzentrieren, ist noch unbekannt.[274]

Biber benutzen das Bibergeil, um ihre Reviere gegen Nachbarn und vor allem durchwandernde Halbwüchsige zu markieren. Sie scharren dazu Erde, Pflanzen oder auch nur Schnee zu einem „Markierungshügel" zusammen und setzen Bibergeil darauf ab. Markiert wird dabei von beiden Geschlechtern; neben Bibergeil setzen sie auch das Sekret der Analdrüsen zur Markierung ein.

Der Mensch fand für Bibergeil andere Verwendungen: Amerikanische Trapper benutzten es, um Biber in ihre Fallen zu locken, und die europäische Volksmedizin fand zahlreiche Verwendungen gegen Gebrechen aller Art. In der Augsburger Casteriologia von 1685 finden sich über 200 Rezepturen für den Einsatz von Bibergeil.[47] Bibergeil war die Wunderdroge des ausgehenden Mittelalters. Es linderte Fieber und Schmerzen, half gegen Rheuma und Gicht, wurde bei Schlaflosigkeit, Lähmungen und Wahnsinn angewendet und war als Aphrodisiakum ein Vorläufer von Viagra.[169, 257] Diese umfangreichen Verwendungsmöglichkeiten machten Bibergeil zu einem begehrten und teuer bezahlten Heilmittel. Ein paar Bibergeildrüsen kosteten im 19. Jahrhundert umgerechnet bis zu 400 Euro.[257] Für die damalige Zeit ein kleines Vermögen und ein Grund, auch noch den letzten Bibern nachzustellen – so wie heute Schwarzbären wegen ihrer Gallenblasen oder Tiger wegen ihrer Knochen gejagt werden.

Wenn die Wirkung der meisten Anwendungen vor allem am Glauben gelegen haben dürfte, so hat Castoreum doch eine schmerzstillende und fiebersenkende Wirkung. Im Bibergeil ist Salizin aus den von Bibern gefressenen Weiden, der gleiche Grundstoff, der als Salizylsäure auch in Aspirin enthalten ist.

Auch heute noch findet Bibergeil in einigen homöopathischen Rezepten Anwendung, aber auch als Duftträger in der Parfümindustrie. Ausreichend Lieferung kommt aus den kanadischen und russischen Beständen.[274]

▷ Halbwüchsige Biber müssen ihre Familien verlassen und eigene Reviere suchen. Dabei können sie große Strecken auch weitab von Gewässern zurücklegen und plötzlich und unvermutet an neuen Plätzen fern von anderen Bibervorkommen auftauchen. So werden selbst abgelegene inneralpine Bergseen oder Flüsse wie hier am Inn bei Samedan in der Schweiz besiedelt. Dies ist mit 1.700 m.ü.M. das höchst gelegene Biberrevier in Europa.

DIE BIBERPOPULATION

Dichte und Struktur

Wie viele Biber in einem Gewässersystem leben können, hängt primär von der Qualität des Lebensraums ab. Folgende Parameter bestimmen dessen Qualität:[296]

Hydrologie

Auch wenn die Biber diesbezüglich nicht besonders anspruchsvoll sind, ist die dauerhafte Verfügbarkeit von Wasser die Grundvoraussetzung für eine Biberansiedlung. Der Wasserkörper muss so gestaltet sein, dass er entweder von sich aus geeignet ist (stehendes Gewässer oder „normales" Fließgewässer mit mindestens 80 cm Wassertiefe) oder die Geländestruktur so beschaffen ist, dass der Biber mit seinen Dammbaufähigkeiten das Gewässer so gestalten kann, wie er es für eine Ansiedlung benötigt. Steile, schnellfließende Gewässer (z.B. Gebirgsbäche) oder solche mit regelmäßigen starken Überschwemmungen werden eher gemieden.

Nahrungsquellen

Sowohl im Sommer als auch im Winter muss ausreichend gut verdauliche, energiereiche Nahrung in Ufernähe dauerhaft verfügbar sein. Eine dauerhafte Nahrungsquelle ist gegeben, wenn die vom Biber genutzten Pflanzen in ausreichender Menge vorhanden sind und eine hohe Regenerationsfähigkeit besitzen (z. B. Weiden).

Populationsstruktur

Unter Populationsstruktur verstehen Wildbiologen

- die Alterszusammensetzung,
- das Geschlechterverhältnis,
- die genetische Vielfalt und
- die räumliche Verteilung

einer Tierpopulation. Die Populationsstruktur beeinflusst nachhaltig das Wachstum einer Population.

Strukturierung des Ufers

Das Ufer sollte so beschaffen sein, dass darin Baue und Röhren angelegt werden können. Dies stellt aber keine Grundvoraussetzung dar, wie Biberreviere an der Donau bei Regensburg zeigen. Dort legen die Biber ihre Baue auf der Steinschüttung der Uferbefestigung an. Der ideale Wasserkörper und die optimalen Nahrungsquellen dort sind für die Biberansiedlung viel relevanter.

Klima

Biber sind gegenüber klimatischen Bedingungen sehr tolerant und anpassungsfähig. Jedoch erschweren lang anhaltende Hitze- bzw. Frostphasen eine Biberansiedlung und schließen sie ab einem gewissen Grad sogar aus. So führt das Austrocknen eines Gewässers in der Regel zur Revieraufgabe.[173] Da sich Hitze und Frost auf kleinere und flachere Gewässer stärker auswirken, kann deren Einfluss auf die Besiedlungsdichte erheblich sein. In Weißrussland verschwanden 2014 nach einem heißen und trockenen Sommer in manchen Gebieten 57 % der Biberansiedlungen.[464a] Karl-Andreas Nitsche berichtete im Trockensommer 2019 von ausgetrockneten Altwässern der Elbe, wo die Biber dennoch ausharrten.

Feinddruck

Natürliche Feinde wie der Wolf können lokal einen gewissen Einfluss auf die Populationsdichte des Bibers haben, vor allem in Kleinstgewässern, wo sich Wölfe vergleichsweise einfach den Bibern nähern können. Müssen die Biber für die Gehölze, die sie für Nahrung oder Dammbau benötigen, über Land laufen, kann die Anwesenheit des Wolfs für die Besiedelungsdichte durchaus relevant sein. Für die Gesamtpopulation spielt dies jedoch keine nennenswerte Rolle.

Nahrungskonkurrenz

Nordamerikanische Untersuchungen zeigen, dass ein sehr hoher Wapitibestand lokal einen negativen Einfluss auf die Biberpopulation haben kann.[15] Durch das Abfressen der nachwachsenden Weidentriebe, verhindert das Rotwild die Regeneration der vom Biber gefällten Weiden. Die Folge ist, dass die Weiden absterben und verschwinden. Gibt es keine Alternativgehölze geht in diesem Bereich auch der Biberbestand zurück. Sind alternative Nahrungsgehölze vorhanden, passen die Biber ihr Fressverhalten entsprechend an.[173]

Faktor Mensch

Biber kommen mit den Menschen in der Regel besser zurecht als umgekehrt. Biber sind extrem anpassungsfähig. Zahlreiche Ansiedlungen inmitten von Städten und Ortschaften belegen dies. Nicht selten tauchen Biber in Hausgärten auf. Selbst gewässernahe Baustellen, die tagsüber von Menschen und Baumaschinen frequentiert werden, suchen die Biber nachts auf. Zahlreiche Beobachtungen aus Bayern und der Schweiz belegen dies. In der Schweiz leben mittlerweile in jeder großen Stadt Biber und unter dem Parlament in der Hauptstadt Bern ist eine Biberfamilie im Stadtbad an der Aare eingezogen, die den Fluss im Sommer mit tausenden Schwimmern teilt. Handelt es sich nicht um direkte Nachstellungen des Menschen, wird von den Bibern nahezu alles hingenommen. Selbst Zerstörungen von Bauen und Dämmen führen nicht zwangsläufig zum Verlassen des Reviers. Anders sieht es mit dem Faktor Straßenverkehr aus. Etwa die Hälfte aller tot aufgefundenen Biber kommt in weiten Teilen Europas so ums Leben. Die jährliche Biberkartierung in Unterfranken durch Markus Schmidbauer zeigt, dass es immer wieder zu Revierverwaisungen infolge von Verkehrsunfällen kommt. Meist werden die frei gewordenen Reviere im Folgejahr wieder neu besetzt. Ein spürbarer Einfluss auf die Biberpopulation ist bisher nicht festzustellen.

▷ **Biber leben mitten in der Stadt Bern (CH) unter dem Parlament.**

Biberpopulationen in optimalen Lebensräumen Nordamerikas erreichen Spitzenwerte von 1,1 Familien pro Flusskilometer. Im Gegensatz dazu beobachtet man dort in suboptimalen Lebensräumen minimale Dichten mit 0,2 Ansiedlungen pro Flusskilometer.[42] Eine ähnliche Schwankungsbreite findet sich auch beim Europäischen Biber. An der Elbe in Deutschland erreicht der Maximalwert 1,3 Biberansiedlungen pro Flusskilometer.[296, 143] Die Mittlere Wolga Region in Russland weist Populationsdichten zwischen 0,2 und 0,94 Biberkolonien pro Flusskilometer auf.[8] Die Schwankungsbreite ist dort an großen (0,45 bis 0,62) und mittleren (0,36 bis 0,48) Flüssen erheblich geringer als an kleinen Flüssen und Bächen (0,2 bis 0,94).[8] Bei einer Untersuchung an der mittleren Isar in Bayern lag der Wert bei nur 0,12 Familien pro Flusskilometer. Dieser geringe Wert veränderte sich über mehr als eine Dekade nicht. Unattraktive Baumartenmischungen könnten der Grund dafür sein, warum Lücken zwischen den einzelnen Revieren nicht besiedelt wurden.[469, 296]

Neben der Umweltkapazität spielt die Struktur der Population eine wichtige Rolle. Unter Populationsstruktur versteht man das Geschlechterverhältnis, die Altersstruktur und die genetische Diversität. Sie sind weitere entscheidende Faktoren, ob eine Population schrumpft oder wächst. Ein hoher Anteil von alten Tieren, die keine Jungen mehr setzen, führt auch unter günstigen Bedingungen zum Rückgang. Ein hoher Anteil geschlechtsreifer Weibchen bei günstigen Umweltbedingungen bedeutet dagegen in der Regel Populationswachstum.

Die Dichte steigt auch an, wenn die Mortalität sinkt oder die Zahl der Einwanderer steigt.

Analysen von vier europäischen Biberpopulationen ergaben im Sommerbestand rund 30 % diesjährige Jungtiere, 17 % Einjährige, 13 % Zweijährige und 40 % Alttiere.[80] Die Anteile, die die verschiedenen Altersklassen in einer Population einnehmen, können aber in weitem Rahmen schwanken, je nachdem, ob es sich um eine Wachstums-, Stabilisierungs- oder Abschwungsphase handelt.[274] Ein hoher Anteil von Halbwüchsigen deutet z. B. auf eine ansteigende Population hin.

Das Geschlechterverhältnis, also das anteilmäßige Verhältnis von Männchen zu Weibchen, liegt bei den Jungbibern annähernd bei 1:1 und ist damit weitgehend ausgeglichen.

Wanderdistanzen von Bibern

Land	Distanz in km	
	mittlere	maximal
Ausgesetzte Biber		
North Dakota[160]	14,6	237,0
Bayern[453]	10,0	40,0
Unterer Inn[341]	10,0	40,0
Polen[60]	5,8	50,0
Elbegebiet[139, 142]	25,0	41,0
Schweiz[426]	20,0	113,0
Kroatien/Slowenien[120]		123,7
Nicht ausgesetzte Biber		
Sibirien[373]	3,9	85,0
Idaho[222]	männl. 8,3	18,1
	weibl. 10,9	
New York[433]	männl. 3,5	
	weibl. 10,2	31,7
Massachusetts[163]		390,0
Norwegen[246]	4,5	27,5

Ausbreitung

Das Anwachsen einer Biberpopulation geht im Gegensatz zu den meisten übrigen Nagern vergleichsweise langsam vor sich. In der Regel erfolgt die Ausbreitung über abwandernde Jungbiber. Haben die Jungbiber den zweiten Winter überlebt, verlassen sie das heimische Revier und gehen im Frühjahr nach der Schneeschmelze auf Wanderschaft. Zu dieser Jahreszeit führen die Gewässer normalerweise reichlich Wasser. Dies erleichtert die Fortbewegung vor allem in kleineren Bächen oder Gräben, die sonst einen deutlich niedrigeren Wasserstand aufweisen oder zeitweise sogar trocken liegen.

Das Verlassen des elterlichen Reviers mit 2 Jahren ist der klassische Fall, doch bei weitem nicht der ausschließliche. Eine Langzeituntersuchung in Norwegen zeigt, dass das Alter, mit dem das elterliche Revier verlassen wird, von der Populationsdichte beeinflusst wird.[246] Je höher die Populationsdichte, desto mehr Biber gibt es, die länger in ihrem Geburtsrevier bleiben und erst mit einem höheren Alter abwandern. Ein Biber ist sogar erst mit 7 Jahren abgewandert. 59 % der loswandernden Biber sind 1 bis 3 Jahre alt, 41 % 4 bis 7 Jahre. Das Durchschnittsalter beim Verlassen der Familie beträgt in Norwegen 3,5 Jahre bei einer Populationsdichte von 0,64 Kolonien pro Flusskilometer.[246] In Schweden verlassen die Biber bei einer Populationsdichte von lediglich 0,13 bereits mit durchschnittlich 1,4 Jahren ihr Geburtsrevier.[133] Je länger die Biber im elterlichen Revier bleiben können, desto stärker (schwerer) werden sie und desto größer sind ihre Chancen die Wanderschaft erfolgreich zu überstehen, um eine eigene Kolonie zu gründen.

Die Untersuchung zeigt auch, je älter die Eltern sind, desto eher sind sie bereit, ihren abwanderungsunwilligen Nachwuchs in ihrem Revier zu dulden. Dieser kann dann beim Verteidigen des Reviers und der Jungenpflege helfen. Gleichzeitig besteht für den Nachwuchs die Möglichkeit der Revierübernahme, wenn die Eltern altersbedingt verschwinden (sterben).[246] Bei 9 % der untersuchten Biber war dies der Fall, 91 % haben sich früher oder später auf Wanderschaft begeben.

Ziel dieser Wanderung ist ein geeigneter Gewässerabschnitt mit reichlich Nahrung, der noch nicht von Bibern besetzt ist, um ein eigenes Revier zu gründen. Diese Ansiedlung kann auch weitab vom elterlichen Revier erfolgen. Die Wanderwege sind in neu oder gering besiedelten Gewässersystemen besonders weit. Die flächige Ausbreitung geht somit bei der Neubesiedelung eines Flusssystems schnell vonstatten, während die Population (Zahl der Individuen) in diesem Gebiet zunächst langsam anwächst. Der Grund für die weiten Wanderwege in dem wenig besiedelten Areal dürfte darin liegen, dass die Biber zuerst die geeignetsten Reviere auswählen, unabhängig von der Entfernung zu ihrem Ausgangspunkt. Auch ist es in einem noch dünn besiedelten Gewässersystem sehr schwierig, einen Partner zu finden. Die Suche danach kann weite Wanderwege erfordern.[125, 131]

So fanden auch die längsten dokumentierten Wanderungen einzelner Biber in Europa mit 200 km (inklusive Überquerung einer Wasserscheide) und 500 km in unbesiedelten Gewässern statt.[373]

Bemerkenswert ist auch die Leistung eines Bibers in der Schweiz, der 96 km seiner insgesamt 113 km innerhalb eines Monats zurücklegte.[426]

Im Westen Massachusetts' wanderte ein mit einem Sender versehener Biber über 390 km weit.[163]

Innerhalb etablierter Populationen waren 70 km bis 85 km die größten Entfernungen, die zwischen neuem Revier und Ursprungsrevier lagen.[131, 373, 426]

Durch den enormen Wandertrieb entstehen sogenannte Satelliten, Biberansiedlungen, die weit entfernt vom nächsten Vorkommen entstehen. Bei der Bevölkerung vor Ort, die von der Wanderleistung eines Bibers keine Kenntnis hat, bildet sich dann die irrige Meinung, der Biber wäre ausgesetzt worden.

Die Lücken zwischen diesen Satellitenrevieren werden dann erst im Laufe der Zeit durch weitere Revierneugründungen geschlossen.

Die meisten abwandernden Biber entfernen sich jedoch nicht so weit von ihrem Ursprung. Die durchschnittlichen Entfernungen natürlich abwandernder Jungbiber lagen in verschiedenen Untersuchungsgebieten zwischen 3 und 15,5 km, bei ausgesetzten Bibern zwischen 5 und 25 km.[60, 139, 186, 246]

Interessant ist das Ergebnis zweier Untersuchungen in den USA (Idaho, New York), bei denen die Weibchen im Durchschnitt weiter wandern als die Männchen.[222, 433] Bei einer Untersuchung in Russland ist es allerdings genau umgekehrt.[373] In Southern Illinois[254] sowie in Norwegen[246] wurden keine geschlechtsbezogenen Unterschiede festgestellt.

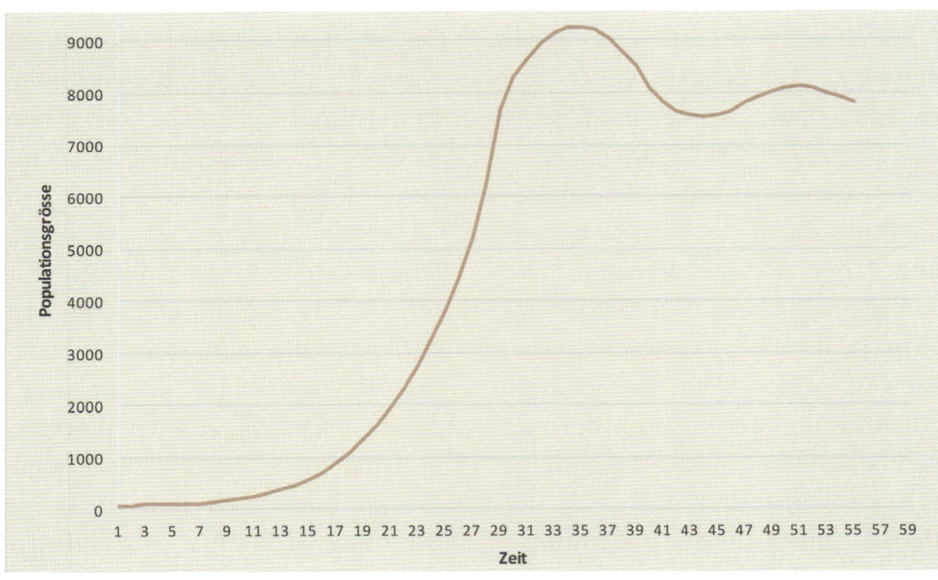

Typische Entwicklung einer Biberpopulation. Erläuterung S. 84 oben links.

Wanderungsrichtung

Die Migration erfolgt sowohl stromauf- wie stromabwärts. Besonders weite und schnelle Wanderungen kommen vor allem bei Hochwasserereignissen flussabwärts vor.[139] Jedoch darf keinesfalls angenommen werden, dass Biber prinzipiell eher flussabwärts wandern, um so von der Strömung profitieren zu können. Gegen die Strömung zu wandern, scheint unter Ausnützung strömungsgünstiger Stellen im Querprofil des Gewässers kein Problem darzustellen.[426] Werden Gewässersysteme neu besiedelt, wird die Wanderung flussaufwärts sogar bevorzugt.[22, 341]

Bei einer Langzeituntersuchung in Norwegen orientierten sich 38 % der wandernden Biber stromabwärts, 62 % breiteten sich stromaufwärts aus.[116, 246]

Für einen Biber, der gegen die Strömung wandert, sind vermutlich die Informationen interessant, die ihm das Wasser entgegenbringt. Vor allem Ausscheidungen anderer Biber dürften hierbei eine Rolle spielen.

Zuwachsraten des Europäischen Bibers in der Wachstums-(Ausbreitungs-)phase in optimalen Habitaten

Gebiet	Zuwachs
Schweiz[9]	17 %
Woronesch[80]	17,50 %
Kroatien[120]	20 %
Weißrussland[95]	20 %
Ostdeutschland[139]	23 %
Lettland[20]	23 %
Unterfranken (Bayern)[385]	24,4 %
Oker-Becken[40]	26 %

Populationsdynamik

Um den Biber in Europa zu Beginn des 20. Jahrhunderts vor der Ausrottung zu bewahren, fanden einige Wiedereinbürgerungen und Umsiedlungen statt. Diese neu gegründeten Populationen wurden wissenschaftlich begleitet. So erhielt man ausreichend Datenmaterial über die Entwicklung von Biberpopulationen. Vor allem die schwedische, die kroatische Population sowie Teilpopulationen des Elbebibers und des Bibers in Bayern (Unterfranken) sind gut dokumentiert.[120, 130, 139, 385]

Die maximale Populationsgröße ist kein absoluter Wert an Individuen, der für jede Population gleich ist, sondern hängt von der Größe und Habitatqualität eines zusammenhängenden Gewässersystems ab. Man spricht auch von der maximalen Lebensraumkapazität eines Gebietes. So können in einem Fließgewässersystem mit 1000 Kilometern Gewässerstrecke natürlich mehr Biber leben, als in einem mit nur 100 Kilometern, etwa gleiche Habitatbedingungen vorausgesetzt. Die Populationskurve sieht jedoch in beiden Fällen ähnlich aus:

Biberpopulationen unterliegen in der Regel nicht den rapiden Schwankungen, die bei vielen anderen Nagern auftreten. Veränderungen verlaufen meist langsam, wie für einen K-Strategen typisch.[274]

▷ An der mittleren Elbe war der Biber nie ausgestorben. Von hier stammen wichtige Erkenntnisse über die Populationsdynamik und das Wachstum von Biberpopulationen.

Auf eine anfängliche Phase mit geringem Wachstum folgt eine exponentielle Zunahme mit durchschnittlichen Wachstumsraten von 20 bis 25 %. Diese Rate nimmt dann mit steigender Populationsdichte ab und sinkt auf Null, wenn alle potenziellen Reviere besetzt sind oder wird sogar negativ, wenn die Nahrungsressourcen lokal knapp werden oder gar erschöpft sind (siehe Grafik Seite 82). Eine hohe Besiedelungsdichte erhöht in diesen Fällen zudem den innerartlichen Stress und die Revierstreitigkeiten. Biber, die ihr Revier aufgeben müssen, begeben sich zwangsläufig auf die Suche nach einem neuen Platz für eine Ansiedlung. Eine hohe Sterblichkeit und weniger oder gar kein Nachwuchs können die Folge sein.

Der Regierungsbezirk Unterfranken führt seit dem Einwandern des ersten Bibers im Jahr 1990 regelmäßig eine flächendeckende Biberkartierung durch (1990 bis 2000 alle 2 Jahre, seit dem Jahr 2000 jährlich). In der starken Wachstumsphase (2008 bis 2016) lag die durchschnittliche jährliche Wachstumsrate bei 24,4 % (11 % bis 36 %). Seit 2017 geht die Zuwachsrate jährlich zurück. 2019 lag sie nur noch bei 9 %.[385]

In Schweden wurde die Wachstumsrate in den beiden Untersuchungsgebieten nach 34 bzw. 25 Jahren negativ.[130] Ähnliche Populationsverläufe konnte man auch in Ostdeutschland in der Schorfheide beobachten.[314]

Die nordamerikanischen Populationen verhalten sich vergleichbar, allerdings liegen dort die Zuwachsraten in der Exponentialphase mit 30 bis 40 % deutlich höher.[95]

Sobald die Kapazitätsgrenze erreicht wird, kommt es zu Dichteschwankungen.[314] Sie werden durch die Wechselbeziehungen zwischen Biber und Vegetation ausgelöst. Die Schwankungen der Population sind umso geringer, je produktiver und regenerativer die Nahrungsquellen in den Habitaten sind.[469, 324]

So hat die Biberpopulation an der mittleren Elbe bereits 1980 ihr Maximum erreicht und ist seitdem etwa konstant.

Es hat sich ein Gleichgewicht zwischen Lebensraumkapazität und Populationsstärke eingestellt.[142]

Populationsdynamik

- Anpassung der Bestandsgröße an den Lebensraum
- funktioniert beim Biber durch das Reviersystem
- Zuwachsraten bei ausbreitenden Biberpopulationen bei etwa 20–25 % pro Jahr
- bei Erreichen der Lebensraumkapazität (alle potenziellen Biberreviere sind besetzt) sinkt die Zuwachsrate durch interne Regulationsmechanismen auf 0 oder wird sogar negativ
- mehr Stress, höhere Sterblichkeit, weniger oder gar kein Nachwuchs
- erhöhte Sterblichkeit von wandernden Bibern durch Bissverletzungen infolge von Revierkämpfen
- Population nimmt wieder ab, fängt sich nach einiger Zeit und steigt erneut bis zur Lebensraumkapazität an

Populationsregulation

Auch wenn beim Biber die natürlichen Feinde die Biberpopulation nicht regulieren, wächst sie nicht unendlich. Es greifen andere Mechanismen. Die Populationsgröße richtet sich vor allem danach, wie viel geeigneter Lebensraum vorhanden ist. Schon allein deshalb, weil die lebensnotwendigen Gewässer (Süßwasser) nur begrenzt zur Verfügung stehen und die Biber zwingend daran gebunden sind, kann eine Biberpopulation nicht unendlich wachsen. Die theoretisch tatsächlich nutzbare Gewässerstrecke ist zudem durch das nicht flächendeckende Vorkommen von essenziellen Nahrungspflanzen (Weichhölzer) deutlich eingeschränkt. Auch können steile Gebirgsbäche allenfalls als Wanderwege dienen, aber nicht besiedelt werden.

Bei Erreichen der Lebensraumkapazität kommt es entweder zu einer

▷ Rangeleien bis hin zum Ringkampf nutzen Biber, um Konflikte auszutragen. Dringen fremde Artgenossen in das Revier ein, kann es auch zu heftigen Beißereien kommen.

erhöhten Sterblichkeit von kämpfenden Bibern oder der Bibernachwuchs bleibt im Revier der Eltern, bekommt dort aber selbst keinen Nachwuchs. Dies ist eine Folge des Reviersystems. Vorhandene Reviere werden markiert und gegen fremde Biber aggressiv verteidigt. Bei diesen Revierkämpfen kommt es häufig zu schwersten Beißereien. Die Bissverletzungen an sich führen meist nicht zum Tode. Die Wunden infizieren sich jedoch, wovon sich der Biber in der Regel nicht mehr erholt. Je mehr Biberreviere vorhanden sind, je höher die Populationsdichte ist, desto mehr besetzte Reviere müssen die wandernden Jungbiber bei ihrer Suche nach einem freien Platz durchqueren. Dadurch erhöht sich die Wahrscheinlichkeit, in einen Kampf verwickelt und dabei verletzt zu werden, erheblich.

In Bayern werden schon seit Jahren in den dicht besiedelten Regionen vor allem im Frühjahr regelmäßig tote Biber mit den typischen Bissverletzungen, die ihnen durch andere Biber zugefügt wurden, gefunden.

Eine Untersuchung in den Niederlanden hat gezeigt, dass zwischen 33 und 44 % der Tiere, die durch ein besetztes Revier wandern müssen, dabei ums Leben kommen.[303]

Interessant ist in diesem Zusammenhang eine Untersuchung aus Norwegen. Dort wurde festgestellt, dass Revierinhaber bei einer hohen Populationsdichte weniger häufig in Revierkämpfe verwickelt werden als bei einer niedrigen Populationsdichte.[250] Dies wird so erklärt, dass bei niedriger Populationsdichte die Jungen eher ihr Elternrevier verlassen und entsprechend viele unterwegs sind, während sie bei hoher Populationsdichte länger bei ihrer Familie im Geburtsrevier bleiben. Zudem dürfte bei einer hohen Revierdichte auch eine Rolle spielen, dass die Wahrscheinlichkeit, dass wandernde Biber bereits in einem vorherigen Biberrevier bei einem Kampf verletzt wurden, deutlich höher liegt. Die möglichen Kämpfe verteilen sich bei einer hohen Populationsdichte entsprechend auf mehr vorhandene Reviere, die die wandernden Biber durchqueren müssen. Die Wahrscheinlichkeit, mit der Revierinhaber in einen Kampf verwickelt werden, dürfte bei vielen Biberrevieren entsprechend geringer sein als bei einer niedrigen Populationsdichte. In letzterem Fall treffen vergleichsweise viele wandernde Biber auf wenige vorhandene Reviere. Die einzelnen Revierbesitzer haben dann deutlich mehr mit Eindringlingen zu tun.

Einen weiteren Regulationsfaktor stellt der mit der Besiedelungsdichte zunehmende innerartliche Stress dar, der eine höhere Sterblichkeit und eine geringere Nachwuchsrate mit sich bringt. Bei hoher Populationsdichte werden auftretende Krankheiten zudem schneller und leichter übertragen. Dies führt zu einer zusätzlichen Schwächung der Tiere.

Eine Biberpopulation kann also schon aufgrund dieser innerartlichen Regulationsmechanismen nicht unbegrenzt wachsen, auch nicht in optimalen Lebensräumen.

Eine externe Regulation durch Bejagung, natürliche Feinde, Hochwasser und Ähnlichem ist für eine Begrenzung der Biberpopulation folglich nicht nötig.

Sehr interessant sind die vergleichenden Ergebnisse verschiedener Untersuchungen in Nordamerika an Biberpopulationen, die sich ohne menschliche Beeinflussung völlig selbst überlassen sind und solchen, die bejagt werden. Die durchschnittliche Populationsdichte ist in beiden Fällen annähernd gleich (0,52 Reviere/Flusskilometer).[42, 275] Die Familiengrößen liegen in der nicht bejagten Population im mittleren bis unteren Bereich der bejagten, oder anders gesagt: In den bejagten Gebieten gibt es einen höheren Anteil größerer Familien.[275] Zudem hat sich gezeigt, dass die Biber in bejagten Populationen ihre Fortpflanzungsgewohnheiten ändern. Die Weibchen werden deutlich früher trächtig, spätestens mit zwei Jahren, manche sogar bereits als Jährlinge. Dies beschleunigt die Reproduktion und das Populationswachstum erheblich. Eine ähnliche Entwicklung, wie man sie bei unseren Wildschweinen beobachten kann.

Biber als Gestalter

Ein Meister im Wasserbau

DER DAMM

Es gibt für Biber viele gute Gründe, Dämme zu bauen. Der Wasserkörper, der entsteht, bietet Schutz vor Feinden, sichert den Eingang zur Burg – auch vor Zugluft –, bedeutet rasche, kraftsparende Fortbewegung, ist Transportweg, bietet Nahrung durch Wasserpflanzen und dient als Vorratslager zugleich. Ein durch den Damm angehobener Wasserspiegel macht manchen Lebensraum erst bewohnbar und verhindert, dass im Winter das Gewässer und damit der Zugang zu den Nahrungsvorräten zufriert.

90 % der Streifzüge finden im Umkreis von nur 20 Meter Entfernung vom Wasser statt. Weitet der Biber über Dämme die Wasserflächen aus, steigt damit sein Aktionsradius. Neue Flächen können nun über diese Wasserstraßen erschlossen werden. Auch der Transport von Baumaterial für Dämme und Burgen, ebenso wie die Nahrungsvorräte für den Winter, lassen sich so fast schwerelos befördern. Das ist ein Grund, warum der Schwerpunkt der Bauaktivität im Herbst liegt, in der Zeit, in der die Biber ihren Wintervorrat anlegen.

Seine Stauwerke errichtet der Biber nur unter besonderen Umweltsituationen. Zu niedriger oder stark schwankender Wasserstand kann ebenso ein Grund sein, wie der Rückgang seiner Hauptnahrung am Gewässerrand. Rauschendes Wasser und sinkender Wasserspiegel sind weitere wichtige Auslöser für den Bau- und Reparaturtrieb. Dies ließ sich experimentell mit einem vom Tonband abgespielten Geräusch von rauschendem Wasser nachweisen. Besonders anregend für Biber waren dabei die Frequenzen zwischen 1 und 2 kHz.[460]

Mitte der 1980er Jahre war man in Bayern noch der Meinung, dass Biber hierzulande kaum Dämme anlegen würden, da die Gewässer so reguliert seien, dass dies nicht notwendig wäre. Doch das Bild sollte sich rasch wandeln. 10 Jahre später existierten bereits in rund 20 % aller bekannten Reviere Dammbauten.[469] In Unterfranken (nördlicher Regierungsbezirk Bayerns), wo alljährlich ein Bibermonitoring durchgeführt wird, haben inzwischen 47 % (2018) aller Reviere mindestens einen Damm.

Erfolgreich durch Immobilien

Durch seine Bautätigkeit kreiert der Biber seinen eigenen Lebensraum. Über die Burgen schafft er sich ein eigenes Kleinklima. So kann er den Norden mit extremer Kälte und langen Wintern für sich ebenso bewohnbar machen wie den Süden mit hohen Durchschnittstemperaturen und Trockenheit.
Unzureichende oder stark schwankende Wasserstände können über einen Damm zu einem geeigneten Bibergewässer gemacht werden. Verbaut wird dabei alles, was zur Verfügung steht.
Auch bei der Nahrungswahl ist der Biber anpassungsfähig. Fast alles wird probiert und gegebenenfalls in den Speiseplan integriert.

▷ Biberrevier mit einer Dammkaskade aus zahlreichen Dämmen. Je nach Jahreszeit sind unterschiedlich viele Dämme aktiv und es entstehen Teiche wie hier am Distelbach im Spessart (D). Von oben nach unten: August 2017, Februar 2018, Mai 2018 (Dämme in Rot eingezeichnet, Burg roter Kreis).

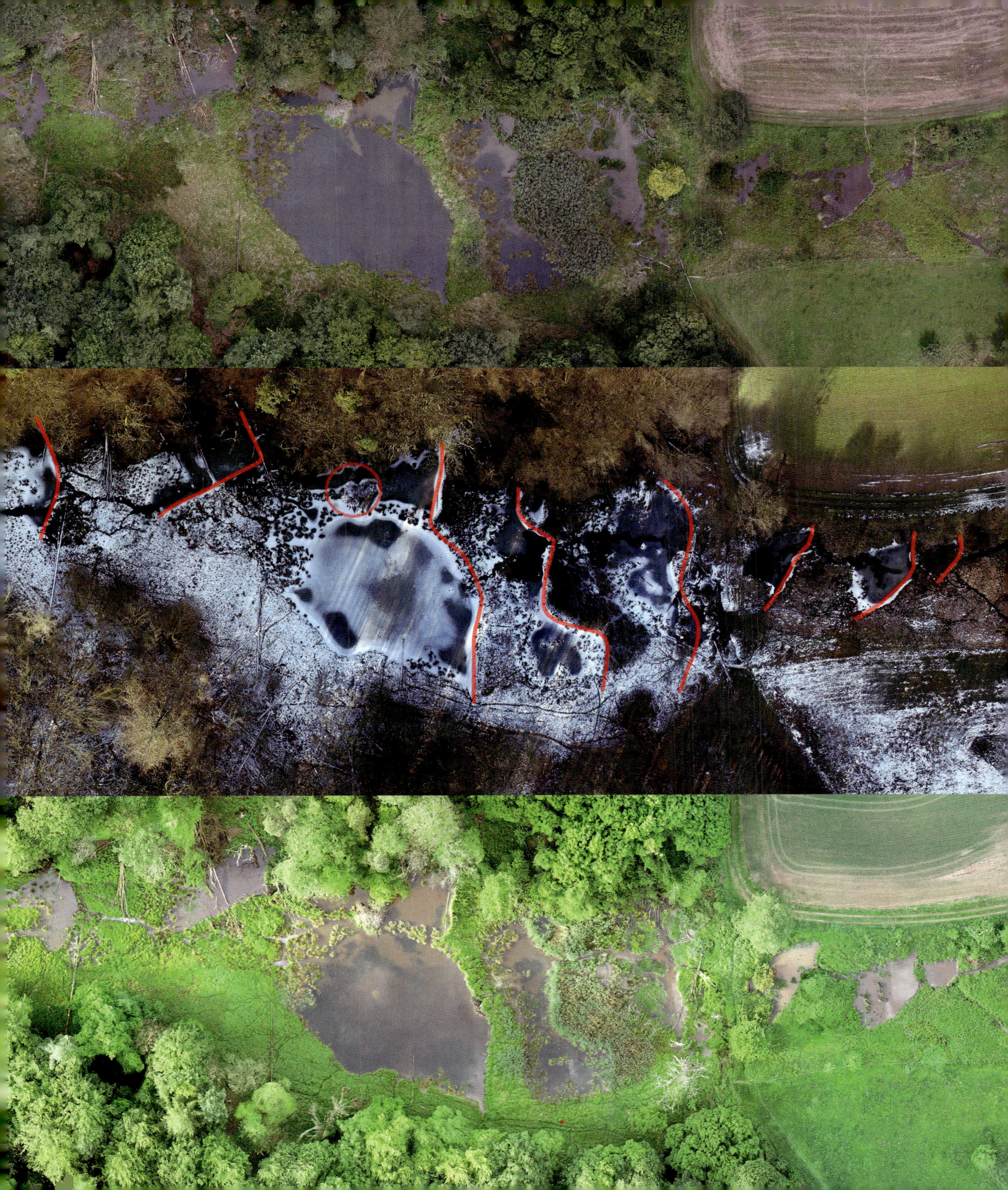

▷ **Die Zeichnung zeigt einen Querschnitt durch eine freistehende Biberburg und einen Biberteich mit Damm. Unmittelbar vor dem Damm ist eine Bodenvertiefung zu erkennen. Biber haben an dieser Stelle Schlamm und Bodenmaterial abgegraben, um damit den Damm abzudichten.**

Eine ganz ähnliche Größenordnung wie an der Elbe und deren Zuflüssen, wo 43 % der Reviere Dämme aufweisen.[148] Dies ist besonders interessant, da es sich hier um das einzige Gebiet Deutschlands handelt, in dem Bibervorkommen nie erloschen waren. Doch was sind die Gründe für einen Anstieg der Dämme? Zum einen erschließt sich der Biber in länger besiedelten Gebieten neue Nahrungsquellen, zum anderen besiedeln Biber in einer ansteigenden Population mehr und mehr kleinere Gewässer und Gräben, deren Wassertiefe so gering ist, dass sie erst mit Hilfe von Dämmen für den Biber bewohnbar werden (näheres findet sich auch unter dem Kapitel Ökosystemdienstleistungen).

Äußerst effektiv sind die Dammbauten, ja, man gewinnt den Eindruck, dass Biber die Geländeverhältnisse genau kennen. Die Dämme liegen meist an Plätzen, an denen sie mit geringem Aufwand die größte Wirkung entfalten, z. B. un-

Gründe für den Dammbau

- Lebensraumverbesserung
  Der Damm verhindert, dass:
  - das Gewässer austrocknet
  - das Gewässer durchfriert und Nahrung nicht mehr zugänglich ist
- Feindvermeidung
  - Höherer Wasserstand ermöglicht ein Abtauchen bei Gefahr und sichert Eingang der Burg
- Erschließt neue Nahrungsquellen
- Ermöglicht leichten Transport von Nahrung und Baumaterial

▷ **Biber transportiert Schlamm zum Abdichten der Burg.**

▷ Kleiner Damm und große Wirkung. Biber verstehen es meisterhaft, ihre Dämme an Stellen anzulegen, wo sie mit geringem Aufwand die größte Wirkung entfalten. Nach dem Damm ist das Wasser deutlich klarer. Man unterscheidet nebst dem Hauptdamm noch Nebendämme, die in eine Dammkaskade bilden.

terhalb von Zusammenflüssen. Dort, wo das Bachbett besonders seicht und die Strömung schwächer ist oder sich Sediment und Treibgut angesammelt haben, liegt der Ansatzpunkt für den Damm. Zu Beginn werden verzweigte Äste kammartig zur Fließrichtung ausgelegt. Sie wirken wie ein Rechen und sammeln bereits Laub und grobes Material. Bald werden weitere Zweige und kleinere Bäumchen miteinander verkeilt. Fieberhaft wird Material herbeigeschafft. Schlamm wird stromaufwärts vor dem Dammfuß ausgegraben und auf die anströmende Seite geschoben. So entsteht eine Vertiefung, ja, fast eine Gumpe vor dem Bauwerk. Gelegentlich marschiert er auch auf die Dammkrone, um dort Material einzubauen. Das Gewicht auf den Hinterfüßen ausbalanciert, trägt er Schlamm und anderes Baumaterial zwischen Vorderpfoten und Kinn eingeklemmt zu ihrem Bestimmungsort. Fast alles wird verbaut, was die Umgebung an geeignetem Material hergibt. Vorher zu Nahrungszwecken geschälte Hölzer werden ebenso verwendet wie Schwarzerlen, die er als Nahrung zwar verschmäht, zum Wasserbau aber besonders schätzt. Dämme aus reinen Steinen im Gebirge, Mais- oder Springkrautstängel kommen immer wieder vor. Selbst bis zu basketballgroße Steine werden bewegt und mit genutzt.

Dämme sind Gemeinschaftsaufgabe, bei der alle Familienmitglieder mithelfen. Die Elterntiere bestimmen Ort, Verlauf, Höhe und Gestalt. Beim Nachwuchs steht dagegen eher der Lerneffekt im Vordergrund, als dass er eine wirkliche Hilfe wäre.

Gebaut wird nicht in Abschnitten, sondern in Schichten, so lange,

▷ **Christof Angst vor dem höchsten bis jetzt in der Schweiz festgestellten Biberdamm von knapp 4 Meter Höhe am Langwiesenbach bei Berg am Irchel (CH).**

bis die gewünschte Wasserhöhe erreicht ist. So wächst der Damm nach und nach an. Durchschnittlich liegen sie bei 1 m, einzelne Dämme haben gerade einmal eine Höhe von 30 cm, andere erreichen durchaus 2 bis 4 m.[274, 469]

Oft kann man die Funktion von Dämmen unterscheiden. Der Hauptdamm ist meist höher und stabiler und dient der Sicherung der Burg. Daneben gibt es oft sogenannte „Erntedämme", die nur vorübergehend benötigt werden, um eine Nahrungsquelle zu erschließen. Sie sind meist niedrig und wenig aufwendig gebaut.

Wird der Zweck mit nur einem Damm nicht erreicht, können mehrere hintereinander kaskadenartig angelegt werden, bis ganze Teichketten entstehen. Vor allem in steilerem Gelände werden oft Dammkaskaden angelegt, z. T. bis zu 20 Stück. Welche Länge ein Damm am Ende hat, hängt vor allem vom Gelände bzw. der Breite des Gewässerbetts ab. An schmalen, tief eingekerbten Mittelgebirgsbächen erstrecken sie sich oft nur über wenige Meter, sind dafür aber meist deutlich höher. In breiten Tieflandauen dagegen können sie durchaus eine Länge von 100 m erreichen. Ein Beispiel dafür ist ein Biberdamm im Bereich der Dorfen bei Freising (Dorfen/Semptmündung in die Isar), der über 110 m misst. Doch die meisten europäischen Dämme sind deutlich bescheidener mit Längen zwischen 1 und 10 m.

Bis 2008 stellte der damals größte bekannte Damm, den Kanadische Biber errichteten, mit 650 m Länge, über 4 m Höhe und 7 m Tiefe alle Bauwerke seines europäischen Verwandten in den Schatten.[194] 2007 fand ein Forscher auf Google-Maps im Wood Buffalo National Park in Kanada einen Biberdamm mit über 850 m Länge. Es ist eine Kombination von zwei Dämmen und beherbergt zwei oder mehr Burgen. 1975 gab es an dieser Stelle noch keinen Damm. Die Forscher vermuten, dass der Bau des Dammes von mehreren Generationen über die letzten Jahrzehnte dauerte. Nicht umsonst ist daher der Biberfleiß in Nordamerika sprichwörtlich: „busy like a beaver" heißt es dort. „Fleißig wie ein Biber" – ein Attribut, das man im deutschen Sprachraum der Biene zuschreibt.

Wie lange brauchen Biber, um einen Damm zu bauen? Eine Frage, die jede Schülergruppe vor einem Biberteich stellt. Kleine, 2 m lange und unter 1 m hohe Dämme können innerhalb einer Nacht entstehen.[194] Für einen 12 m langen und über 1 m hohen Damm an der Isar benötigten Biber 21 Tage und in der Schweiz an einem Nebengewässer der Aare baute eine Biberfamilie einen 25 m langen und 80 cm hohen Damm in weniger als 1 Monat.

Die Form der Dämme richtet sich nach dem Gelände, der Gewässergröße und der Strömungsgeschwindigkeit. Erstaunlich stabile Gebilde sind solche Biberdämme, die selbst kleineren Hochwassern (bis maximal 20-jährigen Hochwasserereignissen)[187] elastisch standhalten. Bei unseren Studien im Bayerischen Wald brachen 3 von 10 videoüberwachten Dämmen bei einem 10-jährigen Hochwasser (Abfluss von 30 m^3/s).[465]

Schlagen im Damm verbaute Weiden aus und durchwurzeln diesen, tragen sie mit zur Stabilität des Bauwerkes bei, ebenso wie den Damm besiedelnde Pflanzen wie die Wasserminze, der Wasserdost oder die Brunnenkresse, um nur einige zu nennen. So breit und stabil können Dämme werden, dass ganze Exkursionsgruppen trockenen Fußes darüber zum anderen Ufer gelangen. Damit sind Dämme unbeabsichtigt auch Verbindungslinien für andere Tierarten, die so das sonst trennende Gewässer überqueren können. Über Fotofallen konnten wir 17 verschiedene Wirbeltierarten an Biberdämmen in Bayern nachweisen. Vor allem Karnivoren (Fuchs, Baummarder, Steinmarder, Iltis, Waschbär) und Fischjäger (Fischotter, Graureiher, Gänsesäger und Schwarzstorch) nutzten die Biberteiche signifikant häufiger als Flussabschnitte ohne Bibereinfluss. Besonders mittelgroße Prädatoren wie der Fuchs und der Baummarder kamen regelmäßig an den Damm zur Nahrungssuche, zur Jagd, aber auch, um das Gewässer zu queren. Bei den Karnivoren fiel der Fuchs besonders ins Gewicht. Dabei konnte sogar dokumentiert werden, wie ein Fuchs einen halbwüchsigen Biber erbeutete. Die hohe Zahl an

▷ **Größter Biberdamm der Welt im Wood Buffalo National Park in Kanada, der ein riesiges Feuchtgebiet geschaffen hat.**

▷ Biber passen ihre Dämme der Landschaft an. Im flachen Gelände können die Dämme niedrig, aber über hundert Meter lang sein und so große Wasserflächen schaffen.

Beutegreifern spiegelt offenbar den größeren Nahrungsreichtum und die bessere Nahrungsverfügbarkeit für Beutegreifer am Biberdamm wider.

Wie lange Dämme existieren, hängt neben der Geländeneigung auch an ihrer Funktion. Hauptdämme, die das Wasserregime für die Burg und den Kernbereich des Biberreviers regeln, existieren in der Regel so lange wie die Biberansiedlung selbst. Sie werden regelmäßig kontrolliert und nach Schäden sofort wieder ausgebessert. Erst wenn die Biber ihre Aktivität in andere Gebiete verlagern, altern und brechen Dämme. Nebendämme (Nahrungsdämme), die z. B. kurzfristige Nahrungsquellen wie ein gerade reifes Maisfeld zugänglich machen, können, nachdem sie ihre Aufgabe erfüllt haben, rasch wieder verfallen. In Nordamerika gibt es Beispiele von Dämmen, die viele Jahrzehnte bis zu einem Jahrhundert permanent existierten. Bei einer anderen Untersuchung aus Amerika lag die durchschnittliche Standzeit der Dämme dagegen lediglich um die 10 Jahre,[464] bei uns im Durschnitt um die 5 Jahre, wobei hier die Dämme häufig vom Menschen entfernt oder manipuliert werden.[465]

▷ Biberdämme sind beeindruckende, bis zu drei Meter hohe Bauwerke, die kleinen Hochwassern standhalten können.

ÖKOLOGIE DES BIBERTEICHS

Viele zentrale Prozesse in Auenökosystemen vom Tiefland bis ins Gebirge werden direkt von Bibern beeinflusst. Zu Recht wird der Biber daher immer wieder als Schlüsselart bezeichnet. Neben der direkten Begradigung und Verbauung der Flüsse durch den Menschen hatte auch die Ausrottung der Biber dramatische Auswirkungen auf die Gewässerökosysteme. Mit dem Biber verschwanden auch die Biberteiche, die kleinräumige Sonderstrukturen am Fließgewässer darstellen. Dabei waren Biber und ihre Dämme ursprünglich in der gesamten nördlichen Hemisphäre durchaus häufig. In Quebec im Osten Kanadas finden sich heute noch an ungestörten Flussläufen pro Kilometer Fließgewässerstrecke eine mittlere Zahl von 10 Dämmen.[463] So ging also mit dem Biber und seinen Bauwerken in den mitteleuropäischen Auen ein wichtiges Refugium für die Artenvielfalt verloren. An diesen Strukturen hingen und hängen aber ganze Lebensgemeinschaften, die nun auf Sekundärlebensräume ausweichen mussten oder verschwanden. Ökosystem-Ingenieure nennen amerikanische Ökologen daher die Biber.[464] Doch was zeichnet eigentlich einen Ökosystem-Ingenieur aus?

1. Die Art muss Muster oder Strukturen schaffen, die sonst so in der Landschaft nicht vorkommen.
2. Es müssen Tier- oder Pflanzenarten existieren, die genau auf diese Muster angewiesen sind.
3. Auf Landschaftsebene muss die Artenzahl ansteigen.

Alle drei Kriterien erfüllen Biber. So stieg in einer Studie im Staate New York zum Beispiel die Pflanzenartenzahl in der Uferzone durch die Bautätigkeiten des Bibers um 33 % an.[454]

Doch wie lässt sich der starke Einfluss des Nagers erklären? Es sind vor allem kleine Fließgewäs-

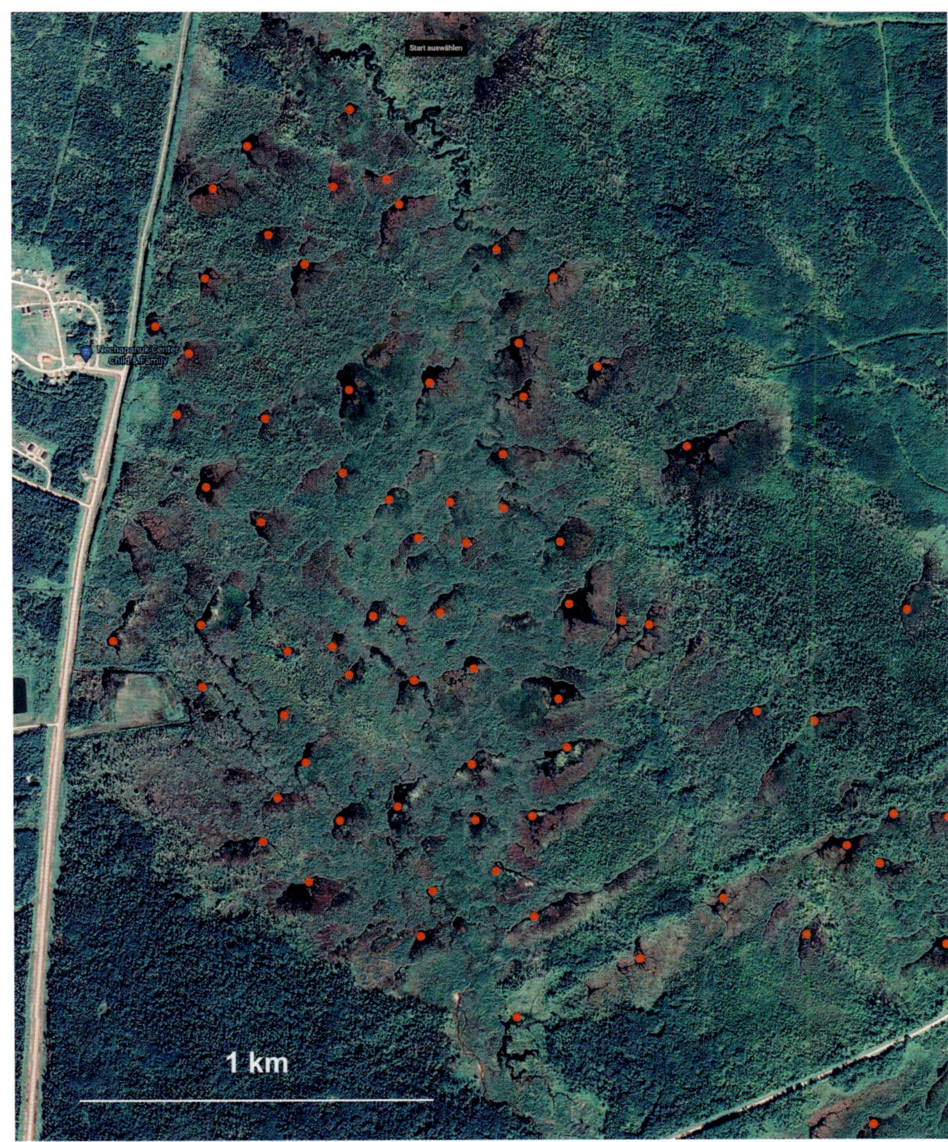

▷ **Die höchste heute bekannte Biberdammdichte weltweit befindet sich in Pakwaw Lake in Kanada. Jeder rote Punkt ist eine besetzte Biberburg in einem Biberteich.**

▷ Laubfrösche profitieren wie zahlreiche andere Amphibienarten vom Dammbau des Bibers. Die so entstandenen Flachwasserzonen erwärmen sich rasch und lassen eine schnellere Entwicklung der Kaulquappen zu.

ser, in denen der Biber Dämme baut. Gerade diese kleinen Fließgewässer machen aber 60–80 % der Gesamtstrecke eines Fließgewässersystems aus.[27] Sie sind somit der dominante Gewässertyp in der Landschaft.[417] Dabei sind Biberdämme ein Teil des Fließgewässerkontinuums, die immer wieder kleinräumig entstehen, für einige Jahre existieren, um dann wieder zu vergehen und schließlich an anderer Stelle aufzutauchen. Der Biber beeinflusst durch den Bau von Dämmen die Funktion und die Struktur dieses Ökosystemtyps. Der Biber nagt, gräbt und schafft Rohbodenstellen für Pionierarten. Wo er Bäume fällt erhöht er die Strahlung und die Temperatur. Vor allem aber durch den Dammbau schafft er Struktur und Vielfalt. So entstehen warme Flachwasserzonen, ebenso wie tiefe, sauerstoffreichere, sandig-kiesige Pools direkt vor dem Damm. Insgesamt erhöht er die Rand- und Grenzlinien und damit die Gradienten zwischen warm und kühl, feucht und trocken, hell und dunkel, flach und steil. Gerade diese Gradienten machen aber die Vielzahl an Nischen aus.

Biberteich

Von wenigen Quadratmetern bis hin zu vielen Hektaren können sich Biberteiche erstrecken. Bäche werden so kleinflächig und zeitlich begrenzt verändert. Bäume und mit ihnen die gesamte Landvegetation sterben ab. Selbst dort, wo nur der Grundwasserspiegel steigt, gehen empfindliche Baumarten wie die Fichte ein. Andere, wie die Esche, profitieren vom Wasser und vom Mehr an Licht.

Die Wasserfläche nimmt zu, die Fließgeschwindigkeit sinkt, die Gewässertemperatur steigt in machen

▷ Der Fischotter profitiert vielfach vom Wirken des Bibers: Er nutzt dessen Fluchtröhren in seinem viele Kilometer langen Revier als Versteck, verlassene Baue dienen zur Jungenaufzucht und die nahrungsreichen Biberteiche sind extrem Erfolg versprechende Jagdgründe für diesen Beutegreifer an der Spitze der Nahrungskette.

Deutschland
0 ausgestorben oder verschollen
1 vom Aussterben bedroht
2 stark gefährdet
3 gefährdet
V Vorwarnliste

Schweiz
RE ausgestorben
CR vom Aussterben bedroht
EN stark gefährdet
VU verletzlich
NT potenziell gefährdet
LC nicht gefährdet

Ausgewählte Arten, die vom Biber profitieren

Art	Wasserqualität	höhere Produktivität	neue Stillgewässer	isolierte Gewässer	Schilf, Seggenriede	Biberröhre	Totholz	Natura 2000 Art	Rote Liste BRD	Rote Liste Bayern	Rote Liste Schweiz
Fischotter		x	x		x	x		x	1	1	CR
Schwarzstorch		x	x					x	3	2	
Eisvogel		x	x						3	2	VU
Wasserralle			x		x					2	LC
Baumfalke		x	x		x					3	NT
Fischadler		x						x	3		RE
Seeadler		x						x	3		
Mittelspecht							x	x	V	2	NT
Halsbandschnäpper		x					x	x	1	2	EN
Bechsteinfledermaus		x	x				x	x	2	3	VU
Bachforelle	x	x					x		3	V	NT
Würfelnatter		x		x					1		EN
Kammmolch			x	x				x	2	2	EN
Schwimmkäfer							x	x			
Feuerr. Scharlachkäfer			x	x				x			
Kleine Pechlibelle				x						3	LC

Zonen an. An anderen kann die Temperatur dagegen sogar sinken. Dies kommt durch den Kontakt und den Austausch mit dem Grundwasser zustande. In Randbereichen entstehen neue Kleingewässer ohne Kontakt zum eigentlichen Bachlauf. Gespeist werden diese nur durch den angestiegenen Grundwasserspiegel. Sie sind zunächst fischfrei und daher idealer Lebensraum für Amphibien, wie Grasfrosch, Springfrosch, Berg- und Teichmolch. Im Sommer werden diese Teiche dann von Grünfröschen bevölkert, die lautstark auf sich aufmerksam machen. Insgesamt neun verschiedene

▷ **Der Schwarzstorch profitiert von den produktiven Biberteichen, in denen er üppige Nahrung von Insektenlarven bis zu Fischen findet. Die Rückkehr dieser Vogelart nach Westdeutschland wird von Experten mit dem Anstieg der Biberpopulation und deren zahlreichen Teichen erklärt.**

Amphibienarten wurden bei Untersuchungen nachgewiesen, die von den Biberteichen profitieren: darunter FFH-Arten (europäische Fauna-Flora-Habitat Richtlinie) wie die Gelbbauchunke und der Kammmolch.[17, 72] Zahllose gebänderte Prachtlibellen tanzen entlang des Biberbachs, deren Larven gleichzeitig eine wichtige Eiweißquelle für Zwergtaucher und Barbe sind. Zahlreiche weitere Fischarten leben dort, wo der Biber den Bach mit seinem Damm aufgeweitet hat, und lassen den Eisvogel folgen und später sogar den Schwarzstorch und den Fischotter.

Auch neue Pflanzengemeinschaften stellen sich ein. War vor der Stautätigkeit des Bibers der vom Wasser beeinflusste Ufersaum eher schmal und oft geprägt von Rohrglanzgrasbeständen, entstehen nun ausgeprägte Übergangszonen.

Je näher man zum Damm gelangt, umso langsamer fließt das Wasser. Die aufgeweitete Wasserfläche zieht Enten an, die hier reiche Nahrung finden. An sauerstoffreicheres, schneller fließendes Wasser angepasste Arten treten unmittelbar vor dem Damm zurück. Im tiefen Wasser vor dem Damm kommt die Gelbe Teichrose zum Blühen, deren stärkehaltige Rhizome der Biber als Nahrung schätzt. Und am Rande des Damms, wo es regelmäßig zu Überschwemmungen kommt, stellt sich in manchen Gegenden die Schwanenblume ein. Hier finden wir Pflanzengesellschaften, die wir von Stillgewässern oder Altarmen kennen. Schilf, Rohrkolben und Pfeilkraut treten auf.

Vor allem das Schilf nimmt mit den Jahren und dem Altern des Biberteichs stark zu. Dies zeigte sich an der Dorfen bei Freising. Gab es dort 1993 am jungen Biberteich noch kein Schilf, waren bereits 2003 über 12 000 m^2 an Röhrichten entstanden. Durch den neuen Lebensraumtyp finden sich nun charakteristische Schilfbewohner, die früher an der Dorfen nicht vorkamen. Teichrohrsänger an schmalen Riedsäumen, Drosselrohrsänger an tiefen Schilfgürteln, daneben die Rohrammer im Altschilfbereich. Auf den kurzhalmigen, flach überfluteten Seggenriedern stellte sich die Wasserralle ein.

An einem Mittelgebirgsbach im hessischen Spessart untersuchte Harthun den Einfluss des Bibers auf die Gewässerfauna.[128] Die Biberteiche führten zu neuen Lebensraumstrukturen und so zu einem deutlichen Anstieg der Libellen von 3 auf 17 Arten. Neu entstandene Biberteiche besiedelten Pionierarten wie die als gefährdet eingestufte Kleine Pechlibelle. An Mittelgebirgsbächen der Eifel konnte eine noch stärkere Zunahme der Libellenfauna dokumentiert werden: in vom Biber unbeeinflussten Bachabschnitten wur-

▷ **Durch die Dynamik, die der Biber in die Bäche bringt, entstehen Uferabbrüche, die der Eisvogel braucht, um seine Brutröhre anzulegen.**

▷ **Durch den erhöhten Wasserstand des Biberdamms fallen flach wurzelnde Bäume um und bieten dem Eisvogel in den senkrecht stehenden Wurzeltellern neue Nistmöglichkeiten.**

den vier Libellenarten nachgewiesen. In den Biberrevieren stieg die Artenzahl dagegen auf 28 an. In vom Biber verlassenen Abschnitten lag die Artenzahl mit 14 immer noch um ein Vielfaches höher. Dabei waren gewässerbegleitende Biotope innerhalb der Biberreviere von besonderer Bedeutung. So stellen Rinnsale, Nasswiesen, wassergefüllte Kanäle und Schwingrasen aus Torfmoosen wichtige Lebensräume für anspruchsvolle Arten dar. Lebensraumspezialisten wie die Zarte Rubinjungfer, der Kleine Blaupfeil oder die Große Moosjungfer profitierten von der Biberaktivität.[382]

Jüngere Studien (2019) zeigen, dass selbst ausgesprochene Fließgewässerarten wie die zweigestreifte Quelljungfer Mikrohabitate besiedeln, die erst durch Biberaktivität entstanden sind. Auf vom Biber beeinflussten Standorten zeigte sich eine über sechsmal höhere Larvendichte als in unbeeinflussten Gewässerstrecken. Bei starkströmenden Gewässern, wie sie Mittelgebirgsbäche darstellen,

▷ Grasfrösche lieben Biberteiche und es kommt oft zu Massenvorkommen. Mit Vorliebe laichen die Frösche in Biberausstiege, wo sich das Wasser schneller erwärmt.

▷ Die Liste der gefährdeten Arten, zum Teil mit europaweiter Bedeutung wie Kammmolch und Nachtreiher, die vom Dammbau des Bibers profitieren, ist lang. Mit seiner Ausrottung sind wesentliche Strukturelemente in unseren Auen verschwunden, was einigen spezialisierten Arten zum Verhängnis wurde. Nun kehrt mit dem Biber diese Struktur wieder zurück.

driften die Larven ohne Biberstrukturen ab, selbst bei gutem Sedimentnachschub (z. B. Kalter Grund, Spessart). Larvalhabitate bestehen deshalb vor allem dort, wo Biberteiche und Gumpen zur Strömungsberuhigung führen. So können Biberdämme die Zahl geeigneter Lebensräume dauerhaft erhöhen.[262] Auch in den Probestrecken des bayernweiten Projektes wurden durchwegs deutlich mehr Libellen-Arten nachgewiesen als ohne Biberteiche, wobei die fließgewässertypischen Arten weiterhin vorhanden waren, teils sogar in deutlich höherer Siedlungsdichte. Dabei konnten biberbedingte Strukturen als Larvalhabitate für alle im Projekt nachgewiesenen fließgewässertypischen Arten identifiziert werden. Ausschlaggebend für die Zunahme der Artenzahl und der Biomasse sind die insgesamt vervielfachte Wasserfläche, sowie zusätzlich entstandene Gewässertypen und -strukturen sowie die fortwährende Dynamik, die der Biber schafft.[262] Darüber hinaus kann eine Beschleunigung der Fließgeschwindigkeit kleinflächig zu besser geeigneten Korngrößen führen, indem es zu feine Sedimente ausspült. Bei sommerlicher Austrocknung des Gewässers suchen Larven verbleibende Wasserlöcher auf, um dort Trockenphasen zu überdauern. In solchen Fällen bilden Biberteiche Überlebensräume nicht nur für Libellenlarven, sondern auch für die Bachmuschel und den Flusskrebs.[425]

Totholz

Der Biber schafft zudem stehendes und liegendes Totholz. Zum einen direkt durch seine Fäll- und Bauaktivität, zum anderen indirekt durch die Überflutung von Bäumen. Totholz ist ein wichtiger Faktor für die biologische Vielfalt in der Aue.[153]

Durch den Überstau sterben einzelne Weiden ab. Unter der Rinde dieser absterbenden Bäume stellt sich der Scharlachkäfer *(Cucujus cinnaberinus)* ein. Eine Käferart, deren Schutz EU-weit von „gemeinschaftlichem Interesse“ ist, die im

Anhang II der FFH-Richtlinie steht und massiv von der Aktivität des Bibers profitiert.[54] Dieser Plattkäfer ist flacher als ein etwas stärkeres Papier und jagt unter der Rinde von abgestorbenen Bäumen nach Insektenlarven. Die gleichen Weiden dienen auch dem Klein- und Mittelspecht zur Nahrungssuche nach verschiedenen Insekten, die im Holz oder unter der Rinde leben. Insgesamt nutzt vor allem der Schwarzspecht das von Bibern geschaffene Totholz signifikant häufiger als natürlich entstandenes Totholz.[467] Wird das Holz noch morscher, entstehen bald Specht- oder Faulhöhlen, auch und gerade durch den seltenen Grauspecht. Sie dienen später dem Halsbandschnäpper als Brutplatz ebenso wie für seine Jagd. Im freien Luftraum über dem Biberteich erbeutet er Fluginsekten, die aus den produktiven Wasserflächen geschlüpft sind.

Wenn das Totholz zusammenbricht, entstehen weitere Lebensräume an Land für Pilze, Käfer, Trauermücken und Erdschnaken. Im Wasser liegend bildet es eine Struktur, an die Fische ihren Laich anheften, hier findet die Fischbrut Verstecke vor ihren Feinden und auf seiner Oberfläche wachsen Algenrasen, die von Schnecken und Fischen abgeweidet werden. Auch Köcher- und Steinfliegenlarven nutzen dieses Element als Lebensraum.[128] Totholz führt außerdem im Wasser zu Verwirbelungen, wodurch sich Sauerstoff anreichert.[153] Im strömungsärmeren Kehrwasser der Stämme stehen bevorzugt die Äschen.

Totholz ist sogar so bedeutend für vielfältige und fischreiche Gewässer, dass die Wasserwirtschaft ebenso wie manche Fischereivereine dieses Element inzwischen künstlich in die Gewässer einbringen, wo diese Strukturen fehlen.[153] An der Isar bei München wurde dies erfolgreich praktiziert und wissenschaftlich begleitet.[366]

Unter Wasser liegende Baumkronen sind perfekte Verstecke für Jungfische. Wo Biber Dämme bauen und aktiv ihren Lebensraum gestalten, kehrt also Dynamik in unsere Landschaft zurück. Unter dem Einfluss des Bibers erodiert der Fluss und landet auf, gestaltet um und schafft dabei neue Strukturen. Der Biber ist also mit seinem Netzwerk an Dämmen und Gräben ein Motor für die Aue.

Artenvielfalt

Eine über 12 Jahre durchgeführte finnische Untersuchung zeigt, dass der Bruterfolg von Gründelenten durch die Biberaktivitäten signifikant ansteigt. Die Wasserflächen nehmen zu, die Zahl ausgedehnter Flachwasserbereiche steigt, die Länge der Grenzlinien zwischen Land und Wasser vervielfachen sich. Die Bibergewässer erweisen sich dadurch als struktur- und nahrungsreicher als vom Biber unbeeinflusste Bäche. So steigt das Angebot an Wirbellosen um das Sechsfache, die Dichte an Krickenten sogar um das Zehnfache.[307]

Bei Studien zu Insekten und Fledermäusen zeigten sich ganz ähnliche Ergebnisse. In Biberteichen in borealen Nadelwäldern Finnlands war die Insektenmenge um über 70 % höher als in Gewässern ohne Bibereinfluss und die Fledermausaktivität war mehr als vierfach höher.[308] In Vergleichsuntersuchungen zwischen Biberteich, Fluss und Wald im Bayerischen Wald machte allein die Insektenbiomasse des Biberteichs nahezu 50 % aus. Entsprechend stark war hier die Jagdfrequenz von Fledermäusen vor allem von der Gilde der Randlinienjäger („edge habitat forager").[157]

In Westmittelfranken werden seit 1999 bis heute (2019) im Auftrag der Regierung und des Bund Naturschutz Lebensraumveränderungen durch den Biber untersucht. Hierfür wurden zehn Probeflächen in den Landkreisen Ansbach (sechs Gebiete) und Weißenburg-Gunzenhausen (vier Gebiete) ausgewählt. Schon nach einer ersten Aufnahme nach sechs Jahren war das Ergebnis erstaunlich. Zahlreiche besonders anspruchsvolle Tierarten wie Wasserralle, Eisvogel, Laubfrosch, Elritze, Grüne Keiljungfer, Schwarze Heidelibelle und Kleine Pechlibelle nutzen ganz gezielt durch die Biberaktivität neu entstandene bzw. renaturierte Habitate. Von besonderer Bedeutung sind dabei neu entstehende, strukturreiche Flachgewässer, die Auflichtung dichter Ufergehölze, das durch Biber erheblich gesteigerte Totholzangebot, zahlreiche vegetationsfreie Stellen an Dämmen, Transportgräben und Ausstiegen der Biber sowie das räumliche Nebeneinander unterschiedlicher Sukzessionsstadien der Gewässer-, Ufer- und Auenvegetation.

Für insgesamt 75 wertgebende Pflanzen- und Tierarten wurden positive Effekte der Biberaktivität nachgewiesen (33 Pflanzen-, 25 Vogel-, acht Libellen-, sechs Amphibien- und Reptilienarten sowie drei Arten aus sonstigen Tiergruppen). Der sechste Untersuchungsdurchgang im Jahr 2018 belegt, dass diese positiven Effekte dauerhaft wirksam bleiben, solange die Bibertätigkeit anhält. Demgegenüber zeigen sich bei einigen Arten schnelle Bestandsrückgänge, wenn Biberaktivitäten enden oder unterbunden werden. Biber sind damit nicht nur ausschlaggebend für das Entstehen von Artenvielfalt an Gewässern, sondern erhalten diese auch langfristig durch permanentes Graben, Nagen und Stauen an den selbst geschaffenen Gewässer- und Auenstrukturen.[259, 261]

Von 19 Amphibienarten, die in mitteleuropäischen Stillgewässern leben, konnten bereits 18 auch in Biberteichen nachgewiesen werden. Bei Vögeln stieg die Artenzahl und die Revierdichte mit zunehmendem Bibereinfluss. Besonders markant war dies bei Schilfbewohnern, fischfressenden Vogelarten sowie bei Spechten (Totholz) und Greifvögeln. Unter diesem Blickwinkel erscheint der Biber als zentrale Schirmart und wichtiges Instrument des Natur- und Artenschutzes.[261] Ohne seine permanente Lebensraumgestaltung fehlt die räumliche und zeitliche Dynamik, die zahlreiche Nischen und Kleinstlebensräume schafft. Pionierarten profitieren von seiner Grabtätigkeit, wo frischer Rohboden entsteht und Licht die Wärmesumme erhöht. Gleichzeitig gibt es andere Arten, die in älteren Bereichen des Biberteiches stabile Bedingungen vorfinden, wie z. B. der Grasfrosch.[259, 261] Die stärksten Effekte ergaben sich dort, wo Biber Dämme anlegen, die über das Gewässerbett hinaus Flächen überfluten oder vernässen. Dies ist besonders bei Fließgewässern geringer Tiefe der Fall.

Die schnellen und positiven Reaktionen auf die Rückkehr des Bibers beruhen, so die Hypothese, auf einer koevolutionären Anpassung der Auenfauna. So war der Biber und seine Teiche seit rund 15 Millionen Jahren (Miozän) im größten Teil der nördlichen Hemisphäre in allen Bach- und Flussauen gegenwärtig – vom Polarkreis bis zum Mittelmeer. Biber hatten damit die Gewässerlandschaften überregional und über erdgeschichtliche Zeiträume hinweg mitgestaltet und entscheidend geprägt. Alle heute lebenden Arten dieser Lebensräume müssen daher an Bibergewässer zumindest angepasst sein.

Vermutlich sind manche Arten sogar auf die spezifische Strukturausstattung und Ökologie biberbeeinflusster Gewässer hinzugekommen. Biberaktivitäten können deshalb als entscheidender Schlüsselfaktor angesehen werden, ohne den sich typische Lebensgemeinschaften (Biozönosen) nicht voll entfalten können. Über die Biberaktivitäten erfahren wir heute, dass viele Tier- und Pflanzenarten ein breiteres ökologisches Spektrum haben, als wir das bisher wussten.

Die EU-Wasserrahmenrichtlinie als Leitbild und Bewertungsmaßstab auch für kleine Fließgewässer wurde zu einer Zeit entwickelt, in der der Biber und seine Gestaltungskraft weitgehend verschwunden waren. Dieses Leitbild ist also vom Bild unserer Kulturlandschaft geprägt,[334] in der Strukturelemente wie Totholz und Biberdämme seit langem fehlen. Mit dem Aussterben des Europäischen Bibers fehlen damit zentrale Elemente der Gewässermorphologie mit großem Einfluss auf Fließgeschwindigkeit, Struktur und Artenzusammensetzung.

▷ Auch häufigere Arten wie Prachtlibellen, Grasfrösche, Ringelnattern und Widderchen profitieren von der Biberaktivität.

Partner für Renaturierungen

Biberaktivitäten tragen nach aktuellem Wissensstand besonders wirksam zur Umsetzung staatlicher Pflichtaufgaben wie der Fauna-Flora-Habitat- und Vogelschutz-Richtlinie sowie der Europäischen Wasserrahmenrichtlinie bei und dienen dem gesetzlichen Ziel zum Aufbau eines Biotopverbundes auf 10 % der Landesfläche.[69, 468] In der Schweiz sind nationale Gesetze die Grundlage hierfür. Das Gewässerschutzgesetz mit einem auf 80 Jahre ausgerichteten Renaturierungsprogramm der Gewässer soll diesen Biotopverbund entlang von Bächen und Flüssen langfristig sicherstellen. Folglich erscheint es aus gewässerökologischen Gründen sinnvoll, den Gewässer- und Landschaftsgestalter Biber auf möglichst vielen Gewässerstrecken zu dulden und, wo möglich, zu fördern.[262] Der Biber sollte daher künftig als wirksames Instrument der Renaturierung und als aktiver Gewässer- und Landschaftsgestalter in allen gewässerrelevanten Planungen integral berücksichtigt werden, ganz so, wie es das Oberösterreichische Konzept „Mit dem Biber leben“ vorsieht[172] und wie in der Schweiz das Konzept „Biber Schweiz“ fordert.[10, 48]

Biberdamm und Fischgewässer

Vor den Biberdämmen werden beträchtliche Mengen an Schwebstoffen herausgefiltert und zurückgehalten. Damit wechseln sich nährstoffreiche, stark mit Sediment überdeckte Bereiche mit nährstoffärmeren, kiesigen ab.

Studien aus dem hessischen Spessart ermittelten eine durch Biberdämme herausgefilterte Sedimentmenge von 1390 m^3.[188] Für Nordamerika nennt man überschlägig rund 1000 m^3 pro Damm.[282] Noch beeindruckender sind Zahlen, die für das Stromgebiet des Matamek im kanadischen Quebec angegeben werden. Hier gehen Berechnungen von einer Filterleistung von 3,6 Millionen Kubikmeter aus. 90 % der Sedimentfracht wird danach durch Biberteiche zurückgehalten. Diese Menge würde, wenn sie nicht ausgefiltert wird, ausreichen, das gesamte Gewässerbett mit einer über 40 cm hohen Schicht zu bedecken.[170]

Untersuchungen in Bayern ergaben sogar eine Höhe von 72 cm Sediment, die durchschnittlich vor dem ersten Hauptdamm ausgefiltert wurde.[348]

Kieslaicher wie Forellen und andere Salmoniden brauchen für ihren Laich ein durchströmtes Bachbett und sauerstoffreiches Wasser, um sich entwickeln zu können. Während manche Forellenlaichplätze durch den Dammbau vor dem Damm vorübergehend ungeeignet werden, schützt der Dammbau dagegen größere Flächen vor der Verschlammung des Kiesbettes und damit vor der Entwertung als Laichplatz. Damit bleiben in der Summe mehr Plätze zum Ablaichen für Forellen erhalten. Besonders hinter dem letzten Damm entstehen regelmäßig kiesige, sauerstoffreiche Gumpen.

Eine Studie am Mühlbach bei Freising zeigte, dass Biber an der Stelle den Damm anlegten, wo der Bach langsamer floss und ohnehin viel Sediment ablagerte. Ein Vergleich mit früheren Elektrobefischungen ergab, dass diese Stelle von jeher für Forellen als Laichplatz wenig attraktiv war.

Nach dem Bau des Damms verlor der Bereich die Eignung als Laichplatz, als Nahrungsbiotop wurde er jedoch umso attraktiver. So vergrößert sich das Gewicht der Fische in Gebieten mit Biberteich, da die Nahrungsmenge infolge der veränderten Nährstoffsituation wächst. Leicht wärmeres Wasser und eine große Menge an Insektenlarven sind die Basis für dieses Fischwachstum. Oberhalb des Damms siedeln Arten wie Karausche und Schleie, ja sogar der Huchen konnte an der tiefsten Stelle vor dem Damm nachgewiesen werden. Ganz ähnlich sind die Erfahrungen in Schweden. Die Gewichte der Forellen in den Teichen sind höher, die Zahl der Forellen dagegen liegt niedriger als im frei fließenden Bach. Anders als für die Bachforelle stellten die Flachwasserzonen des Biberteichs wichtige Laich- und Jungfischhabitate der Elritzen dar.

Ähnliche Beispiele werden auch von Lachsen in den USA berichtet. Im Fisch Creek in Oregon wachsen in einem Biberteich, der nur 0,1 % der Wasserfläche ausmacht, bis 8 % der Lachse des ganzen Gebietes heran. Junglachse erhöhen ihr Gewicht in diesem Teich in nur 4 Monaten um 600 %.[170]

Doch stellen Biberdämme nicht erhebliche Hindernisse für wandernde Fischarten dar?

Biberdämme stellen nach Aussagen vieler Fischbiologen meist keine

▷ **Bachforellen sind typische Kieslaicher, die ein sauberes Kiesbett brauchen.**

ausgeprägten Wanderungshindernisse für die Durchgängigkeit für Fische dar.[193] Ganz allgemein lässt sich diese Aussage aber nicht machen. Es kommt stark auf die Gewässertypen, die Jahreszeit und die Fischarten selber an. In einer amerikanischen Studie an drei verschiedenen Forellenarten hat sich gezeigt, dass diese eine Kaskade von bis zu 21 Biberdämmen durchqueren können. Je weiter oben am Gewässer ein Damm war, desto unwahrscheinlicher wurde es jedoch, diesen zu überqueren. Interessant an der Studie war, dass eine einheimische und eine gebietsfremde Forellenart die Biberdämme problemlos überwanden, eine andere nicht einheimische Art aber mehr Mühe damit hatte.[288]

Eine norwegische Studie an Lachsen und Bachforellen in kleinen Bächen zeigte, dass die beiden Arten vermeintliche Hindernisse überwinden können. Vor allem junge Fische überwinden die Biberdämme problemlos. Oberhalb der Biberdämme lebten so mehr junge Lachse als unterhalb.[241] Zudem führen Biberbäche i.d.R. zumindest phasenweise so viel Wasser, dass über- oder durchströmte Dämme für Fische durchgängig werden bzw. umschwommen werden können. Mit Querbauwerken im anthropogenen Sinne sind Biber-

▷ Hochwasser, wie hier an der Schwarzach vor Schwarzenfeld (D), sind natürliche Ereignisse. Deren Häufigkeit und Intensität haben aber in den letzten Dekaden markant zugenommen. Mit breiteren Auen als Retentionsflächen kann man deren Spitzen brechen und die Auswirkungen mildern. Diese Auenbänder dienen aber nicht nur dem Hochwasserschutz oder dem Biber, sondern bilden ein Netzwerk des Lebens für zahlreiche Arten.

▷ **Wo Auwälder bis auf eine letzte Baumreihe gerodet und Moore in Ackerflächen umgewandelt sind, ist die Fähigkeit Wasser zu speichern erheblich vermindert. Bei solch schmalen Auenbändern sind auch Konflikte zwischen Bibern und Landwirtschaft häufiger.**

dämme daher nicht vergleichbar. Dämme sind nie völlig homogen. Es entstehen Stellen, an denen der Wasserschwall nicht nur über, sondern durch den Damm strömt. Diese Bereiche sind günstiger für den Aufstieg. Denkt man an den ursprünglichen Lachsreichtum Alaskas und Yukons, an deren Laichgewässern mit die höchste Zahl an Biberdämmen vorkam, ohne dass es die Wanderung oder Fortpflanzung dieser Salmoniden behindert hätte, wird klar, dass ein Biberdamm kein echtes Hindernis darstellt.

Bei Sommerniedrigwasser, aber auch bei Wassermangel im Winter, wo große Wassermengen in der Schneedecke gespeichert sind, stellten die tiefen Gumpen vor den Dämmen wichtige Überlebensrefugien unter anderem für große Forellen dar. Die Wasserflächen vergrößern sich mit der Aktivität des Bibers und damit nehmen die unterschiedlichsten Fischlebensräume zu.

Die Fischartenvielfalt steigt in der Regel in einem Bachsystem mit

▷ **Naturnahe Uferstreifen an einem Gewässer lösen nicht nur Konflikte mit dem Biber. Sie lassen eine natürliche Dynamik des Gewässers zu, sie puffern Schadstoffeinträge aus angrenzenden Feldern, sie sind Lebensraum und -adern für seltene Tier- und Pflanzenarten und sie dienen als Hochwasser-Rückhalteflächen. Jeder hier investierte Euro ist also gleich vielfach gut angelegt.**

Biberteichen an. Am Mühlbach bei Freising hatte sich die Zahl der Fischarten nach dem Dammbau von neun auf 18 verdoppelt. Auch in einem frisch entstandenen Biberteich nimmt die Zahl der Fischarten zunächst permanent zu. Die maximale Diversität wird je nach Situation in einem Teich zwischen 9 und 16 Jahren erreicht, danach geht sie wieder kontinuierlich zurück, bis der Damm bricht und der Zyklus von neuem beginnt.[170]

Aber nicht nur die Fisch-Artenzahl nimmt zu, auch deren Biomasse, also die Anzahl Fische in demselben Gewässerabschnitt. In einer Literaturstudie mit 118 Untersuchungen gab ein Drittel an, dass es in den Biberrevieren zu einer höheren Fischproduktivität kam.[193] Dies erkannte bereits Campell im 16. Jahrhundert und war seiner Zeit weit voraus: *(...) da die Biber in den Gewässern zahlreich sind, behaupten manche, die Fische würden von ihnen wie von den Ottern vertilgt, während andre das Gegenteil aufrecht erhalten, dass nämlich da eine über-*

reiche Menge von Fischen sich finde, wo der Biber sich aufhalte (...).[56]

Von dem Reichtum an Fischnährtieren und Fischen profitieren auch Fischjäger. So hat sich die Lebensraumkapazität des Schwarzstorches im Baltikum u. a. durch die Vielzahl von beutereichen Biberteichen deutlich erweitert.[427] Der Populationsanstieg der Störche führte zu einer Westausbreitung dieser Vogelart und zur Wiederbesiedelung ehemals verwaister Habitate in Deutschland.

Wassertemperatur

Wie wirken aber Biberdämme auf das Temperaturregime des Fließgewässers? Untersuchungen aus Nordamerika kamen dabei zu unerwarteten Ergebnissen. Dort zeigten Bereiche mit einer höheren Zahl an Dämmen pro Kilometer Lauflänge eine geringere Wassertemperatur. Kritische Sommertemperaturwerte für Salmoniden wurden hier kaum erreicht. Die Bereiche mit wenigen Dämmen überschritten dagegen diese kritischen Werte zum Teil deutlich und häufiger.[450] Die Untersuchung zeigte einige Mechanismen auf, wie Dämme zu dieser Beeinflussung des Temperaturregimes führten. Sommertemperaturen wurden durch verstärkte Wasserspeicherung, Kaltwasserkanäle und verstärkten Austausch von Grund- mit Oberflächenwasser abgemildert. Nach Untersuchungen in der Eifel (Dalbeck unveröff.) zeigten Temperaturmessungen vor dem ersten Biberdamm und nach der Dammkaskade dagegen einen moderaten Temperaturanstieg von 2,2 °C (15,5 °C auf 17,7 °C) auf einer Länge von 850 m.

In Gebieten mit geringem Gefälle nimmt die Forellenregion (Epi- und Metarhitral) von Natur aus oft nur kleine Bereiche ein. In solch flachen Gewässern kann die Stauwurzel des Biberdamms mehrere 100 Meter zurückreichen, zu verstärkter Sedimentation und Sauerstoffzehrung beitragen. Bei Niedrigwasser kann es im Extremfall zum weitgehenden Trockenfallen von Bachabschnitten führen. Existiert gleichzeitig eine größere Zahl an Dämmen, ist dies eine der wenigen Situationen, wo es zu Zielkonflikten zwischen Arten, die vom Biberdamm profitieren, und solchen, die negativ beeinträchtigt werden, kommen kann.

Da es immer wieder zu Diskussionen kommt, ob Biberdämme nicht negative Auswirkungen auf Fischarten haben, führte ein Team aus Wissenschaftlern des Vereinigten Königreichs (UK) dazu eine umfangreiche Metastudie durch. Im Rahmen der Studie befragte man 49 Experten aus Fischforschungseinrichtungen aus der gesamten nördlichen Hemisphäre und wertete die gesamte internationale wissenschaftliche Literatur aus. Als mögliche negative Faktoren wurde die erschwerte Wanderung von Fischnährtieren, aber auch die von Fischen, vor allem bei Niedrigwasser, genannt.[193] Das Fazit lautete aber, dass Biberaktivitäten alles in allem einen positiven Einfluss auf Fischpopulationen haben. Sowohl die Fischdichte als auch die Produktivität der Fischgewässer erhöhen sich zum Teil markant. Ein interessanter Nebenaspekt dieser Metastudie ist, dass mehr als die Hälfte der positiven Auswirkungen des Bibers auf Fische mit Studien direkt nachgewiesen wurden. Dagegen waren 71 % der negativen Einflüsse rein spekulativ.[193]

▷ **Verlandungszonen bis hin zu Biberwiesen entstehen, wenn Biberteiche brechen oder auslaufen. Diese Flächen haben eine eigene Artengemeinschaft. Gerade die jungen Verlandungen werden von Watvögeln, wie hier der Bekassine, als Nahrungsbiotope während der Brut- und Zugzeit genutzt.**

Von der Verlandung zur Biberwiese

Biberteiche können tief sein oder flach, länglich oder rund und Flächen von wenigen Quadratmetern bis zu mehreren Hektaren Größe aufweisen, doch eines haben alle gemeinsam: Sie sind nicht von Dauer. Biberteiche altern ähnlich wie jeder See und jeder Teich. Mit dem Altern geht die Verlandung einher. Immer mehr Sediment wird abgelagert, Nährstoffe nehmen zu, die Wasserfläche geht zurück. Am Ende bleibt nur noch der Bachlauf als freies Gerinne, eingebettet in ein Feuchtgebiet, eine sogenannte Biberwiese. Dominiert werden diese Wiesen von Sauergräsern und Binsen.

Neben der in längeren Zeiträumen ablaufenden Verlandung können Biberteiche auch kurzfristig auslaufen, wenn der Damm plötzlich bricht.[128] Die so entstandenen Schlammflächen werden von einer eigenen Tier- und Pflanzenwelt besiedelt. Diese Schlammfluren gehören, wie bereits erwähnt, zu den am stärksten gefährdeten Gesellschaften überhaupt. Über 60 % dieser Arten gelten als verschollen oder gefährdet.

Auf kleinräumiger Betrachtungsebene (alpha-Diversität) können Uferbereiche mit und ohne Bibereinfluss zwar ähnliche Pflanzenartenzahlen aufweisen, auf der Landschaftsebene (gamma-Diversität) zeigen biberbeeinflusste Gebiete aber eine um 33 % höhere Diversität. 50 % dieser Arten gelten als

▷ Ausgelaufener Bibersee mit ausgeprägten Schlammmarken.

auentypisch, 25 % waren sogar direkt auf Strukturen angewiesen, die durch Biber entstehen.[464] Diese Muster ermöglichen also, dass gefährdete Spezialisten im Ufersaum überleben, die sonst aus den Auen verdrängt würden.

Auch für die Vogelwelt sind die entstandenen Verlandungszonen von Bedeutung. Für Watvögel bilden die Schlammflächen wichtige Trittsteinbiotope und Rastplätze für Zugvögel. Rotschenkel, Flussuferläufer, Bekassine und andere Limikolen suchen dort nach Insektenlarven und Würmern.

Die Entwicklung von Pflanzengesellschaften führt in Mitteleuropa, von Extremstandorten einmal abgesehen, zu Wald. Bis sich ehemalige Biberteiche bewalden, können aber viele Jahre bis Jahrzehnte vergehen. So stammt ein Nachweis aus Nordamerika, wo eine Biberwiese über 50 Jahre existierte.

Selbst wenn Wald unmittelbar angrenzt, bleiben diese Bereiche lange baumfrei. Gründe dafür scheinen fehlende Myokorrhizapilze zu sein, die Bäume als Symbiosepartner brauchen, die aber durch den Überstau abstarben. Eine Neubesiedelung erfolgt nur vom Rand her, wo waldbewohnende Mäuse *(Clethrionomys, Microtus)* mit ihrem Kot die Sporen dieser Pilze verbreiten.[269] Diese Mäusearten meiden aber die allzu offenen Flächen, um nicht zur Beute von Prädatoren zu werden. Daher breiten sich Bäume dem Aktionsradius der Mäuse entsprechend nur wenige Meter pro Jahr in die Biberwiese aus.

Schneller läuft die Bewaldung, wenn Biber Weidenzweige auf Schlammschürzen zurücklassen und sich diese bewurzeln. So entstehen neue Weidengebüsche.

Biberteich im Netz des Lebens – zwei amerikanische Fallstudien

Auch auf der berühmten Forschungsinsel Isle Royale, mitten im Lake Superior zwischen Kanada und den USA, spielt der Biber eine wichtige Rolle im Inselökosystem. Von hier stammt ein großer Teil unseres Wissens über Räuber-Beute-Beziehungen und Nahrungsnetze. Auf der Insel waren nach Bränden Kahlflächen entstanden, auf denen sich rasch üppige Weichlaubholzverjüngung, vor allem aus Aspe und Birke, einstellte. Bald darauf wanderten Biber ein, die das günstige Nahrungsangebot nutzten. Elche kamen in einem strengen Winter über das Eis und auch Wölfe folgten in den 1960er Jahren auf die gleiche Weise.

Die Biberpopulation wuchs und besiedelte bald alle geeigneten Lebensräume. Der Wolf, der sich im Frühsommer regelmäßig von auswandernden, halbwüchsigen Bibern ernährte, die den Schutz der elterlichen Teiche verließen, hatte auf den Anstieg keinen Einfluss. Doch seit den 80er Jahren des 20. Jahrhunderts gingen die Biberbestände auf der Insel zurück und haben inzwischen ihren tiefsten Stand seit 40 Jahren erreicht. Wichtigster Grund ist der Rückgang des Weichlaubholzes, das von späteren Waldentwicklungsphasen überwachsen wird.

Gleichzeitig mit dem Biber war aber auch die Elchpopulation angewachsen. Da Elche ähnlich wie Biber bevorzugt Weichlaubhölzer fressen, hatte der Verbissdruck zugenommen und junge Pflänzchen waren fast völlig verschwunden. Da Elche anders als Biber nicht in Revieren leben, kommt es aber zur Übernutzung der Nahrungsquellen. Mit dem Rückgang der Aspen und Birken verschlechterte sich die Nahrungsgrundlage der Biber und die Population sank und sinkt. Eine sinkende Biberpopulation lässt aber auch die Zahl der Teiche zurückgehen. Biberteiche sind aber Kernlebensräume der Elche, die große Mengen an Wasserpflanzen benötigen und im Wasser vor Wolfsangriffen sicher sind.

Periodisch treten dann strenge Winter mit hoher, verharschter Schneelage auf. Sie führen dazu, dass Wölfe extrem erfolgreich jagen, da die Elche einsinken, die Wölfe aber auf dem Harsch laufen können. In diesen besonderen Wintern gelingt es den Wölfen, im Durchschnitt mehr als einen Elch pro Tag zu erlegen. Nach solchen Phasen beginnt sich die Baumvegetation in der Regel zu erholen. Einen ähnlichen Effekt hatte der Populationseinbruch der Elche in den 1990er Jahren, wo die Zahl der Tiere aufgrund von winterlichem Nahrungsmangel bei hoher Dichte von 2500 auf 500 sank. Ein erheblicher Teil der Elche verhungerte.[322]

Ein weiterer interessanter Aspekt ergab sich auf der Isle Royale: Wo Biber aktiv sind, haben die Böden ein engeres Kohlenstoff-/Stickstoff-Verhältnis; sie sind also fruchtbarer als in Gebieten ohne Biber und dort wo starker Elchverbiss herrscht. Doch wie lässt sich dies erklären? Biber fällen z. B. Aspen bevorzugt ab Dimensionen von über 10 cm. Dadurch können sich die Bäume regenerieren und entsprechend große Mengen an Laub produzieren. Laub, das bei der Aspe leicht zersetzlich und nährstoffreich ist. Elche verbeißen dagegen bereits die kleinen Aspenpflanzen und verschaffen den nicht verbissenen Nadelbäumen, wie der Fichte, ungewollt einen Konkurrenzvorteil, so dass bald Fichtenbestände dominieren. Auf diesen Flächen sinkt der Stickstoffgehalt und die Versauerung der Böden nimmt zu.[318] Da gerade in borealen Wäldern die Nährstoffe begrenzt sind, haben sowohl Biber als auch Elch langfristige Auswirkungen auf die Ökosystementwicklung und die Dynamik von Waldgesellschaften.

Eines haben alle diese Ergebnisse gemeinsam: sie unterstreichen die Schlüsselrolle von Bibern in der Auenökologie.

▷ **Elche äsen mit Vorliebe Wasserpflanzen, wie sie in Biberteichen wachsen. Dort sind sie außerdem vor ihrem Hauptfeind, dem Wolf, sicher. An Land schätzt der Elch besonders Weiden und andere Weichlaubhölzer, die sich auf Schlammflächen am Rande von Biberteichen verjüngen.**

GRABAKTIVITÄTEN VON BIBERN

Eine weitere Aktivität, durch die Biber die von ihnen besiedelten Gewässer gestalten, ist das ober- und unterirdische Graben. Innerhalb ihres Reviers graben Biber in geeignete Uferabschnitte eine Vielzahl von Röhren, die unterschiedlichen Zwecken dienen. Es können Zugänge zu Bauen und Burgen sein oder kurze Fluchtröhren, in die sie sich bei Gefahr zurückziehen können. Es kann eine unterirdische Verbindung zwischen zwei Gewässern sein oder auch nur ein „kleines Loch", an dem Jungbiber das Graben lernen.

▷ **Mit ihren Aus- und Einstiegen verändern Biber den Uferverlauf und führen zu Erosion.**

▷ **Wechseln Biber regelmäßig auf ein und demselben Pfad vom Wasser an Land, können solche Kanäle entstehen. Daneben legen Biber auch gezielt Verbindungsgräben an, um zwei Gewässer miteinander zu verbinden.**

Seltener graben Biber auch richtige Verbindungskanäle, um im Wasser schwimmend an weiter entfernte Nahrungsquellen zu gelangen oder um Gewässer zu verbinden. Die Kanäle verlaufen, im Gegensatz zu Röhren, auf Wasserspiegelniveau und sind nach oben offen. Auch aus „einfachen" Ausstiegen, auf denen Biber das Wasser verlassen, um an Land zu gehen, können sich bei lockerem Boden lange Rinnen ausbilden. Jedes Mal, wenn der nasse Biber an Land geht oder auf dem Rückweg ins Wasser rutscht, wird ein bisschen Boden abgetragen, bis aus dem Ausstieg ein meterlanger Kanal entstanden ist. Vom Ufer abgegrabenes Material verwenden Biber auch zum Abdichten von Dämmen.

Alle diese Strukturen bieten einen Angriffspunkt für fließendes Wasser, besonders bei Hochwasser. Wasser dringt über Röhren und Kanäle in die Ufer ein, schwemmt sie aus, und ganze Uferbereiche samt darauf stehenden Bäumen können ins Wasser absacken. Das eingetragene Erdmaterial selbst wird, je nach Verlauf des Gewässers, an anderen Stellen angelandet und bildet Flachwasserzonen. Aus einstmals geraden Gräben mit genormter Böschung und Wassertiefe entsteht im Verlauf der Jahre ein mäandrierendes Gewässer mit Kolken, Überhängen, Steilufern und Flachwasserzonen. Dabei spielen die Grabaktivitäten eine umso größere Rolle, je kleiner das Gewässer ist.

Die durch Grabaktivitäten entstehenden Rohbodenflächen bieten Lebensraum für darauf angewiesene Pflanzen und Tierarten, wie z. B. Solitärbienen. Ein größerer Uferabbruch kann auch von Eisvögeln als Brutwand genutzt werden.

BAUMFÄLLUNGEN

Regenerationsfähigkeit der Gehölze und Nachhaltigkeit der Nutzung

Die Baumarten regenerieren sich nach einer Fällung unterschiedlich stark. Untersuchungen ergaben, dass bei stockausschlagfähigen Baumarten die Länge der Triebe mit zunehmendem Durchmesser zunächst anstieg und dann stark zurückging (Optimumskurve).[469] Der Höhepunkt des laufenden Zuwachses, und damit der jährlichen Biomasseproduktion, liegt bei Weiden im Alter von 2 bis 4 Jahren, bei Balsampappeln zwischen 4 und 10 und bei Aspe und Schwarzpappel zwischen 10 und 15 Jahren.[375] Die leistungsfähigste Strauchweide, die sich ebenfalls rasch nach dem Biberschnitt regenerieren kann, ist die Korbweide, gefolgt von der Purpurweide.

▷ Vor allem die von Bibern bevorzugten Weiden regenerieren sich nach dem Fraß rasch über Stockausschläge und können so nach wenigen Jahren wieder genutzt werden.

Weiden mit großem Durchmesser bilden Stockausschläge oder gehen ein, während die vom Biber geschnittenen, stark verzweigten Weidenbüsche zunehmen. Damit verändert sich das Bild von Hochstämmen hin zu Gebüschen. Doch was ist typisch für die Auwaldweiden? Mit Eisschub und Geschiebe haben die Flüsse immer wieder die Bäume beschädigt und auf den Stock gesetzt. Andere Baumarten, die sich nicht so gut regenerieren konnten, gingen unter, während die Weiden diesen Raum behaupteten. Selbst der Weidennachwuchs wächst, wo andere Baumarten nie Fuß fassen könnten – auf Schotter, den der Fluss hinterließ. Heute, wo die Flüsse keine neuen Rohböden aufschütten und keine Weiden mehr beschädigen, bleibt die Verjüngung der Weiden aus. Sie werden alt und brechen zusammen. Durch seinen Fraß vernichtet der Biber also keine Weiden, er hält sie sogar über Stockausschläge vital und verhindert, dass sie durch andere Baumarten überwachsen werden.

Beispiele für eine nachhaltige Nutzung der Nahrungsgrundlagen gibt es ebenso wie Berichte von Übernutzungen. In den Inn- und Salzachauen, in denen die Reviere in der Regel dauerhaft bewohnt sind, können Biber den Biomassezuwachs des Auwaldes nicht ausschöpfen.[407]

In nordischen Wäldern mit kürzeren Vegetations- und längeren Regenerationszeiträumen werden dagegen die Nahrungsquellen aufgebraucht. Für die Biber heißt das: Auswandern und einen neuen Lebensraum erobern, mit allen Gefahren und Risiken. Aber auch in Mitteleuropa besiedeln Biber manche Lebensräume nicht dauerhaft.[85, 95, 194]

Auen sind mit ihren zahlreichen Baum- und Straucharten, den sich regenerierenden Weichholzauen, die produktivsten und artenreichsten Areale Mitteleuropas. Sie stellen den günstigsten Biberlebensraum dar. Diese Gebiete können Biberfamilien permanent besiedeln. An Bach- oder Flussläufen mit einem schmalen Gehölzstreifen und mit geringen Anteilen an Weichlaubhölzern versuchen Biber diesen Mangel durch größere Reviere auszugleichen. Auch wenn einzelne Uferbereiche zwischenzeitlich verlassen werden, ist eine Rückkehr der Biber wahrscheinlich, nachdem sich die Nahrungspflanzen regeneriert haben.

Licht im Dunkel

Biber gestalten ihre Lebensräume nicht nur mit Wasser, sondern auch über das Licht. Wie keine andere

▷ Biber können ganze Waldgebiete in Offen- und Sumpfland verwandeln, wie hier in Litauen. Die Fähigkeit, Wälder offen zu halten, wurde lange nur großen Herbivoren zugeschrieben.

Sukzession am Biberteich

Entwicklungsverlauf an derselben Stelle in einem Biberrevier am Langwiesenbach in Berg am Irchel (CH). Kurz vor Fertigstellung des höchsten Biberdammes in der Schweiz (siehe Seite 92) war nur noch wenig Ufergehölz vorhanden (Bild 1). Bei einem Hochwasser im Mai 2010 ist der Damm in der Mitte aufgebrochen und der Biberteich lief aus. Zurück blieben die durch den Damm zurückgehaltenen Sedimente (Bild 2). Die Biberfamilie zog in der Folge weiter bachaufwärts und baute dort neue Dämme. Die ersten Krautpflanzen besiedelten schnell die Sand- und Kiesbänke (Bild 3) und so nahm die Sukzession ihren Lauf. Bald folgten Weiden und Erlen und 2018 stand wieder ein geschlossener 5–8 Meter hoher „Wald“. Die Biber taten weiter bachaufwärts dasselbe, nutzten die spärliche Ufervegetation, bis sie 2018 wieder an dieselbe Stelle kamen und erneut einen Damm errichteten. In Bild 8 sieht man das stehende Wasser des Biberteichs zwischen den Bäumen.

▷ 1: April 2008

▷ 2: Mai 2010

▷ 3: November 2010

▷ 4: Mai 2012

▷ 5: September 2013

▷ 6: Mai 2015

▷ 7: September 2016

▷ 8: Juli 2018

▷ Bei einer Untersuchung in Freising zeigte sich, dass in Biberrevieren das Totholzvolumen um das Dreifache höher lag als in biberfreien Auen. Die Durchmesserspreitung war höher, die Bandbreite der Zersetzungsgrade vielfältiger, das Totholz gleichmäßiger auf der Fläche verteilt und stärker besonnt. Dementsprechend kamen hier mehr und anspruchsvollere Totholzkäferarten vor.

Tierart in Europa greift er unmittelbar in das Kronendach des Waldes ein und verändert dadurch das Lichtregime grundlegend. Wie groß diese Auflichtungen sind und wie weit sie sich vom Ufer weg erstrecken, hängt auch von der Baumart ab. Der Schwerpunkt der Fällaktivität verlagert sich dabei fast jährlich auf andere Teilflächen. Gefällt wird vor allem dort, wo die bevorzugte Baumart auf engem Raum in großer Menge vorkommt. Biber kehren zu manchem Fällplatz erst nach einigen Jahren wieder zurück.[407]

Biber können Wälder kleinräumig und zeitlich begrenzt auflichten. Meistens liegen die aufgelichteten Flächen im Bereich von wenigen hundert bis zu 1000 m^2. In Ausnahmefällen werden Bestände von einem Hektar gefällt.[469] Es sind vor allem Pappelbestände, die einen weiten Pflanzabstand haben und besonders stark aufgelichtet werden.

Durch den verstärkten Lichteinfall haben besonders Pionierbaumarten wie Weiden oder Aspen günstige Ansamungs- und Überlebenschancen. Sie ertragen Kälte, Hitze und direkte Sonneneinstrahlung besser als andere Baumarten. Außerdem produzieren sie Millionen leichter, flugfähiger Samen, die die ganze Umgebung überschwemmen können. Biber fördern so manche Pflanzenart und beeinflussen damit die Zusammensetzung der Baum-, Strauch- und Krautschicht. Auch Verbissdruck durch den Biber begünstigt das Weichlaubholz. Drei Viertel der geschnittenen Purpurweidenzweige hatten mehr als 10 Stockausschläge gebildet, während andere, wenig regenerationsfreudige Baumarten, zurücksetzten und überwachsen wurden. Ohne den Biberschnitt wären die lichtliebenden Weiden bald von anderen Baumarten überwachsen und ausgedunkelt. Die Biber setzen durch ihre Aktivität die Sukzession also immer wieder auf eine frühere Entwicklungsphase zurück, wobei raschwüchsige, stockausschlagfähige und frostharte Baumarten begünstigt werden.

Auch Tierarten der Waldsäume wie der Kleine Schillerfalter profitieren vom Biber. In den aufgelichteten Stellen legt der Schmetterling seine Eier an den oberen Zweigspitzen der Aspen ab, damit diese möglichst lange der Sonne ausgesetzt sind. Die höhere Wärmesumme lässt die Raupen schneller wachsen und auch die Futterpflanze gedeiht nur in der Waldlücke.

Umgekehrt ist die Wirkung im uferfernen Bereich. Fällen die Biber Weichlaubhölzer im Bestandesschatten, sterben deren lichtbedürftige Stockausschläge ab. Der Anteil der Pionierbaumarten nimmt hier durch den Biber ab.

Sind die Waldbestände am Ufersaum des Biberreviers ungleichaltrig und kleinräumig gemischt, ist der Einfluss des Nagers auf die Artenzusammensetzung und Auflichtung geringer. Die Fällplätze bleiben relativ klein. Die entstehenden Lücken im Kronendach werden rasch durch die benachbarten Bäume ausgeglichen.

BURGEN UND BAUE

Das Zentrum eines Biberreviers bildet der Biberbau. In Burg oder Bau verbringen die Biber die überwiegende Zeit ihres Lebens. Er bietet ihnen Schutz vor Feinden, Hitze und Kälte, dient ihnen als Schlafstätte und als Geburtsort der Jungen. Es ist zudem ein wichtiger Ort für Sozialkontakte. Hier findet sich die Familie in der Regel am Morgen wieder zusammen, um gemeinsam den Tag mit Schlafen zu verbringen.

Wie der Mensch legt der Biber deshalb auch viel Wert auf einen intakten Zustand seines Heims. Ständig wird daran herumgebastelt, werden nötige Ausbesserungsarbeiten vorgenommen. Es gibt eigentlich immer etwas zu tun, am meisten sicherlich im Herbst, wenn der Bau winterfest gemacht wird. Dazu werden zusätzliche Schichten aus Ästen, Schlamm, Wurzelstöcken aufgetragen und Löcher gestopft, damit der Bau gut isoliert der Kälte standhält.

Die allgemein hohe Anpassungsfähigkeit und Flexibilität des Bibers zeigt sich auch bei der Anlage seines Baus; es gibt keinen einheitlichen Bauplan. Dennoch sind allen Bauen, nach einer gewissen Entstehungsphase, zwei Eigenschaften gemein:

Der Eingang (es können auch mehrere sein) liegt unter Wasser.

Der Wohnkessel (es können auch mehrere sein) befindet sich über Wasser.

Wie entsteht ein Biberbau?

In den allermeisten Fällen gräbt der Biber, unter Wasser beginnend, eine Röhre ins Ufer, die schräg nach oben über den Wasserspiegel hinausführt. Die Röhre kann mehrere Meter lang sein. Am Ende dieser Röhre legt der Biber eine Höhlung an, den so genannten Wohnkessel. So ein Wohnkessel ist etwa 40 bis 60 cm hoch und hat einen Durchmesser von 60 bis 150 cm. Dieser Kessel dient als Wohn- und Schlafraum und wird vor allem mit Holzspänen, die der Biber im Bau mit seinen Zähnen selbst erzeugt, ausgekleidet. Vor allem in alten Burgen kann es auch mehrere Kessel in verschiedenen Ebenen geben. Die Kessel sind untereinander wiederum mit Röhren verbunden.

Biber beginnen mit ihren Baugrabungen meist unter Wurzelstöcken der Ufervegetation, da dieses Wurzelgeflecht verhindert, dass das Erdreich über der Grabung nachbricht. Zudem sind die Wurzelstöcke im Uferbereich häufig durch das Wasser unterspült, so dass der Biber diesen geschützten Platz einnehmen und seine Grabung dort beginnen kann.

Man unterscheidet drei Grundbautypen: den Erdbau, den Mittelbau und den Hochbau, wozu auch die „klassische“ Biberburg zählt. Zwischen diesen Bautypen gibt es fließende Übergangsformen.

Erdbau

Von einem Erdbau spricht man, wenn der Kessel tief im Erdreich liegt. Das heißt, über dem Kessel bildet eine stabile, dicke Erdschicht das Dach. Nur an einer Stelle legen die Biber ein kleines Luftloch an. Von außen ist ein Erdbau in der Regel nicht erkennbar. Gelegentlich findet man die Baue im Herbst oder Winter, wenn die Biber vor dem Eingang des Baus ein Nahrungsfloß anlegen. Bei diesem Bautyp muss die Uferhöhe über dem Wasserspiegel mindestens 1,2 bis 1,5 Meter betragen.

Mittelbau

Ein Mittelbau entsteht meist an Ufern, deren Böschung über dem Wasserspiegel weniger als einen Meter misst. Der Biber kann dann zwar seinen Kessel noch im Erdreich anlegen, die verbleibende Decke darüber ist jedoch sehr dünn und bricht häufig nach. Der Biber deckt dann von oben mit Ästen und Wurzelstöcken entstandene Löcher ab und konstruiert ein stabiles Dach. Ein Mittelbau kann auch aus einem Erdbau entstehen, dessen Decke einbricht.

Hochbau oder Biberburg

Das Charakteristikum des Hochbaus ist, dass sich der Wohnkessel im vom Biber selbst errichteten Asthaufen befindet. Diese Form eines Biberbaus ist an Gewässerabschnitten zu finden, die ein niedri-

▹ **Biberburgen befinden sich direkt am Ufersaum und liegen meist in unmittelbarer Nähe zu Nahrungsflächen.**

ges Ufer aufweisen, so dass der Biber gar keine Möglichkeit hat, seinen Kessel im Erdreich anzulegen. Auch bei einer Erhöhung des Wasserstands (z. B. durch den Biber selbst) kann es notwendig werden, den Wohnkessel eines Mittelbaus höher zu legen, um weiterhin im Trockenen schlafen zu können. Dazu schichtet er immer mehr Holz und Wurzelmaterial auf und nagt sich von unten her einen Kessel aus. So geht ein Mittelbau in einen Hochbau über. Staut der Biber das Wasser so hoch an, dass die vorher am Ufer gelegene Burg komplett von Wasser umgeben ist, so ist die klassische Biberburg, die man auch aus Nordamerika kennt, entstanden. Die meisten dieser Biberburgen dürften sich anfangs an einem Ufer befunden haben. Solche Beispiele sind auch in Deutschland zu finden.

Eine besondere Form eines Hochbaus, die zudem die enorme Anpassungsfähigkeit demonstriert, zeigen einige Biberburgen an der Donau östlich von Regensburg. Dort, am Fuße der Walhalla bei Donaustauf, bestehen die Ufer aus einer massiven Steinschüttung, in der die Biber nicht graben können. Die Biber haben deshalb ihren Hochbau auf der Steinschüttung des Donauufers errichtet. Auch der Eingang dieser Burgen liegt unter Wasser. Die Biber haben die Burg aus Ästen entsprechend konstruiert.

Biberburgen können imposante Bauwerke sein. Eine Höhe von über 3 Metern und ein Durchmesser von 12 Metern sind keine Seltenheit (Schambachried bei Treuchtlingen in Bayern).

Welcher Bautyp letztendlich entsteht, hängt von einer Vielzahl von Faktoren ab. Da ein Biberbau kein einmal errichtetes statisches Gebilde darstellt, sondern diversen Umwelteinflüssen und natürlichen Verfallsprozessen ausgesetzt ist, sind Änderungen vorprogrammiert. Durch die Aktivitäten des Bibers kann sich so auch der Typus der Burg verändern.

Folgende Faktoren beeinflussen das Aussehen eines Biberbaus:

- Uferhöhe
- Bodenbeschaffenheit (ob lockeres oder festeres Material; Sand oder Lehm, Uferversteinung)
- Durchwurzelung
- Bewuchs mit Sträuchern oder Bäumen
- Fließgeschwindigkeit des Gewässers
- Wasserstand (konstant oder schwankend)
- Hochwasser
- Alter des Baus und der Biberfamilie
- Individuelle Vorlieben der Biber

Anzahl der Baue im Revier

In einem Biberrevier befinden sich ein oder mehrere Baue, wovon meist nur einer als Hauptbau genutzt wird. Dieser ist vor allem im Winter gut zu identifizieren, da die Biber diesen deutlich sichtbar mit Schlamm, Wurzelstöcken und Ästen abisolieren. Die Nebenbaue werden vor allem im Sommer zeitweise bewohnt. Liegt zum Beispiel eine lukrative Nahrungsquelle weit entfernt vom Hauptbau, leben die Biber nicht selten in einem näher gelegenen Nebenbau, solange diese Nahrungsquelle genutzt wird. Aber auch der Hauptbau kann durchaus verlegt werden, wenn sich der neue Platz, vor allem im Winter, als energetisch günstiger gelegen erweist. An der Schwarzen Laaber haben Beobachtungen über mehrere Jahre gezeigt, dass die Biber alternierend unterschiedliche Burgen als Hauptbau gewählt haben, je nachdem in welchem Teil des Reviers die Nahrungsgehölze im Winter genutzt wurden.

Innenleben der Burg

Sauberhalten der Burg

Die Biber sind nicht nur bei ihrer Fellpflege sehr reinlich, sie nehmen es auch mit der Sauberkeit in der

▷ **Über dem Wasser befindet sich der Wohnkessel, dort sitzen die Biber völlig im Trockenen. Danach folgt meist eine kleine Stufe mit einer Flachwasserzone, die als Fraßplatz genutzt wird und wo die Jungen ihre ersten Schwimmversuche unternehmen. Im Anschluss führt ein Ausgang unter Wasser, der den Innenraum isoliert und Feinden das Eindringen erschwert. Die räumliche Aufteilung ist beim Uferbau ähnlich, nur wurde hier der Kessel in die Böschung hineingegraben, während die Burg aus aufgeschichteten Hölzern besteht.**

▷ **Erdbau**

▷ **Burg**

Burg sehr genau. Abgekotet oder uriniert wird nur im Wasser, niemals im Bau. In den ersten Lebenstagen der Jungen nimmt die Mutter deren Ausscheidungen auf.

In zwei naturnahen Kunstbauen, die für Filmaufnahmen errichtet wurden, konnte Markus Schmidbauer beobachten, dass die Biber die Holzspäne, mit denen sie ihren Kessel auskleiden, alle paar Tage komplett erneuern. Dabei wurde das alte, mit der Zeit häufig nasse Material, aus der Burg entfernt und durch neue, selbst vor Ort erzeugte Holzspreißel ersetzt.

Temperatur im Bau

Ein wichtiger Aspekt für den Biber ist die Höhe der Temperatur, die in seinem Bau herrscht. Erdbaue und auch Mittelbaue haben aufgrund ihres in das Erdreich eingebetteten Wohnkessels schon natürlicherweise eine hervorragende Isolation.

Interessant ist deshalb die Frage, wie es in den Hochbauen aussieht. Im Sommer liegt die Temperatur in Biberburgen etwa 2°C unter der Umgebungstemperatur.[46] In Hochbauen steigt die Temperatur selbst bei größter Hitze im Außenbereich nicht über 18–20°C an. Die Biberburgen befinden sich meist im Schatten von Bäumen oder anderer Vegetation.[80] Dies kann auch aus Bayern bestätigt werden, wo die meisten Biberburgen in Weidenbüschen oder im Wald zu finden sind.[469]

Im Winter ist die Burg gut mit Schlamm und Schnee isoliert. Untersuchungen zeigen, dass die Temperatur in der Burg um bis zu 35°C höher ist als die Außentemperatur.[242] Außerdem ist die Temperatur in der Burg im Winter sehr stabil. Trotz einer Außentemperaturschwankung von 14,2°C innerhalb eines Tages änderte sich die Bautemperatur im gleichen Zeitraum nur um 0,8°C.[424] Bei einer Untersuchung in Kanada schwankte die Außentemperatur von Juni bis März des darauffolgenden Jahres zwischen –41,4°C und 32,4°C während sich die Temperaturen in den untersuchten besetzten Biberbauen im gleichen Zeitraum zwischen 0°C und 35,6°C bewegt.[88]

Belüftung

Eine Biberburg ist gut durchlüftet. Im Sommer zirkuliert die Luft problemlos durch die Wand der Burg. Dies ist im Winter nicht möglich, da die Wände der Burg mit Schlamm, Eis und Schnee bedeckt sind. Die Luftzirkulation funktioniert dann ausschließlich über ein kleines Luftloch, das sich im oberen Bereich einer jeden Burg befindet. Ein offensichtlich sehr effektives System, denn die Sauerstoff- und Kohlendioxydkonzentration ändert sich in einer besetzten Burg das ganze Jahr über so gut wie nicht.[88]

Anpassung an schwankende Wasserstände

Sinkt der Wasserspiegel ab, sodass der Eingang zum Bau nicht mehr unter Wasser liegt, wird der Biber umgehend aktiv, um den ursprünglichen Zustand wieder herzustellen. Entweder versucht er den Wasserstand mit einem Damm zu erhöhen oder er deckt mit Ästen den frei gefallenen Eingang so ab, dass sich dieser dann wieder unter Wasser befindet. Das heißt, er erweitert seinen Bau ins Wasser hinein.

Steigt der Wasserspiegel langsam an, was durchaus auch durch den Biber selbst verursacht sein kann (Dammbau), erhöht er seinen Bau, sodass der Wohnkessel weiterhin im Trockenen liegt. Er legt dazu immer mehr Baumaterial auf und erweitert seinen Kessel von der Innenseite aus vorwiegend durch Nagen.

Hochwasser

Der Wasseranstieg erfolgt bei Hochwasserereignissen meist sehr schnell. Biber, die sich in einem Gebiet neu niedergelassen haben, kennen die dort auftretenden Hochwasserereignisse noch nicht. Nicht selten werden sie dann von den Fluten überrascht. So bleibt den Bibern nichts anderes übrig, als sich kurzfristig auf Bäume oder Geländeerhebungen zu retten. Dort konstruieren die Biber dann regelrechte Lager aus Ästen. Manchmal findet man auch Biber auf ihrer Burg sitzend, wenn diese noch nicht völlig unter Wasser steht.

Die Biber spüren zwar offensichtlich instinktiv das Nahen eines

▷ Der Teich, der hinter dem Biberdamm entsteht, schützt die Burg.

Hochwassers, sind aber nicht in der Lage, die zu erwartende Höhe einzuschätzen. Steigt das Wasser langsam, versuchen die Biber entweder parallel zum steigenden Wasser ihren Bau aufzustocken oder suchen höher gelegene Stellen auf, um dort ein Lager zu errichten. Die ganze Familie hilft. Die Jungbiber werden von Elterntieren dann dorthin gebracht.[294]

In Revieren mit regelmäßig auftretenden Hochwassern lernen die Biber aus der Erfahrung und rüsten sich entsprechend. Dies kann auf verschiedene Arten geschehen und hängt vor allem von der Höhe der Wasserschwankungen ab. Die einfachste Möglichkeit ist sicherlich, dass die Biber ihre Burg von vornherein so hoch bauen, dass diese auch bei Hochwasser noch über dem Wasserspiegel liegt.

Eine andere Variante ist das Anlegen eines eigenen Hochwasserbaus, der nur bei Hochwasser bewohnt wird. An steilwandigen Uferbereichen beispielsweise legen die Biber in verschiedenen Höhen Röhrenbaue an, die dann nur bei den entsprechenden Wasserständen benutzt werden. An der Altmühl oder der Aisch in Bayern gibt es Reviere, in denen die Biber am Ufer nebeneinander eine Burg für Normalwasserstand und eine entsprechend hohe für Hochwasserereignisse angelegt haben.

In Sachsen-Anhalt an der Elbe und der Mulde gibt es Hochwasser-Notbaue, die bei Normalwasserstand im Trockenen liegen. Man fand in allen 34 untersuchten Revieren, die periodisch überschwemmt werden, solche Notbaue. Sie lagen zwischen 50 und 800 Meter weit vom eigentlichen Hauptbau entfernt auf dem Trockenen. Erst bei Hochwasser sind diese Baue auf dem Wasserwege zu erreichen.[294] Auch in Bayern wurde an der Abens ein Notbau weit entfernt vom Fluss gefunden.[231] Angelegt werden diese Baue an hochwassersicheren Böschungen oder natürlichen Erhebungen während des Hochwassers. Hat sich der Notbau als tauglich erwiesen, kehren die Biber beim nächsten Hochwasser wieder dorthin zurück.

Um zu verhindern, dass Biber bei einem Hochwasserereignis in einen Hochwasserdamm einen Notbau graben, ist es sinnvoll, im Dammvorland so genannte Biberrettungshügel anzulegen. Auf diese Hügel können sich dann Biber und viele andere Tierarten im Notfall flüchten. Die Erfahrung zeigt, dass diese Rettungshügel dankbar angenommen werden.[294] Diese effektive, kostengünstige und einfach zu realisierende Maßnahme stellt eine sinnvolle Alternative zum sinnlosen Abschießen der Biber an Hochwasserdeichen dar.

Röhren oder Fluchtbaue

Neben den Wohnbauen legen die Biber in ihrem Revier Röhren oder Fluchtbaue an, die waagerecht ins Ufer gegraben werden. Die meisten Röhren (77 %) sind kürzer als 5 Meter.[401] Nur 6 % der gefundenen Röhren waren bei dieser Untersuchung länger als 10 Meter. Die längste bisher vermessene Röhre maß 26,2 Meter. Sie wurde bei Rockolding in Bayern gefunden und wurde unter dem Namen „Rockoldinger Röhre“ überregional bekannt.

Die Röhren werden meist erst entdeckt, wenn der Wasserspiegel deutlich unter dem Normalpegel liegt oder wenn die Röhren einbrechen. Sie sind meist überwiegend mit Wasser gefüllt und liegen erst am Ende über dem Wasserspiegel. Der Eingang zur Röhre ist unter Wasser angelegt.

Man findet die Röhren verteilt über das gesamte Biberrevier. Eine gewisse Häufung zeigt sich im Bereich des Hauptbaus, im Zentrum des Reviers. Die Röhren bieten dem Biber Zuflucht. Er kann sich so bei Gefahr jederzeit an einen sicheren Ort zurückziehen. Auch zum Fressen halten sich die Biber gerne dort auf.

Sasse

Die einfachste Biberwohnstätte ist die Sasse, eine kleine, ausgescharrte Erdmulde, die Biber auf der Wanderschaft im Sommer anlegen, um darin zu ruhen. Im Winter oder zur Aufzucht der Jungen ist eine Sasse nicht ausreichend.

Röhrensystem in der Schweiz

Ein besonderes eindrucksvolles Beispiel zur Anlage von Röhren und Bauen wurde in der Schweiz auf einer Landwirtschaftsfläche eines ehemaligen Moorgebietes entdeckt.

Bei der Sanierung eines eingestürzten Uferwegs sollte der darunterliegende Biberbau aufgefüllt werden. Was sich dann zeigte, war eine absolute Überraschung: die Biber haben ein Gangsystem mit mehr als 50 Meter Länge angelegt. Drei bewohnbare Baue und zwei Baue, die eingestürzt und mit Erde gefüllt waren, kamen zum Vorschein. Der besetzte Bau lag 18 m weit vom Ufer entfernt. Das Erstaunliche: das Gangsystem und die Baue lagen in 1,3 Meter Tiefe, in einer Lehmschicht. Diese lag wiederum unter einer Torfschicht des Oberbodens, worauf die Wiese angesät war. Keiner der Baue hatte ein Luftloch, über das er mit Sauerstoff von oben hätte versorgt werden können.

Weshalb nur haben die Biber ein solches Tunnelsystem angelegt? Nachdem die Erdbaue unter dem Uferweg mehrmals aufgefüllt wurden und das Ufer abgerutscht ist, haben die Biber vermutlich ihre Strategie geändert: sie haben tief im Boden horizontal das ganze System exakt in einer Ebene, der stabilen Lehmschicht, angelegt. Die Luftzufuhr wurde rein über die zwei Baueingänge sichergestellt, die beide über der Wasseroberfläche lagen. Da die beiden Eingänge über die Röhren verbunden waren (siehe Skizze), herrschte ein gewisser Durchzug vor, der die Luft im Bau zirkulieren ließ.

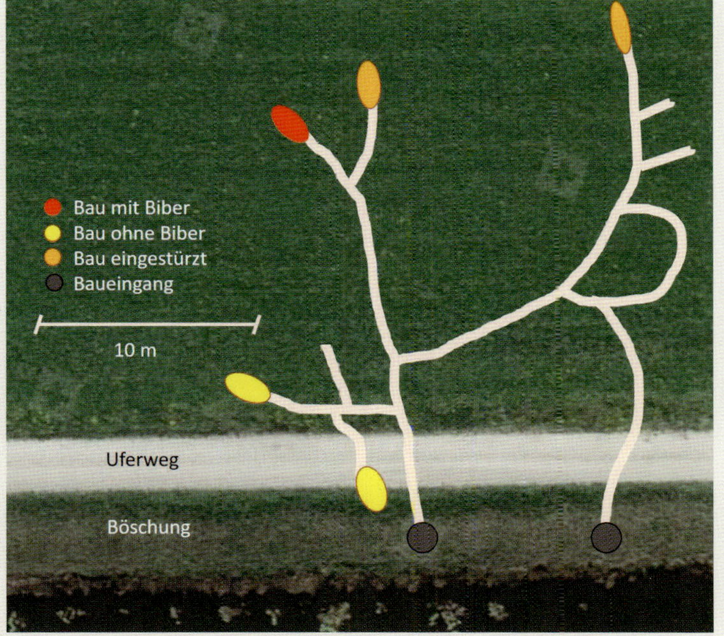

Von Menschen und Bibern

Eine wechselvolle Beziehung

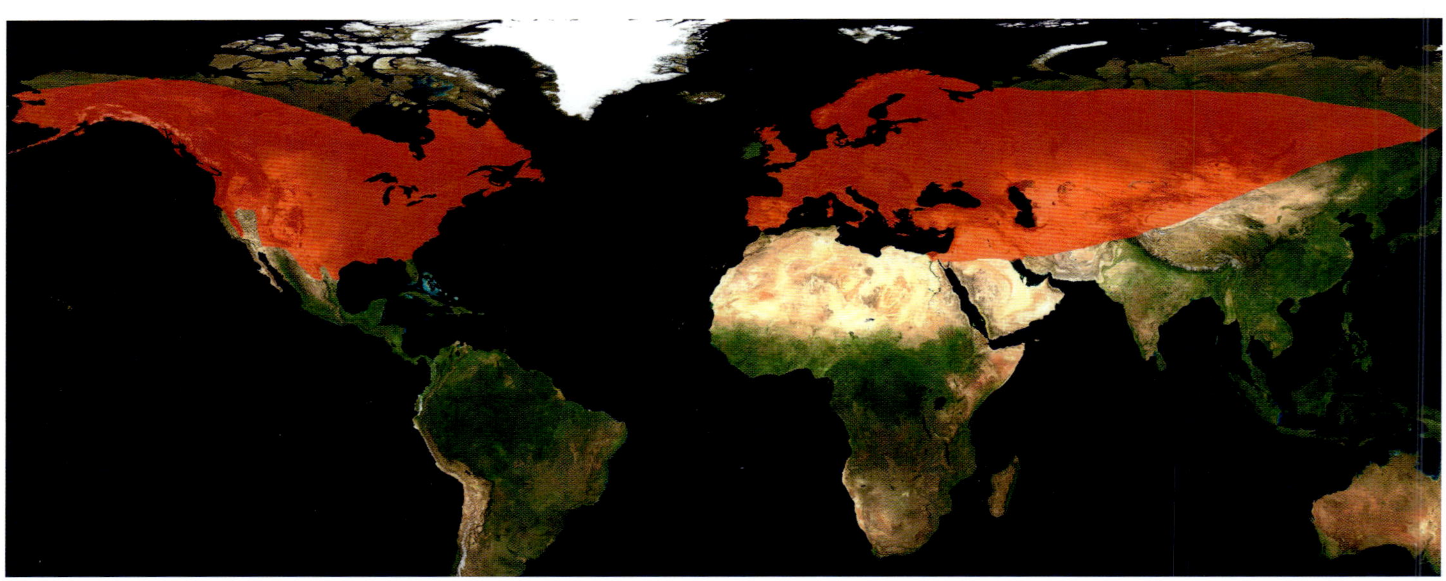

▷ Historisch waren Biber fast über die gesamte nördliche Hemisphäre verbreitet. ■ Verbreitungsgebiet der Biber

HISTORISCHE VERBREITUNG DES BIBERS

Der Biber ist eine Tierart der nördlichen Erdhalbkugel. Fossile und historische Funde zeigen, dass er wohl alle geeigneten Gewässer in seinem ursprünglichen Verbreitungsgebiet besiedelte. Dieses Verbreitungsgebiet wird sowohl nach Norden als auch nach Süden durch die Temperatur begrenzt: im Norden bedingt durch den Dauerfrostboden und die Waldgrenze, im Süden durch klimatische Bedingungen, die seine thermoregulatorische Fähigkeit überfordern.

Die Höhenverbreitung reichte von den Brackwasserregionen der Flussmündungen bis in die mittleren Höhenlagen der Gebirge, solange nur, klimatisch bedingt, geeignete Nahrung wuchs. So reichte die Verbreitung des Bibers in Eurasien von Spanien und Kleinasien bis Nordskandinavien, und vom Atlantik bis weit nach Nordasien hinein. Biberfrei waren in Europa nur Irland und Island.

In Nordamerika erstreckte sich die Verbreitung von den Wüsten Nordmexikos bis nach Nordflorida im Süden, und nach Norden bis zu den Permafrostböden in Kanada und Alaska.

Der ursprüngliche Biberbestand wird auf 100 Millionen für Eurasien und 60 bis 400 Millionen für Nordamerika geschätzt.[80]

DAS VERSCHWINDEN DER BIBER

Biber standen schon bei den ersten Menschen, die Europa zu besiedeln begannen, auf dem Speisezettel, da sie relativ einfach zu erbeuten waren.[78] Die weltweit fast flächendeckende Ausrottung bis auf wenige Tausend Exemplare fand aber erst in den letzten Jahrhunderten statt.

Für das Verschwinden der Biber war dabei nicht die Veränderung der Landschaft durch Menschen verantwortlich, sondern die direkte Bejagung: der Biber war begehrter Fleisch-, Pelz- und Medizinlieferant.

Biber als Fleischlieferanten

Das Fleisch des Biber ist nicht nur sehr schmackhaft, sondern hatte noch eine Besonderheit: die katholische Kirche hatte den Biber wegen seines beschuppten Schwanzes und seiner amphibischen Lebensweise zum Fisch erklärt, damit er auch in der Fastenzeit gegessen werden durfte – zoologisch falsch, aber theologisch korrekt. Diese theologische „Systematik" galt auch für andere Arten wie Fischotter oder Enten, und als die Missionare in Südamerika keine Biber fanden, aber das auch im Wasser lebende Wasserschwein, ließen sie auch dies vom Papst zum Fisch erklären, um den kargen Speisezettel der Fastenzeit mit Fleisch anzureichern.[274] Als besondere Leckerbissen galt der Biberschwanz, eine heute nicht mehr ganz nachvollziehbare kulinarische Vorliebe: besteht er doch zum größten Teil aus Fett und Sehnen.

Für die Biberpopulationen war die Bejagung in der Fastenzeit besonders verheerend. Die Fastenzeit fällt zusammen mit der Zeit, in der die Biberweibchen trächtig sind, es wurde mit einem getöteten Weibchen auch gleich der Nachwuchs eines ganzen Jahres beseitigt.

Biber als Pelzlieferanten

Der Balg des Bibers ist einer der dichtesten und haltbarsten im Tierreich.[78] Neben wärmender Pelzbekleidung, die auch schon die Steinzeitjäger im kalten Winter schützte, wurde der Balg auch zu Mützen, Muffs, Krägen sowie als Besatz von Pelzmänteln anderer Tierarten verarbeitet. Besonders begehrt waren dunkle, schwarze Felle. 1556 entsprach der Wert eines braunen Biberfelles dem eines Pferdes, ein schwarzes wurde sogar für 2 Pferde gehandelt.[80]

Wichtiger als die direkte Verwendung als Pelzwerk wurde mit der Zeit die Verarbeitung von Biberfellen, genauer gesagt der Wollhaare, zu Hüten. Das feine Wollhaar verfilzt sehr gut und war so hervorragend für die Hutherstellung geeignet. Biberhüte kamen im 17. Jahrhundert in England groß in Mode, wodurch sich der Jagddruck enorm verschärfte. Als die Biberpopulationen in Europa durch die Übernutzung schwanden, verlagerte sich die Jagd auf die Biberbestände Nordamerikas. Ein großer Teil dieses Kontinents wurde im 17. und 18. Jahrhundert vor allem wegen des Handels mit Biberpelzen erschlossen.

Auch heute noch können in Nordamerika Hüte aus reinem Biberhaar gekauft werden, die Preise liegen wegen der sehr viel aufwendigeren Verarbeitung bei einem mehrfachen der gleichen Hüte aus Kaninchenhaar.

▷ Ein Biberrezept aus einem historischem Kochbuch von Kurth (1864).[209]

Biberschwanz, auf sächsisch zubereitet:
Er wird in Stücke geschnitten, gut gesalzen und in Fleischbrühe gesotten, bis er mürbe ist, dann werden 2 Theile soviel Wein als Fleischbrühe ist, darauf gegossen, geriebene Semmel, Kapern, kleine Rosinen, die Kerne einer Citrone, Ingwer, Pfeffer, Muskatblumen und nach Belieben auch Zucker dazu gegeben und zusammen aufgekocht. Die Biberstücke gibt man sodann in diese Sauce, erhitzt sie und serviert sie alsbald.

▷ Biberfelle waren über viele Jahrzehnte der wichtigste Exportartikel Nordamerikas. Aus den Pelzen entstanden vor allem in England hochwertige Hüte.

▷ Wappen der Hudson Bay Company mit dem wichtigsten Pelzlieferanten Biber.

Der Biberhut – ein modisches Verhängnis

Der Biberhut stammt ursprünglich aus dem zaristischen Russland des 14. Jahrhunderts. Jedoch trat er erst mit dem Vormarsch der schwedischen Truppen während des Dreißigjährigen Krieges in Europa seinen Siegeszug an. Dieser breitkrempige Hut traf ganz den Zeitgeschmack, sodass eine enorme Nachfrage nach dieser Kopfbedeckung einsetzte. Der Hut selbst wurde nicht aus dem eigentlichen Pelz, sondern der feinen Unterwolle gefertigt und aufwendig weiterverarbeitet. So entstand eine Art Filz, der bei jedem Wetter Schutz bot. Die besten Hutmacher stammten aus Frankreich, deren Wissen durch die Hugenotten-Vertreibungen über Europa verstreut wurde. Bald entwickelte sich dieser qualitativ hochwertige Huttyp international weiter und wurde zu einer eigenen Herrenmoderichtung. In der Geschäftswelt und den Bürgersalons wurde der Biberhut zum unverzichtbaren Statussymbol, ohne den der Zugang zu gehobenen Kreisen verwehrt war, vergleichbar vielleicht mit der Krawatte heute. Der Preis eines guten Hutes lag dabei in der Höhe eines Arbeitermonatslohns. Nicht umsonst wurde der Biber zum Wappentier der Hutmacher.

Die enorme Nachfrage führte im 17. Jahrhundert dazu, dass die letzten Biberbestände Europas fast vollständig verschwanden. Nur in wenigen Refugien wurden sie von den Landesherren rechtzeitig unter Schutz gestellt. Eine Versorgung der Hutmacherindustrie konnte somit nur noch über Nordamerika laufen. Der Biberpelz war damit das begehrteste Handelsgut, das der Kontinent zu liefern hatte. Anfang des 19. Jahrhunderts wurden jährlich 500 000 Biberpelze in London verkauft.[274]

Innovationen in der Hutmacherindustrie verringerten aber im Laufe des 19. Jahrhunderts den Fellbedarf deutlich, da nun minderwertige Kaninchenpelze verwendet werden konnten. Außerdem änderte sich der Geschmack und leichte Hüte aus Seide kamen in Mode. Um 1840 war man als Biberhutträger bereits altmodisch, gerade noch rechtzeitig für das Überleben der Art. So löste eine reine Modeerscheinung einen Boom aus, der fast mit der Auslöschung des Bibers von unserem Globus geendet hätte.

Doch nicht nur für Biber waren Biberhüte verhängnisvoll, sondern auch für die Hutmacher selbst. Quecksilber, das benutzt wurde, um die Haare vom Fell zu lösen, ist hochgiftig und schädigte vielen Hutmachern das Gehirn. Noch heute gibt es im Englischen das Sprichwort „mad as a hatter", was so viel bedeutet wie „verrückt wie ein Hutmacher".[229]

Biber als Medizin

Das wertvollste am Biber war jedoch das Bibergeil. Dieses galt als Wunderheilmittel. In Augsburg erschien 1685 die „Casteriologia“, eine Sammlung mit 200 Rezepturen zur Heilanwendung von Bibergeil.[252, 47] Der Glaube an die Wirksamkeit spielte dabei wohl eine ebenso wichtige Rolle wie die in geringen Mengen vorkommende Salicylsäure, dem Wirkstoff von zahlreichen Schmerzmitteln. Dass die getrockneten Bibergeildrüsen mit Gold aufgewogen wurden, war ein verständlicher Grund, auch noch den letzten Bibern in den entlegensten Gebieten nachzustellen.

Auch andere Teile des Bibers fanden in der Volksmedizin Verwendung. Schneidezähne wurden Kleinkindern als Amulette umgehängt um das Zahnen zu erleichtern, Hüte aus Biberhaar sollten das Gedächtnis stärken, Schuhe aus Biberfell Fußschmerzen kurieren und Biberfett gegen Gliederschmerzen helfen.[80, 169]

Biber als Konkurrenten und Schädlinge

In bewirtschafteten Bereichen wurden Biber auch getötet, wenn sie den Menschen in die Quere kamen, Mühlkanäle anbohrten oder Äcker und Wälder überstauten. So veranlasste Friedrich II. im Jahr 1765 die Aufhebung jeglicher Biberschonung, weil die Biber seiner Politik der großflächigen Trockenlegung von Landschaften und Moorgebieten im Wege standen. Dadurch war es auch der sonst nicht jagdberechtigten Bevölkerung erlaubt, die zu diesem Zeitpunkt schon selten gewordenen Biber zu töten. Allein durch die Oderbruch-Erschließung wurden 56 000 ha trockengelegt. „Hier habe ich im Frieden eine Provinz erobert, ohne einen Mann zu verlieren.“ Auch die Einstufung des Bibers als „Forstschädling“ erfolgte in dieser Zeit, als man begann, Wälder in Fichtenforste umzubauen. So galt denn auch die Fichte in Bayern ursprünglich als Preußenbaum.

Ebenso war der Irrglaube, dass Biber auch Fische fressen, ein Grund, ihn zu verfolgen. Dies alles hätte aber nur zu einem lokalen Rückgang und nicht zur flächendeckenden Ausrottung geführt.

▷ Das Bibergeil war wertvoll wie Gold, weshalb Biber bis an den Rand der Ausrottung verfolgt wurden. Eine alte Fabel besagt, dass Biber ihre Geilsäcke abbeißen und dem Jäger überlassen, um so ihr Leben zu retten.

Die massiven Eingriffe des Menschen in den Lebensraum des Bibers durch Begradigung von Flüssen, Vernichten von Altwassern und Trockenlegung von Mooren haben das Verschwinden der Biber nur bedingt beeinflusst. Zum Teil fanden diese Maßnahmen meist erst zu einer Zeit statt, zu der die Biber schon fast oder ganz ausgerottet waren. Die Vernichtung von Lebensraum selbst hätte allenfalls zu einer Verringerung der Biber-

▷ **Die Biberjagd war eine blutige Angelegenheit, bei der man Hunde, Netze und sogar Dreizacke einsetzte.**

population auf die verbliebenen Restlebensräume geführt. Dass die Biber aber auch dort verschwanden, daran war wieder die Jagd schuld, zumal die restlichen Lebensräume jetzt auch leichter zugänglich waren.[469]

Biber am Abgrund

All diese Begehrlichkeiten führten dazu, dass der Biber in Europa bereits im Mittelalter lokal ausgerottet war. Es gab bereits damals einzelne Versuche von Adligen, die wertvolle und vielseitig nutzbare Art auf ihre Besitzungen zurückzubringen. In Schleswig-Holstein siedelte Herzog Johann Adolf um 1600 Biber in seinem Schlossteich an, und nach 1700 wurden in Brandenburg und Mecklenburg Biber ausgesetzt. Sogar ein Zuchtprogramm für Biber gab es, in Südböhmen bei der Fürstenfamilie Schwarzenberg.[169]

Trotz dieser Bemühungen und drakonischer Strafen für Wilderer schritt der Rückgang der Biber voran. So war der Biber in England wohl bereits im 13. Jahrhundert ausgerottet[55], in Schottland haben wohl einige bis ins 16. Jahrhundert überlebt.[55, 81] Die letzte Erwähnung von Bibern in Italien stammt aus der Mitte des 16. Jahrhunderts, in

Historische Biberjagd

Die historischen Jagdmethoden auf den Biber waren im Wesentlichen dieselben wie für den Fischotter: Fallen und Fangeisen, Schlingen, Netze, Speere und Dreizack (der sogar den Namen Biberstich hatte). Fernwaffen, wie Bogen, Armbrust und Gewehre, kamen weniger zum Einsatz: Nicht tödlich getroffene Biber konnten noch abtauchen und gingen verlustig.[169]
Biberjagd war anfangs eine Nutzjagd, die eher als Handwerk denn als Jagdkunst gesehen wurde. Anders beim Fischotter, bei dem die Seltenheit den Reiz der Jagd erhöhte. Daher finden sich in der älteren Jagdliteratur weniger Darstellungen zur Biber-, aber umso mehr zur Fischotterjagd. Erst mit dem Seltenerwerden des Bibers fand auch dieser Interesse bei Vergnügungsjägern und vermehrt Eingang in die Jagdliteratur.[78, 169]
Dies war aber nur vorübergehend. Mit dem Verschwinden der Biber in der Natur verschwand er auch sprachlich. Aus dem Biber- und Otterhund wurde der Otterhund, das Bibergarn wurde zum Otternetz und es gab keinen Biberstich mehr.[169] Auch in der Jägersprache gibt es, anders als beispielsweise bei Fuchs, Otter oder Murmeltier, keine besonderen Bezeichnungen für Männchen und Weibchen des Bibers. Mag es, auch nach seiner Rückkehr, dabei bleiben!

Spanien aus dem 18. Jahrhundert. In Skandinavien wurden Biber in Schweden und Finnland um die Mitte des 19. Jahrhunderts ausgerottet.

Überlebt haben diese gnadenlose Verfolgung nur wenige Tiere in einigen Restvorkommen: in Südfrankreich an der Rhone, in Deutschland an der Mittelelbe, in Ostpolen, in Südnorwegen und an einigen Stellen in Russland. Zu Beginn des 20. Jahrhunderts waren es nur 1000–2000 Biber, die von den geschätzten einst 100 Millionen überlebten.[80] In Deutschland waren nur etwa 100 bis 200 Tiere an der mittleren Elbe zwischen Wittenberg und Magdeburg übrig geblieben.

Auch in Nordamerika entging der Biber nur knapp dem Schicksal der vollständigen Ausrottung durch die Pelzjäger. Von geschätzten 60–400 Millionen Bibern vor den Zeiten des Pelzhandels blieben nur einige Tausend. Die Bedeutung des Bibers, die er für die Erschließung Nordamerikas durch die Pelzhändler hatte, wird heute noch in Kanada gewürdigt: dort ist der Biber seit 1975 das staatliche Symboltier, wie bei uns der Steinadler als Bundesadler.

BIBER IM VOLKSGLAUBEN

In Europa spielt der Biber im Volksglauben kaum eine untergeordnete Rolle. Dachs Grimbart, Reineke Fuchs, der Bär und der Wolf, sie alle kommen in Märchen vor, nicht aber Meister Bockert, so ein alter Name für den Biber.

Ganz anders in Nordamerika: Bei einigen Stämmen nordamerikanischer Indianer spielte der Biber eine bedeutende Rolle in der Schöpfungsgeschichte. Nach deren Legende war ursprünglich die ganze Erde mit Wasser bedeckt. Da tauchte der Biber vom Grund des großen Wassers Schlamm hervor, aus dem Manitu das Leben und das Land schuf. So betrachteten z. B. auch einige Stämme den Biber als „Bruder" und Totemtier. Totem leitet sich dabei von *„ototema"* ab und bedeutet in der Algonquinsprache so viel wie Verwandter.[93] Der Stamm der Ojbwais ehrte erlegte Biber, indem er die Knochen aufbewahrte und sorgsam wieder dem Wasser zuführte, damit der Geist des getöteten Bibers ihm nicht zürnte.

In zahlreichen Kulturen bestimmt der Mondrhythmus den Jahresverlauf. Jeder Monat hat so einen bestimmten Namen und besondere Eigenschaften werden ihm zugeschrieben. Im Sprachraum der Algonquin, der sich entlang der großen Seen zwischen Kanada und USA erstreckt, trägt der 11. Monat den Namen des Bibers. Tatsächlich ist der Biber im November auch am aktivsten, da er zu dieser Jahreszeit Bäume für seinen Wintervorrat fällt. Den Menschen mahnte er so, die letzten Vorbereitungen für den langen, harten Winter zu treffen.

BIBER HEUTE

Unterschutzstellung und Wiedereinbürgerungen in mehreren Phasen haben im 20. und 21. Jahrhundert zu einem Comeback der Biber in Europa und Nordamerika geführt. Bei der ersten Phase der Wiedereinbürgerungen ging es darum, den Biber zur Nutzung als Pelztier zurückzubringen. Bereits ab 1920 begannen in Russland, Lettland, Schweden, Norwegen und Nordamerika die ersten Wiedereinbürgerungen.[44]

In der zweiten Phase, etwa von 1950 bis 1990 wurde der Biber als Wiedergutmachung an einer ausgerotteten Art zurückgebracht, so z. B. in die Schweiz ab 1956[37], nach Bayern 1966[453] oder nach Österreich 1976[199]. Untersuchungen, die in den Lebensräumen der sich ausbreitenden Biberpopulationen stattfanden, zeigten, dass nicht nur der Biber zurückgekommen war. Durch das Schaffen von neuen Lebensräumen in den Biberrevieren kamen auch zahlreiche weitere Arten zurück – die Artenvielfalt „explodierte" förmlich in den Biberrevieren.

Den Biber nicht nur als Art, sondern als Motor für Biodiversität

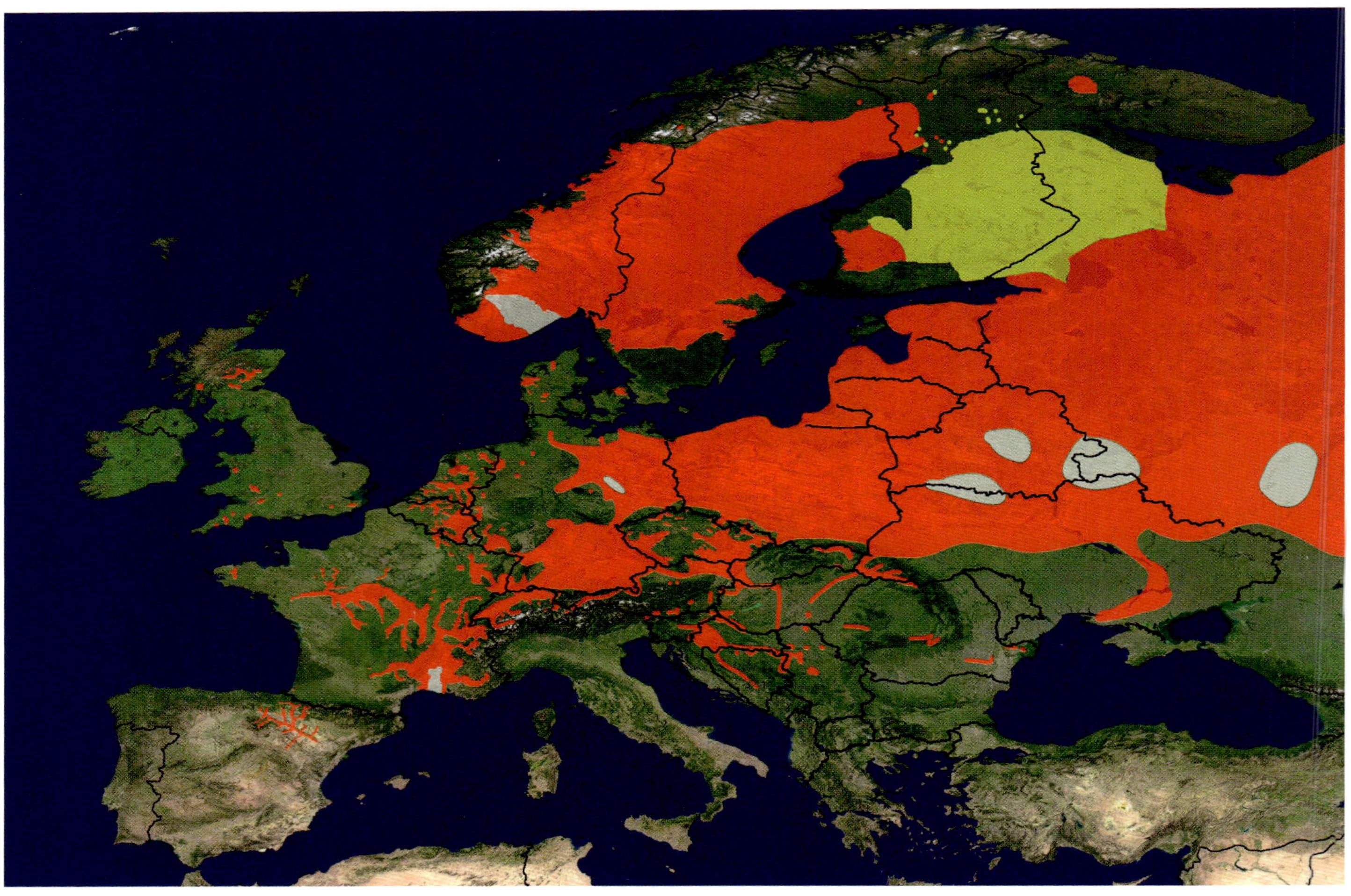

▷ Aktuelle Verbreitung des Bibers in Europa[125] ■ Biberpopulation nie erloschen ■ Europäischer Biber wiedereingebürgert ■ Kanadischer Biber eingebürgert

zurückzubringen war Hintergrund der dritten Wiedereinbürgerungsphase von etwa 1995 bis 2010. Zahlreiche Länder begannen, Biber-Starterpopulationen zu gründen, so z. B. Kroatien (ab 1996), Rumänien (ab 1998), Spanien (2003) und Schottland (2009).

Bei der letzten, nun vierten Wiedereinbürgerungsphase rückt der Nutzen des Bibers für den Menschen, in Anbetracht von Hochwassern durch Starkniederschläge, Wassermangel durch Trockenheiten und düngerbelasten Gewässern ins Zentrum (siehe auch Ökosystemleistungen). Die Mongolei begann 2014, Biber auszusetzen, um den Abbau von landwirtschaftlichen Düngemitteln in Gewässern mit Hilfe von Biberteichen zu beschleunigen. An der Grenze von Wales und England wurden 2018 die ersten Biber ausgesetzt, um den Wasserabfluss in Bächen und Hochwasser bei Unterliegern durch Biberdämme zu bremsen. Die Dämme an sich gab es, zu diesem Zweck und von Menschen gemacht, seit Jahrzehnten. Die Erneuerung der alten Dämme war aber nicht mehr finanzierbar – außer durch Biber, die dies kostenlos leisten.

Auch heute noch werden Wiedereinbürgerungen von Bibern durchgeführt oder geplant, um sie zurückzubringen oder bestehende Bestände zu vergrößern. Der heutige Gesamtbestand an Bibern in

Eurasien wird auf über 1 305 000 geschätzt, der größte Teil davon lebt in Russland, dem Baltikum und in Skandinavien.[125]

In Nordamerika kommt der Biber dank zahlreicher Wiedereinbürgerungen heute wieder fast überall in seinem früheren Verbreitungsgebiet vor. Auch hier wird der Nutzen des Bibers für den Menschen zunehmend erkannt. Im Westen der Vereinigten Staaten wurden Biber nach jahrelanger Trockenheit aktiv wieder angesiedelt, um die seit der Ausrottung der Biber teils tief eingeschnittenen Gewässer mit Hilfe des Bibers wieder zu renaturieren und die Gewässersohlen durch den Rückhalt an Sedimenten wieder zu heben. Hinter den vom Biber geschaffenen Dämmen wird Wasser zurückgehalten. Dadurch werden die Grundwasserspiegel angehoben und Leben kehrt wieder in die Landschaft zurück.[18, 57, 456] Eigentlich aber auch keine ganz neue Idee: Bereits 1921 erkannte der Farmer Fruit die Bedeutung der Biber und des von ihnen „gemanagten“ Wasserhaushalts für das Bestehen seiner Farm.

In Südamerika wurden Biber in Feuerland eingebürgert, obwohl sie dort nie heimisch waren.[129, 305] Hier kommt es zum Teil zu Problemen, weil die dort heimische Südbuche in ihrer Evolution keinen Biber kannte und nicht mehr ausschlägt, wenn sie gefällt wurde.

Okanogan Independent

OKANOGAN, OKANOGAN COUNTY, WASHINGTON. Saturday, December 10, 1921.

LIVE BEAVER BETTER THAN DEAD, NEW VIEW

FRUIT DECLARES BEAVER AIDS IRRIGATION.

Animals' Dams Tend to Conserve Water Supply Through Hot Season—Will Save Them.

The value of the beaver to the county in conserving the water in stream beds by dam building, thus providing in the bed a steady flow throughout the summer months, instead of a rush of water in the spring and none at all during the hot season, was expressed by Clay Fruit, head of the county game commission, who was here Tuesday. A steady flow of water in a stream bed is of the utmost importance in irrigation.

A country rich in beaver had an asset that counted in dollars, declared Mr. Fruit. The Okanogan river is full of them, he said, and means will soon be taken by the game commission to conserve the beaver and transport them to the heads of streams.

More and more it was being realized by states that have allowed their beaver population to become depleted for the skins, that the beaver's place in keeping streams full during the summer season by building dams across them, was an important one. A stream bed full in the summer season creates meadows and fertile places, which the flood of the spring alone cannot.

Mr. Fruit said that next year the county game commission would try out an appliance for catching beaver alive along the streams of the county, especially in places where they are to a certain extent predatory by reason of felling and removing the bark of apple trees lining the streams. The beaver will be taken to stream heads, and allowed to construct their dams there, said Mr. Fruit.

Mr. Fruit has several beaver in a stream running through his ranch, near Tonasket, and has allowed them to build a number of dams in it. Mr. Fruit declares they are doing little or no damage, but are stocking water for him with beneficial results.

For the present, until suitable traps for catching beaver alive are placed, Charley Haley of Tonasket has been named by the game commission to catch beavers, and return their pelts to the game commission to be sold, in accordance with the existing law.

▷ Schon früh erkannten einzelne Farmer die positive Wirkung des Bibers.

Deutschland

In Deutschland hatten Biber die Verfolgung durch den Menschen in einer kleinen Population von etwa 200 Tieren an der Mittelelbe überlebt.[146] Bereits in den 1930er Jahren erfolgten die ersten Umsetzungen aus dieser Population. Der strenge Schutz und weitere Umsiedlungen ab den 1970er Jahren führten zu einer weiteren Ausbreitung und zu einem Bestandsanstieg. In Westdeutschland begann Bayern 1966 mit der Wiedereinbürgerung von Bibern an der Donau, andere Bundesländer folgten, zuletzt Nordrhein-Westfalen.[145, 452] Die meisten dieser Projekte waren erfolgreich, sodass in Deutschland heute wieder über 40 000 Biber leben.

Baden-Württemberg
Der letzte baden-württembergische Biber an der Donau wurde 1834 im Illermündungsbereich erlegt. Am Rhein war der letzte Biber bereits 4 Jahre früher zu Tode gekommen.[4] Einige Biber wurden zu Forschungszwecken am Rhein ausgesetzt.[346]

Seit etwa 35 Jahren wandern jedoch Biber aus dem Elsass an den Hochrhein, aus der Schweiz an den Oberrhein, aus Südbayern entlang der Donau und Iller sowie im Nordosten entlang Altmühl und Wörnitz nach Baden-Württemberg ein. Der Bestand wird auf etwa 5500 Tiere geschätzt.

▷ **Die Rückkehr der Biber nach Bayern. Nach 100 Jahren Abwesenheit initiiert Hubert Weinzierl die Rückkehr. Helmut Steininger (rechts) lässt die ersten Tiere am Kögelhaufen bei Neustadt an der Donau frei.**

Bayern
In Bayern wurde der letzte Biber 1867 erlegt.[453] Von 1966 bis Anfang der 1980er Jahre wurden vom Bund Naturschutz in Bayern e.V. mit Genehmigung und Förderung des damals zuständigen Landwirtschaftsministeriums Biber wiedereingebürgert.[452] Die an mehreren Stellen ausgesetzten etwa 120 Tiere stammten aus Polen, Russland, Frankreich und Skandinavien. Besonders an der Donau und am Inn haben sich starke, ausbreitende Populationen gebildet. Anfang der 1990er Jahre wandern Elbe-Biber aus einer hessischen Wiedereinbürgerung nach Nordbayern ein.[401] Bayern hat heute somit eine gemischte Population, in der alle europäischen Restvorkommen vorhanden sind. Bayern ist heute wieder flächendeckend, wenn mancherorts auch noch lückig, von Bibern besiedelt, der Bestand wird auf etwa 24 000 geschätzt. Von abwandernden Bibern wurden Vorkommen in Baden-Württemberg, Thüringen, Österreich und Tschechien begründet.

Brandenburg
In Brandenburg wurden die ersten Biber 1934 in der Schorfheide ausgesetzt.[82] Neben der Ausweitung des Verbreitungsareals war ein weiteres Ziel auch die Sicherung des Genpools der Elbepopulation.[145] Weitere Wiedereinbürgerungen folgten 1973 am Bollwinfließ und an der Oder von 1984 bis 1989.[82] Andere Bibervorkommen in Brandenburg entstanden durch die natürliche Ausbreitung der Biber entlang Elbe und Havel sowie durch Einwanderer aus Polen. Der heutige Bestand liegt bei etwa 4000 Tieren, davon ein Drittel im Oderbruch.[278]

Berlin
Die ersten Biber wurden 1994 wieder in Berlin gesichtet. Inzwischen sind es etwa 50 Reviere mit etwa 180 Tieren.

Hessen
In Hessen war der Biber vermutlich bereits im 18. Jahrhundert weitgehend verschwunden.[214] Die ersten Überlegungen zur Wiedereinbürgerung der Biber stammten aus der Mitte der 1970er Jahre. Das Forstamt Sinntal nahm dann, nach umfangreichen Vorbereitungen, von 1987 bis 1988 die Wiedereinbürgerung von 18 Bibern aus der Elbepopulation vor.[214] Bis 2017 hat sich der Bestand in Hessen auf etwas über 1000 Exemplare[340] vermehrt. Von Hessen sind Biber auch nach Unterfranken in Nordbayern eingewandert.

▷ **Unberührte Gebiete in den Elbauen waren das letzte Rückzugsgebiet des Bibers in Deutschland.**

Mecklenburg-Vorpommern
In Mecklenburg-Vorpommern wurden zwischen 1975 und 1978 insgesamt 28 Biber im Peenetal ausgesetzt. Eine weitere Wiedereinbürgerung von 11 Bibern erfolgte von 1990–1992 an der Warnow.[145] Weitere Vorkommen entstanden durch Zuwanderer: im Süden wanderten Biber aus Brandenburg, im Westen aus dem Elbebereich und im Osten aus Polen zu. Der heutige Bestand liegt bei etwa 2300 Tieren.

Niedersachsen / Bremen
In Niedersachsen gibt es mehrere Bibervorkommen durch Einwanderer entlang der Elbe (im Nordosten) und deren Zuflüssen (im Südosten) sowie an der Leine und an der Weser. An der Hase im Westen von Niedersachsen wurden 1990 acht Biber von der Elbe im Rahmen eines Forschungsprojektes der Universität Osnabrück erfolgreich ausgesetzt.[196] Der Gesamtbestand in Niedersachsen wird auf 700 Tiere geschätzt.

Bremen ist das einzige Bundesland, in dem es – bisher – keinen sicheren Bibernachweis gibt. Es ist aber nur eine Frage der Zeit, bis die ersten Tiere aus Niedersachsen ihren Weg nach Bremen finden.

Nordrhein-Westfalen
Die Rückkehr des Bibers nach Nordrhein-Westfalen erfolgte ab 1981 mit der Aussetzung von polnischen Bibern in der Eifel.[391] Nach anfänglich zögerlicher Entwicklung ist diese Population am Ausbreiten mit Abwanderern nach Rheinland-Pfalz und nach Belgien. Ein weiteres Vorkommen gibt es am Niederrhein an der niederländischen Grenze aus einer dortigen Wiedereinbürgerung im Gelderse Poort. Dieses Vorkommen wurde 2002 auf deutscher Seite mit der Auslassung von 14 Bibern von der Elbe verstärkt.[145] Das dritte Vorkommen liegt an der Lippe im Bereich Hamm in Zentral-NRW; daneben gibt es im Land verteilt einzelne Spuren. Der Gesamtbestand in Nordrhein-Westfalen wird auf über 1000 geschätzt (LANUV NRW, pers comm.).

Rheinland-Pfalz
In Rheinland-Pfalz war der Biber etwa um 1840 verschwunden. Überlegungen für eine aktive Wiedereinbürgerung in den 1990er Jahren wurden zurückgestellt, da eine selbstständige Einwanderung von Nachbarvorkommen zu erwarten war.[444] 2001 gab es das erste Vorkommen im Norden von Rheinland-Pfalz, vermutlich von Abwanderern aus Belgien. Der Bestand wuchs auf etwa 200 Tiere an, als ausgehend von einem überfahrenen Tier in Luxemburg und nach längeren Nachforschungen festgestellt wurde, dass sich auch Kanadische Biber in Rheinland-Pfalz befinden. Diese stammen von entkommenen Tieren aus dem Eifelzoo. Die kanadischen Biber werden gefangen und sterilisiert, so dass ihr Bestand wieder verschwinden wird, und Europäische Biber die Reviere übernehmen werden.

Saarland
Der letzte Bibernachweis aus dem Saarland stammt aus der Mitte des 19. Jahrhunderts. Die Wiedereinbürgerung der Biber erfolgte im Rahmen der Renaturierung des Flüsschens Ill. Die ersten 5 Biber von der Elbe wurden 1994 ausgesetzt.[100] Bis 2005 folgten weitere 63 Biber, die neben der Ill auch an Bist und Prims ausgesetzt wurden. Der Bestand wurde 2015 auf etwa 600 Tiere geschätzt.[280]

Sachsen
In Sachsen gab es keine Wiedereinbürgerung von Bibern. Die heutige Population stammt von Tieren, die aus der wachsenden autochthonen Populationen in Sachsen-Anhalt entlang von Elbe und Zuflüssen abwanderten.[145] Die ersten Tiere haben elbeaufwärts bereits die tschechische Grenze überschritten.[391] Der Biberbestand in Sachsen wird auf etwa 2000 Tiere geschätzt.

Sachsen-Anhalt
In Sachsen-Anhalt liegt die Kernpopulation der autochthonen Biber in Deutschland. Hier haben etwa 200 Tiere[146] an Elbe, Mulde, Schwarzer Elster und Saale die

Verfolgung durch den Menschen überlebt. Heute sind sie wieder weit entlang der Elbe und ihren Zuflüssen verbreitet. Der Bestand liegt bei etwa 3400 Tieren, davon etwa ⅓ im Biosphärenreservat Mittelelbe. Die Biberpopulation in Sachsen-Anhalt war auch Quellpopulation für Wiedereinbürgerungen in Deutschland (Brandenburg, Mecklenburg-Vorpommern, Niedersachsen, Saarland, Hessen, Nordrhein-Westfalen) und Europa (Niederlande, Dänemark, Belgien).[145]

Schleswig-Holstein / Hamburg

Der letzte Nachweis eines Bibers in Schleswig-Holstein stammt von 1840. Seit der erste Biber 1996 wieder auftauchte, erfolgt eine zunehmende natürliche Zuwanderung von Bibern entlang der Elbe in den Süden von Schleswig-Holstein. Der Bestand beträgt bisher nur einige Dutzend Tiere, ein paar davon in Hamburg.

Thüringen

In Thüringen galt der Biber bereits ab 1609[145] als ausgerottet. Ab 1995 wurden wieder erste Spuren von einzelnen zuwandernden Tieren gefunden, 2007 etablierte sich eine erste Ansiedlung.[195] Inzwischen beträgt der Bestand aus Nachkommen von Zuwanderern aus Bayern, Hessen und Sachsen-Anhalt etwa 350 Tiere.[281]

Österreich

Der letzte Nachweis eines Bibers in Österreich stammt von 1869 aus Anthering (Salzburg); im Osten wurde der letzte 1863 in Fischamend bei Wien erlegt. Zwischen 1976 und 1982 wilderte man in diesem Gebiet wieder 45 Biber, darunter auch einige kanadische aus.[199] Später wurden noch einige Tiere in Oberösterreich und an der Salzach nachgesetzt. Nach anfänglich langsamen Wachstum hat sich die Population gut ausgebreitet. Sie erstreckt sich heute über das ganze östliche Niederösterreich, donauaufwärts hat diese Population inzwischen Anschluss an die Biber an Inn und Salzach, die aus der Wiedereinbürgerung in Bayern abstammen. Dabei breitet sich die Population zunehmend von den größeren Gewässern und deren Restauen auch in kleinere Gewässer hinein aus.

Der Gesamtbestand in Österreich wurde 2019 auf über 8700 geschätzt.[171] Österreichische Auswanderer haben sich auch in Tschechien, in der Slowakei und in Ungarn angesiedelt. Die Kanadischen Biber sind, wie die Analyse von Totfunden und gefangenen Tieren zeigt, wieder verschwunden.[409]

Niederösterreich/Wien

In Niederösterreich erfolgte die Aussetzung von 45 Bibern zwischen 1976 und 1982.[199] Inzwischen ist die Donau durchgehend bis Niederösterreich sowie der Großteil ihrer Zuflüsse von Bibern besiedelt. Der Bestand wird 2018 auf 4900 Tiere geschätzt,[317] dazu etwa 340 in der Stadt Wien und im Donaunationalpark.[171]

Oberösterreich

1977 wurden einige Biber in der Ettenau im Bezirk Braunau ausgesetzt.[388] Die meisten der inzwischen flächendeckend vorkommenden über 800–1000[171] Biber stammen jedoch von Einwanderern entlang der Donau vom Osten aus Niederösterreich und vom Westen aus Bayern sowie aus Abwanderern aus dem Inn entlang der Grenze.

Steiermark

Etwa 2000 wurden die ersten Biber in der Steiermark beobachtet. Biber wanderten im Südosten entlang der Rab aus Ungarn und über die Mur aus Slowenien ein,[203] im Norden kamen sie entlang der Enns. Der Bestand wurde 2019 auf 600 Tiere geschätzt.[202]

Kärnten

Nach Kärnten wanderten Biber aus Slowenien über die Drau ein, die ersten Biberspuren wurden 2004 an der Drau gefunden.[325] Bis 2019 hatten sich die Biber auf 660 Tiere vermehrt.

Burgenland
Die Biber im Burgenland stammen im Wesentlichen von Einwanderern aus der ungarischen Wiedereinbürgerung ab. Der Bestand lag 2017 bei etwa 430 Tieren.[439]

Vorarlberg
Biber sind, nach 350 Jahren Abwesenheit, 2006 wieder über den Bodensee aus der Schweiz nach Vorarlberg eingewandert. Der Bestand liegt derzeit bei etwa 110 Tieren.

Tirol
Die ersten Tiroler Biber kamen, nach Abwesenheit seit 1813 Ende der 1990er über den Inn aus Bayern. Der Inn ist inzwischen durchgehend besiedelt. Seit einigen Jahren ist der Biber bis in den schweizerischen Inn vorgedrungen. Der Bestand wird auf 475 Tiere geschätzt.

In Osttirol wurde nach über 400 Jahren 2016 der erste Biber an der Grenze zu Kärnten gefunden.[94]

Salzburg
1869 wurde der letzte Biber in Salzburg erlegt. 1983 setzte der Österreichische Naturschutzbund ein Pärchen aus. Weitere Tiere wanderten entlang des Inns aus Oberösterreich und Bayern ein. Der Bestand 2020 wird auf etwa 250 Tiere geschätzt.

Schweiz

Die letzten Nachweise von Bibern in der Schweiz stammen von Anfang des 19. Jahrhunderts aus den Kantonen Luzern, Wallis und Waadt.[426] Zwischen 1956 und 1977 wurden in verschiedenen Kantonen 141 Tiere aus Frankreich, Norwegen und Russland ausgesetzt.[9, 426] Die Aktionen gingen vor allem auf die Initiativen einzelner Naturfreunde zurück, was dazu führte, dass die jeweiligen Aussetzungen meist nur wenige Tiere umfassten und örtlich weit voneinander entfernt waren. Deshalb entwickelte sich die Biberpopulation zunächst kaum: 1978 wurde die Population auf 130 Tiere geschätzt; hatte also nur die Verluste ausgeglichen und sich nicht vermehrt und ausgebreitet.[426] Anfang der 1990er Jahre wurde der Bestand auf 350 Tiere geschätzt.[338] 2000 nahmen Bestände rasch zu. 2008 waren es bereits 1600 Tiere.[9] Heute leben über 3500 Biber in der Schweiz.[32a] Außer im Kanton Tessin sind in allen Gewässereinzugsgebieten wieder Tiere zu finden. Die Hauptvorkommen liegen im Süden um den Genfer See, entlang der Rhone im Wallis, in der Westschweiz im Bereich Neuenburger See, Bieler See und Aare sowie in der Nordschweiz an Aare, Thur und Rhein. Seit 2008 leben Biber auch im Einzugsgebiet des Inn mit dem höchsten Bibervorkommen Europas.

Belgien

In Belgien wurden Biber 1848 ausgerottet. Ab etwa 1990 gab es einzelne Tiere, die aus der Eifel nach Belgien eingewandert waren. Die Wiedereinbürgerung der Biber begann im Herbst 1998 mit einer Biberfamilie aus dem Elbebereich, die in Wallonien ausgebürgert wurde. Bis 2000 folgten dann 100 weitere Biber aus Bayern, und nochmals 41 wurden 2003 in Flandern im Norden ausgesetzt.[443, 445] Der heutige Bestand liegt bei etwa 2400 Tieren. Einzelne Kanadische Biber, die aus Rheinland-Pfalz zugewandert waren, wurden der Wildbahn wieder entnommen.

Bulgarien

In Bulgarien sind Biber um die Mitte des 19. Jahrhunderts verschwunden. Eine geplante Wiedereinbürgerung[402] fand nicht statt. Im Frühsommer 2021 ist der erste Biber an der Donau in Nordostbulgarien aufgetreten, ein Nachkomme aus der rumänischen Aussetzung am Ialomita.

Bosnien-Herzegowina

Die vermutlich ersten Biber in Bosnien-Herzgowina wanderten von der Save aus der kroatischen Biberpopulation ein. Die Einbürgerung mit Bibern aus Bayern fand, ausgehend von einer Initiative eines hessischen Försters, 2005 und 2006 mit jeweils 20 Tieren sowohl in christlichen als auch im muslimischen Teil des Landes statt. Zur Feier der Biber gab die Postverwaltung eine eigene Biberbriefmarke aus. Inzwischen hat sich die Population auf etwa 140 Exemplare vermehrt.[438]

China/Mongolei

Im chinesisch-mongolischen Grenzgebiet hat eine autochthone Biberpopulation in einem abgelegenen Gebiet überlebt. Dank Unterschutzstellung und einiger Umsiedlungen ist der Bestand wieder auf etwa 800 Tiere angewachsen.

In die Mongolei wurden 2012 weitere Biber aus Bayern und aus Russland importiert. Da die Einfuhr wegen der großen Entfernungen sehr aufwendig ist, werden die Tiere in einer Zuchtstation, die der russischen in Woronesch nachgebaut ist, vermehrt. Die Nachkommen werden dann ausgebürgert. Sie sollen mit ihren Dämmen und Biberseen bei der Gewässerreinigung helfen.

Dänemark

In Dänemark wurden Biber schon vor etwa 1000 Jahren ausgerottet.[13] 1999 begann, nach mehrjähriger Vorbereitung, die Wiedereinbürgerung. 18 Biber von der Elbe wurden im Nordwesten Dänemarks auf einem Gebiet in Staatsbesitz freigelassen. Weitere 23 Biber folgten 2008–2010 im See Arresø: Bis heute ist die Population auf über 200 Biber[434] angewachsen.

▷ Biberzuchtstation Woronesch in Russland, von wo auch Biber in Westeuropa ausgesetzt wurden.

Großbritannien

Biber waren in England bereits im 12. Jahrhundert ausgerottet worden, in Schottland hatten sie bis ins 16. Jahrhundert überlebt.[361] 2009 wurden, nach langer Diskussion, 19 norwegische Biber im schottischen Argyl ausgelassen. Gleichzeitig tauchten im Osten des Landes immer mehr Biber auf, die aus Gehegen ausgebrochen waren oder freigelassen wurden. In England leben zahlreiche Biber unbekannter Herkunft, obwohl es bisher nur wenige Auslassungsgenehmigungen für den River Otter im Südwesten gibt. Das wohl älteste Bibervorkommen gibt es in Kent. In Wales sind Biber in mehreren Flüssen aufgetaucht. Insgesamt dürften auf der Insel etwa 1000 Biber leben, davon gut die Hälfte in Schottland.

Estland

In Estland waren Biber 1841 ausgerottet worden. Die Wiedereinbürgerung begann 1957. Es wurden 5 Biberpaare aus Weißrussland im Nordosten des Landes ausgesetzt. Im Süden wanderten Biber aus Russland ein. Aus dieser Population wurden später 115 Biber in andere Gebiete Estlands umgesetzt.[20] Der Bestand liegt heute bei etwa 18000 Tieren.

▷ Die Zweiteilung des Felles ist gut sichtbar. Die langen Grannenhaare über der Unterwolle leiten das Wasser ab.

Finnland

Der letzte Bibernachweis aus Finnland stammt von 1868. Zwischen 1935 und 1937 wurden 17 Europäische und 7 Kanadische Biber ausgesetzt.[210] Seitdem ist der Gesamtbestand auf etwa 20 000 Tiere angestiegen, darunter etwa 4000 Europäische Biber. Im Norden Finnlands erreicht ein Teil der kanadischen Population die Population europäischer Biber in Schweden. Auch ins russische Karelien sind Kanadische Biber eingewandert. Die Biber in Finnland werden bejagt. Ein Ziel der Bejagung ist es, die Verbreitung der Kanadischen Biber einzuschränken.

Frankreich

In Südfrankreich hatte eine kleine Population von etwa 30 Bibern an der Rhone überlebt. Sie war die Quelle für die knapp 30 Umsetzungen, die in Frankreich stattgefunden haben. Biber wurden wieder eingebürgert an der Loire, an der Garonne, im Elsass, in der Bretagne und in Lothringen. Der Bestand in Frankreich wird auf mehr als 20 000 Tiere geschätzt.[37, 181, 364, 363; N6]

Italien

Biber verschwanden aus Italien bereits gegen Ende des 15. Jahrhunderts. Seit 2018 tauchten, nach über 500 Jahren, wieder mindestens zwei Biber im Grenzgebiet zu Slowenien und Österreich auf. Vermutlich Abwanderer aus der dortigen, urprünglich aus Bayern stammenden Population. Seit 2021 gibt es auch Biber in der Toskana, wohl aus einer unbekannten Aussetzung.

Kasachstan

In Kasachstan gehen die Biber auf Wiedereinbürgerungen von 1963 bis 1986 zurück. Der Bestand wird auf 5500 geschätzt.[125]

Kroatien

Biber waren in Kroatien im 19. Jahrhundert ausgerottet worden. Von 1996 bis 1998 wurden 85 Biber aus Bayern an der Save und an der Drau freigelassen.[397] Die Wiedereinbürgerung war erfolgreich, der Bestand wird heute auf mehrere Tausend[118] Tiere geschätzt. Abgewanderte Biber haben inzwischen Vorkommen in Ungarn, Bosnien-Herzegowina und in Slowenien (von dort aus weiter in die Steiermark und Norditalien) gebildet.

Lettland

Der letzte Biber in Lettland wurde 1871 oder 1873 erlegt.[19] Die Wiedereinbürgerung begann 1927 mit zwei Biberpaaren, ein weiteres Paar folgte 1935, fünf Paare 1952. Von 1974 bis 1984 wurden 145 Biber innerhalb des Landes umgesiedelt. Der heutige Bestand wird auf über 150 000 Tiere geschätzt, die zu einem geringen Teil auch jagdlich genutzt werden.[125, 310]

Liechtenstein

Nach mehreren Jahrhunderten Abwesenheit sind Biber 2006 wieder ins Alpenrheintal und nach Liechtenstein vorgedrungen.[94] Der Bestand liegt bei etwa 50–60 Tieren.

Litauen

Biber wurden in Litauen erst 1938 ausgerottet. Bereits Anfang der 1940 Jahre wanderten wieder Biber aus dem benachbarten Russland in den Süden des Landes ein.[441] Von 1947 bis 1959 wurden dann 78 Biber in 5 Gebieten ausgelassen. Der Gesamtbestand wird heute auf 120 000 Tiere geschätzt.[442]

Luxemburg

In Luxemburg sind die Biber vermutlich im 18. Jahrhundert verschwunden. Im Jahr 2000 wurden wieder die ersten Biberspuren festgestellt, wahrscheinlich von einem Tier, das aus Belgien abgewandert war.[378] Inzwischen sind etwa 40 Vorkommen mit knapp 150 Tieren bekannt.[377] Da auch immer wieder Kanadische Biber, deren Vorfahren aus einem Zoo in der Eifel stammen, auftauchten, wurden diese mit Haarfallen[376] nachgewiesen und aus der Population entfernt.

Moldawien

In Moldawien wurde im Frühsommer 2021 der erste offizielle Biber an der Pruth, dem Grenzfluss zu Rumänien gefunden. Es handelt sich um einen Nachkommen der am Ialomita ausgesetzten Biber.

Niederlande

In den Niederlanden waren Biber 1826 ausgestorben. Die Wiedereinbürgerung begann 1988 im Biesbosch, wo bis 1991 42 Elbebiber ausgelassen wurden.[300] Im Gelderse Poort an der Grenze zu Deutschland erfolgten von 1994 bis 1998 weitere Freilassungen von 43 Tieren.[145] Eine dritte Population wurde 2002 mit der Auslassung von 10 Bibern an der Maas begründet. In Flevoland entkamen 1990 Biber aus einem Gehege und haben sich erfolgreich in freier Wildbahn angesiedelt.[117] Der niederländische Gesamtbestand an Bibern wird auf knapp 4000 geschätzt.[125]

Norwegen

In Südwest-Norwegen hatte eine kleine Population von etwa 100–200 Bibern die Verfolgung durch den Menschen überlebt. Heute liegt der Bestand wieder bei etwa 80 000 Tieren, weiter zunehmend.[315] Dies liegt sowohl am Anwachsen der überlebenden Restpopulation als auch an zahlreichen Umsetzungen innerhalb Norwegens zwischen 1925 und den 1970er Jahren sowie am Einwandern von schwedischen Bibern nach Ost-Norwegen, vor allem seit 1975.[85] Die norwegische Biberpopulation wird jagdlich genutzt, befindet sich aber nach wie vor in Ausbreitung nach Norden und Westen.[86]

Polen

In Polen hatte eine kleine Biberpopulation im Osten des Landes überlebt. Durch die Westverschiebung Polens waren die Biber dann nach 1945 aus Polen verschwunden. In den nachfolgenden Jahren wanderten die ersten Biber wieder aus Litauen ein. Die Wiedereinbürgerung begann ab 1948 mit einigen Paaren.[85] Von 1975 bis 1986 wurden über 250 weitere Biber an der Weichsel und der Oder freigelassen. Daneben gab es zahlreiche Zuwanderungen aus Litauen und Weißrussland. Seit Mitte der 90er Jahre werden Biber in den Süden des Landes umgesetzt. Der Gesamtbestand wird auf über 120 000 Biber geschätzt.

Rumänien

In Rumänien waren Biber Anfang des 19. Jahrhunderts ausgerottet worden.[178] Die Wiedereinbürgerung begann 1998 am Olt bei Brasov. Bis 2003 wurden 164 Biber ausgesetzt. 2002 wurde eine weitere Population mit 57 Bibern in Westrumänien am Mures begründet und 2003 wurden 34 Biber in Ostrumänien am Ialomita ausgesetzt. Von dort aus haben sie inzwischen das Donaudelta, Moldawien und Bulgarien erreicht. Weitere Ausbürgerungen in den südlichen Karpaten sind geplant. Der Gesamtbestand in Rumänien wird auf etwa 2200 Tiere geschätzt.[311]

Russland

In Russland überlebten insgesamt einige Hundert Biber, verteilt auf mehrere Vorkommen. Von 1927 bis in die 1970er Jahre wurden über 15 000 Biber umgesetzt.[371] Mit über 700 000 Tieren sind Biber heute wieder über weite Teile Russlands verbreitet.[125] Darunter befinden sich auch Reliktvorkommen östlich des Urals in Sibirien.

Neben europäischen Bibern gibt es in Russland auch noch Vorkommen Kanadischer Biber: Im fernen Osten wurden Biber am Amur und in Kamtschatka ausgesetzt. In Karelien wanderten Kanadische Biber aus Finnland ein. Der Bestand wird auf 13 000 geschätzt.[73]

Schweden

Die Wiedereinbürgerung des 1871 ausgerotteten Bibers in Schweden begann 1922. Bis 1940 wurden etwa 80 Biber an 19 verschiedenen Stellen ausgesetzt.[134] Nach anfänglich langsamem Wachstum ist die Population auf jetzt über 130 000 Exemplare angewachsen. Die Biberpopulation in Schweden wird jagdlich genutzt, breitet sich aber nach wie vor aus.[125, 134]

Serbien

In Serbien tauchte im Herbst 1998 ein Biber auf, der im Frühjahr 1998 in Ungarn ausgesetzt worden war.[59] Dieser Biber war Anlass für ein Wiedereinbürgerungsprojekt, das nach mehrjähriger Vorbereitung im Frühjahr 2004 mit der Aussetzung von 30 Bibern in Zasavica, einem Naturschutzgebiet an der Save, begann. Im Herbst 2004 wurden nochmals 20 Biber in Obeska Bara ebenfalls an der Save ausgesetzt. Mit weiteren 20 Bibern wurde das Projekt im Frühjahr 2005 abgeschlossen. Heute wird der Bestand auf etwa 600 Exemplare geschätzt.

Slowakei

1851 verschwanden die letzten Biber der Slowakei. Erste Spuren von eingewanderten Bibern aus Österreich wurden 1976 gefunden. Im Nordosten des Landes wanderten Biber aus Polen ein im Südosten aus Ungarn. Der Gesamtbestand wird auf über 1500 Tiere geschätzt.

Slowenien

In Slowenien sind Biber aus Kroatien über die Drau auf natürlichem Weg eingewandert.[120] Der Bestand beträgt inzwischen mehrere Hundert Tiere. Die ersten Exemplare sind mittlerweile nach Kärnten in Österreich weitergewandert.[115]

Spanien

Die letzten Hinweise auf Biber in Spanien stammen aus dem 18. Jahrhundert. Die Wiedereinbürgerung erfolgte 2003 mit 18 Bibern, die am Aragon in der Provinz Navarra freigelassen wurden.[395] Die Aussetzung erfolgte durch eine Naturschutzorganisation, offensichtlich ohne Genehmigungen. Trotz einzelner Abschüsse aufgrund des unklaren Rechtsstatus, hat sich die die Population ausgebreitet und auf etwa 600 vermehrt;[125] ein Tier wurde 2018 im Südwesten Frankreichs festgestellt.

Tschechische Republik

In Tschechien waren die Biber bereits im 17. Jahrhundert verschwunden. Seit Anfang der 1990er Jahre wandern im Nordosten Biber entlang der Elbe zu.[446] Im Südosten sind zum einen seit den 1980er Jahren Biber aus Österreich über die Morava eingewandert, zum andern wurden Anfang der 1990er 20 Biber in der Nähe von Olomouc ausgesetzt.[204] Weitere Einwanderer gibt es seit 1996 im Nordosten aus Polen und seit Anfang der 1990er im Südwesten aus Bayern.[204] Der Bestand wird aktuell auf über 6000 geschätzt.[125]

Ukraine

In der Ukraine hatte eine kleine Biberpopulation im Grenzbereich zu Weißrussland überlebt. Daneben wurden im Rahmen von Wiedereinbürgerungen zur Zeit der Sowjetunion eine größere Zahl Biber ausgesetzt. Weitere Biber wanderten aus Weißrussland und Russland zu. Der Bestand wird auf 35.000 geschätzt.[125]

Ungarn

Biber waren in Ungarn 1865 ausgerottet worden. Inzwischen gibt es wieder mehrere Vorkommen. Im Nordosten sind Biber seit den späten 1980er Jahren entlang der Donau aus Österreich in den Bereich Szigetköz eingewandert.[43] Weiter südlich, im Ferto-Hansag-Nationalpark wurden ab dem Jahr 2000 Biber ausgesetzt. An der Drau im Südosten gibt es ein Vorkommen, das von Bibern aus Kroatien abstammt. Im Gemenc-Nationalpark in Südungarn wurden von 1996 bis 1998 und 2004 insgesamt etwa 50 Biber ausgesetzt. Weitere Aussetzungen erfolgten von 2001 bis 2008 in mehreren Gebieten an der Theiss.[43] Der Gesamtbestand in Ungarn liegt derzeit bei etwa 5000 Tieren.[14]

Grey Owl – Anwalt für Biber und Wildnis

Archie Belarnie, ein Engländer aus Hastings, wanderte mit 17 Jahren nach Kanada aus, um dort seinen Traum vom Leben in der Natur zu erfüllen. Vom Stamm der Ojibway wurde er wie ein Bruder aufgenommen. Über die Liebe zu Anahareo, einer Indianerin, entwickelte er sich vom Trapper zum Natur- und Biberschützer. Er erlebte die Zerstörung der letzten Biberbestände und die Rodung und Zerstörung der letzten Wildnis. Seine Vorträge und Bücher warnten eindringlich vor dem Verlust des Naturerbes, vor dem Verlust von Erhabenerem, als es Menschen zu schaffen vermögen. In den 1930er Jahren erreichte er ein Millionenpublikum, wurde in England von König Georg VI. empfangen und seine Werke in zahlreiche Sprachen übersetzt. In einer Zeit, die nur an Boom und Wirtschaftswachstum dachte, hatte er eine andere, klare Botschaft für die Welt: Der vermeintliche Fortschritt ist das nicht wert, was er kostet, an Heimat und an wildem, freiem Leben. Seine Popularität machte ihn zu einer wichtigen und einflussreichen Persönlichkeit im Naturschutz weltweit. Ihm zu Ehren errichtete man nach seinem Tod im Prince Albert National Park in Kanada in seiner Hütte ein kleines Museum, die sogenannte „Biberburg“.
Die Figur von „Grey Owl“ und seine Botschaft hat bis heute nichts an Aktualität eingebüßt. Als Mahner für einen anderen Umgang mit Natur und Kreatur hat ihm Richard Attenborough einen gleichnamigen Film gewidmet, der 1999, also 51 Jahre nach seinem Tod, in die Kinos kam. Bis heute sind auch seine Bücher selbst in Deutsch erhältlich beim Lamuv-Verlag in Göttingen.

Biberbestände in Eurasien[125]

Land	Ausrottung	Wiedereinbürgerung, Umsetzung	Anmerkung	geschätzter Bestand
Belgien	1848	1998–2003		2200–2400
Bosnien und Herzegowina	o. A.	2005–2006	Auch Einwanderung aus Kroatien	140
Bulgarien	19 Jhd.		Einwanderung aus Rumänien	1
Dänemark	um 1000	1999		> 200
Deutschland	überlebt	1936–40, 1966–2003	in verschiedenen Bundesländern	35 000
Großbritannien	12. Jh.	geplant	in Schottland evtl. bis 16. Jh. überlebt	ca. 150
Estland	1841	1957	auch Umsetzungen innerhalb von Estland	18 000
Finnland	1868	1935–37, 1995	plus 19 000 Kanadische Biber	3000–4500
Frankreich	überlebt	1959–95		>14 000
Kasachstan	o. A.		Einwanderung aus Russland	5500
Kroatien	1857	1996–98		> 2500
Lettland	1830er	1927, 1935, 1952	1975–1984 Umsetzung innerhalb Lettlands	> 120 000
Litauen	1938	1947–59	auch Einwanderung aus Russland	> 121 000
Luxemburg	o. A.		Einwanderer aus Belgien und Deutschland	150
Mongolei und China	überlebt	1959–85		ca. 800
Niederlande	1826	1988–2003		ca. 3800
Norwegen	überlebt	1925–32, 1952–65		> 80 000
Österreich	1869	1970–90		8700
Polen	1844	1948–49, 1975–86	auch Einwanderung aus Litauen	> 124 000
Rumänien	1824	1998–2003		ca. 2200
Russland	überlebt	1927–33, 1934–41, 1946–64	auch Kanadische Biber in Karelien und Ostsibirien	ca. 650 000
Schweden	1871	1922-39		130 000
Schweiz	1820	1956–77		> 3500
Serbien	1840er	2004		240
Slowenien	o. A.		Einwanderung aus Kroatien ab 1999	300–400
Slowakei	1851		Einwanderung aus Österreich und Polen	> 9000
Spanien	1750er	2003	Ebro/Aragon	450–650
Tschechische Republik	17. Jh.	1991–92, 1996	Einwanderungen aus Deutschland und Österreich, Wiedereinbürgerungen	> 6000
Ukraine	überlebt			35 400
Ungarn	1865	1980–2004	Einwanderer aus Österreich und Kroatien, Wiedereinbürgerungen	ca. 18 000
Weißrussland	überlebt			ca. 51 000

Quellen: siehe Text

Weißrussland

In Belorussland hatten Biber in kleinen Beständen in den Pripet-Sümpfen an der Grenze zur Ukraine und zu Russland überlebt. Inzwischen leben in Weißrussland wieder etwa 50 000 Biber.[125]

Nordamerika

In Nordamerika fanden in den ersten Jahrzehnten des 20. Jahrhunderts zahlreiche Wiedereinbürgerungen von Bibern in fast allen Bundesstaaten statt. In abgelegeneren Gebieten wurden Biber vom Flugzeug aus in Holzkisten mit Fallschirmen abgeworfen, sogenannte Parabeavers (siehe Bild rechts). Entweder ging die Kiste nach der Landung auf – oder sie mussten sich freinagen. Die Aktionen waren erfolgreich: Biber kommen heute nicht nur in der abgelegenen Wildnis Alaskas oder Kanadas vor, sondern auch inmitten von Millionenstädten. Die Gesamtverbreitung des Bibers entspricht, natürlich mit Lücken derjenigen vor der fast vollständigen Ausrottung. Der Bestand wird auf 6–40 Millionen geschätzt.[274, 305]

Südamerika

In Südamerika war der Biber ursprünglich nicht heimisch. 1946 wurden jedoch 25 Pärchen kanadischer Biber auf Feuerland ausgesetzt; Ziel war es, eine Population für die Nutzung von Pelzen zu schaffen. Durch den weltweiten Zusammenbruch der Pelzpreise kam es jedoch nicht dazu. Die Biber kommen mit ihrer neuen Heimat hervorragend zurecht, der Bestand wird auf bis zu 150 000 geschätzt.

Problematisch ist hier der Einfluss der Biber auf die Südbuchenwälder: da nie Biber vorkamen, haben sich die Gehölze nicht an Biberfraß anpassen können. Gefällte Gehölze treiben nicht mehr aus. Das Ergebnis sind größere „Kahlschläge“ durch Biber.[128] Anderseits begrüßen manche Rinderzüchter die Wasserrückhaltung, von der auch ihre Tiere profitieren.

▷ **In Nordamerika wurden in entlegenen Gebieten mit Fallschirmen Biber in Kisten ausgesetzt.**

RECHTLICHER STATUS

In den meisten europäischen Staaten, in denen der Biber heute wieder vorkommt, unterliegt er einem strengem Schutz. Die EU regelt den Schutz des Bibers in der sogenannten Fauna-Flora-Habitat (FFH)-Richtlinie, die von den Ländern in nationales Recht überführt wurde.[92] Der Biber ist in den Anhängen II und IV der Richtlinie aufgeführt. Er ist damit eine Art, die europaweit von „gemeinschaftlichem Interesse“ ist. Die Mitgliedsländer haben sich auch verpflichtet, den Biber nicht nur zu schützen, sondern ihn und seine Lebensräume aktiv zu sichern und zu fördern, z. B. im Rahmen von Natura 2000-Gebieten. Ausnahmen gibt es in Ländern mit hohen Biberpopulationen, wie z. B. Schweden oder Lettland, mit Beständen von über 100 000 Tieren.

Deutschland

In Deutschland wurden die EU-Vorgaben im Rahmen des Bundesnaturschutzgesetztes umgesetzt. Der Biber ist dabei nicht nur als eine „besonders geschützte“ Art, sondern sogar als „streng geschützt“ eingestuft. Der Schutz verbietet nicht nur, die Tiere zu verfolgen oder zu töten, sondern auch ihre Baue und Dämme zu zerstören. Ebenso verboten ist die Verwertung und Vermarktung.

Von den Verboten (§44 BNatSchG) sind jedoch Ausnahmen (§45 BNatSchG) möglich. So dürfen z. B. mit Genehmigung Biber zu Lehrzwecken präpariert, Biberdämme entfernt oder Biber zur Abwehr von erheblichen Schäden gefangen und getötet werden. Neben Einzelgenehmigungen ist auch eine Rechtsverordnung für gleichgelagerte Fälle (z. B. Kläranlagen) möglich. Eine solche allgemeine Ausnahmeverordnung (AAV) wurde 2008 zuerst in Bayern, später dann auch in anderen Bundesländern erlassen. Die Voraussetzungen sind jedoch die gleichen wie bei den Einzelgenehmigungen, das Ganze ist bestenfalls eine Verwaltungvereinfachung. Im Gegensatz zur detaillierteren Einzelgenehmigung ist die Ausnahmeverordnung relativ allgemein gehalten und verlangt mehr Rechtskenntnisse, um sich nicht strafbar zu machen. Für die Einzel-Ausnahmegenehmigungen sind die Naturschutzbehörden in den Bundesländern zuständig.

Der strenge Schutz und die damit verbundenen Verbote und begrenzten Ausnahmemöglichkeiten blieben auch dann bestehen, wenn, wie manchmal gefordert, der Biber wieder in das Jagdrecht überführt würde, dem er in Westdeutschland bis 1976 unterlag. Es gibt entgegen der Meinung Vieler keine Verpflichtung des Jägers, für Biberschäden zu zahlen, da der Biber nicht in der Liste der Arten steht, für die ein Schadensersatz zu zahlen ist. In der ehemaligen DDR war der Biber ab 1954 als „vom Aussterben bedrohte" Art dem Naturschutzrecht unterstellt.

Österreich

In Österreich unterliegen Biber, je nach Bundesland, dem Naturschutz- oder, historisch bedingt, dem Jagdrecht. Es gelten aber auch dort die gleichen strengen europäischen Schutzvorschriften. Auch hier werden Ausnahmen nur im Zuge einer Einzelfallprüfung genehmigt.

Schweiz

In der Schweiz ist der Biber seit 1962 im eidgenössischen Jagdgesetz (JSG) geschützt und seine Bauten über das Natur- und Heimatschutzgesetz (NHG). Ein eigens erarbeitetes bundesweites Konzept, das von den einzelnen Kantonen umgesetzt wird, koordiniert den Schutz und das Management der Biber.[48] Eingriffe in die Biberpopulation, z. B. durch Wegfang, werden nur in Ausnahmefällen genehmigt. Einzelne Tiere dürfen nur entnommen werden, wenn bereits ein Schaden entstanden ist. Ganze Familien dürfen entnommen werden, wenn die Biber Infrastrukturanlagen in öffentlichem Interesse gefährden, also noch bevor ein Schaden entsteht. Eingriffe an Biberdämmen und Biberbauen dürfen nur nach einer umfassenden Interessenabwägung mit einer kantonalen Verfügung (Bewilligung) durchgeführt werden. Negative Auswirkungen auf den geschützten Biberlebensraum müssen kompensiert werden.

Jagdliche Nutzung

Eine reguläre jagdliche Nutzung des Bibers gibt es nur in Skandinavien, in Russland und im Baltikum.

BIBERKONFLIKTE UND LÖSUNGEN

Die landschaftsgestaltenden Aktivitäten des Bibers wurden oben ausführlich dargestellt. So positiv diese Lebensraumgestaltung aus Sicht des Naturschutzes ist, so konfliktträchtig kann sie in der intensiv genutzten Kulturlandschaft sein.[87, 171, 238]

BIBERKONFLIKTE

Fressen von Feldfrüchten

In Bereichen, in denen Landwirtschaft oder Gemüsebau bis an die Gewässer reichen, stellen sich die Biber schnell auf die neue Nahrung ein. Bevorzugte Feldfrüchte sind Zuckerrüben, Mais, Getreide und Raps. Einzelne Biber nutzen auch Gemüse wie Rote Bete, Kohl, Möhren und Sellerie. Kartoffeln stehen kaum auf dem Speiseplan.

Der wirtschaftliche Schaden durch die gefressenen Feldfrüchte liegt meist deutlich unter 100 €. Ausnahmen gibt es beim Fraß von Gemüse, das als Sonderkultur hochpreisig ist, oder wenn Biber Feldfrüchte auch für den Winter bevorraten. Auch frühzeitiges Fressen einer Feldfrucht kann zu höheren Schäden führen, wenn mehrere kleine Zuckerrüben statt einer großen genommen werden oder wenn im Rapsfeld auf von Bibern frei gefressenen Flächen Wildkräuter wachsen und ein ganzer Streifen nicht mehr wirtschaftlich gedroschen werden kann.

Dass die Fraßschäden in der Regel begrenzt sind, hat zwei Gründe. Zum einen ernten Biber meist nur so viel, wie sie auch tatsächlich fressen; zum anderen ist durch ihr Revierssystem die Zahl der Biber, die einen Acker nutzen, auf eine Familie begrenzt.

Problematischer als der Fraßschaden selbst können Begleiterscheinungen sein. Wenn Biber Ackerflächen regelmäßig nutzen, kommt es meist zu vermehrten Grabaktivitäten mit der Gefahr, dass Maschinen in die Röhren einbrechen. Wenn möglich, erleichtern sich Biber den Zugang zu Feldern durch Biberdämme in Entwässerungsgräben und können so größere Ackerflächen vernässen.

Fällen von Gehölzen

Auch mit ihrem Erwerb von Winternahrung können Biber in der

▷ Häufige Konflikte mit Bibern in der Kulturlandschaft: überstauter Wald (links oben), gefällte Anpflanzung unmittelbar am Ufer (rechts oben), eine Biberröhre im Deich eines Fischteiches (links unten) und Fraß an Zuckerrüben (rechts unten).

Kulturlandschaft Probleme verursachen.

Biber nutzen zwar vorwiegend Weichlaubhölzer wie Weiden und Pappeln, die allenfalls als Hackschnitzel einen wirtschaftlichen Wert haben, sie fällen aber auch wirtschaftlich wertvolle Arten, wie Ahorn oder Eschen. Konfliktträchtig ist auch, wenn sie Fichten, Tannen, Buchen oder Eichen, auch in dickeren Stärken nur schälen und so zum Absterben bringen.

Wo der Mensch nach einer Flurbereinigung nur einen schmalen Gehölzstreifen oder einzelne Bäume am Gewässer hinterlassen hat, springt ein gefällter Baum als deutlich sichtbare Lücke sofort ins Auge. Fällt er Obstbäume oder Ziersträucher, kommt es zum Ärger mit Gartenbesitzern.

Auch bei Gehölzen gilt, dass der eigentliche Schaden am Baum meist geringer ist als mögliche Folgekonflikte. Bäume können auf Zäune, Stromleitungen, Gebäude, Straßen, Eisenbahngleise oder Fahrzeuge fallen und so Kosten verursachen, die weit über dem Wert des Baumes liegen. In kleineren Gewässern liegende Bäume behindern gelegentlich den Wasserabfluss so, dass Ufer ausgespült werden und abbrechen. Problematisch sind auch im Wasser treibende Bäume oder Äste für kleine Wasserkraftwerke.

Muss man gefällte Bäume entfernen, bedeutet dies einen erhöhten Arbeitsaufwand und Kosten.

Weitere Konfliktaspekte sind eher psychologischer Natur. So der Neid, dass der Biber darf, was dem Menschen verboten ist (ohne Genehmigung Bäume fällen), oder wenn die Landschaft wegen der gefällten und herumliegenden Bäume „nicht mehr ordentlich ausschaut". Es kommt auch immer wieder vor, dass sich seit Jahren unbeachtetes „Gestrüpp" plötzlich in ein wertvolles Gehölz verwandelt, sobald der Biber daran nagt.

Grabaktivitäten

Problematisch sind die Grabaktivitäten des Bibers überall dort, wo sie unter Nutzflächen (Wege, Landwirtschaft, Siedlungsbereiche) stattfinden und Fahrzeuge oder Menschen in Röhren einbrechen können. Biberröhren können Dämme aufgesattelter Fließgewässer oder von Fischteichen und Kläranlagen so schwächen, dass sie brechen und das auslaufende Wasser die anliegenden Flächen überschwemmt.

Wechselt der Biber regelmäßig vom Wasser in einen Acker, kann es zu Schäden an der Uferböschung kommen. Es können richtige Kanäle entstehen, die im Randbereich eines Ackers dann die Ernte erschweren oder das Befahren mit einer Erntemaschine ganz unmöglich machen.

Die Wechsel bieten auch einen Angriffspunkt für das Wasser, wodurch es zu Ausspülungen kommen kann. Dies führt zu Mehraufwendungen beim Unterhalt von Entwässerungsgräben, bei denen das eingetragene Erdreich ausgebaggert und vom Biber beschädigte Grabenbefestigungen ersetzt werden müssen.

Dammbauaktivitäten

In der Kulturlandschaft fallen durch Biberdämme überflutete oder vernässte Flächen für die land- und forstwirtschaftliche Nutzung aus. Auch auf eigentlich nicht betroffenen Flächen kann die Nutzung beeinträchtigt werden, wenn zum Beispiel die Zufahrtswege dorthin überstaut werden, oder eine Fläche durch den erhöhten Grundwasserstand nicht mehr befahrbar ist.

Die durch erhöhten Wasserstand durchnässten Ufer an Gräben brechen leichter ab, der Unterbau von Wegen, Straßen und Bahngleisen im Staubereich kann ebenfalls gefährdet sein. Der Rückstau eines Biberdamms kann auch in Drainageröhren, Oberflächenentwässerungen von Siedlungen sowie in Kläranlagen den Wasserabfluss beeinträchtigen und zu Schäden führen.

Neben dem eigentlichen Dammbau verstopfen Biber oft auch Durchlässe und Röhren unter Wegen und Straßen, sowie die Mönche von Fischteichen.

Biber in Fischzuchtanlagen

Die Beunruhigung von Fischen in Winterungsteichen stellt ein spezielles Problem bei Fischzuchtanlagen dar. In diesen Teichen werden Fische in hoher Dichte über den Winter gehalten. Die Aktivitäten des Bibers können dazu führen, dass die Fische in der Winterruhe gestört werden, Gewicht verlieren und es zu Fischverlusten kommt.[383]

Naturschutzkonflikte

Es kommt in Einzelfällen auch vor, dass eine Biberaktivität eine andere, seltene Tier- oder Pflanzenart oder -gemeinschaft beeinträchtigt. Dies liegt daran, dass der Mensch diese Tiere und Pflanzen fast bis zur Vernichtung beseitigt hat – und die jetzt noch verbleibenden paar mit dem Biber Probleme haben. Wenn bei tausenden Muschelvorkommen eins im Biberteich verschwindet, bedroht das die Muschelart nicht. Wenn es aber nur noch ein einziges Muschelvorkommen gibt, und das im Biberteich verschwindet, ist es ein Problem. Das ist aber nicht dem Biber, sondern dem Menschen geschuldet. Dieser hat zuvor viele tausende Muschelbestände bis auf wenige Restvorkommen reduziert. Ähnlich ist die Situation, wenn ein Biber in einem Flachmoor einen Damm errichtet und seltene Pflanzengesellschaften überschwemmt. Pflanzen sind nicht mobil und können dem steigenden Wasserspiegel nicht schnell genug ausweichen. Wären jedoch genügend große Pufferzonen um die Schutzgebiete vorhanden, wäre auch das kein Problem.

LÖSUNGEN FÜR BIBERKONFLIKTE

Betrachtet man die Konflikte mit dem Biber in der Kulturlandschaft genauer, liegen die meisten in einem relativ schmalen Streifen entlang der Gewässer (90 % innerhalb 10 m, 95 % innerhalb 20 m). Weiter entfernt treten Konflikte nur in Ausnahmefällen auf, wie bei attraktiver Nahrung, bei Vernässungswirkung von Biberdämmen, oder durch „Sekundärauswirkungen" nach Dammbrüchen.

An dieser Erkenntnis setzt auch die beste und langfristig kostengünstigste Konfliktlösung an: **Mehr Raum für unsere Gewässer und ihre Ufer.**

Uferstreifen

Ungenutzte infrastrukturfreie Uferstreifen lösen nicht nur Konflikte mit Bibern, sie dienen auch der Lebensraumvernetzung und sind vor allem für uns Menschen notwendig, zur Gewässerreinhaltung und zum Hochwasserschutz. Die zunehmenden Hochwasserereignisse der letzten Dekaden und die dabei verursachten jährlichen Millionenschäden lassen sich nicht mehr durch teure Deiche und Dämme im Unterlauf der großen Flüsse verhindern, sondern nur dadurch, dass das Wasser in den Oberläufen Raum zum Ausbreiten findet. Eine Erkenntnis, die Fachleute seit langem gewonnen haben.

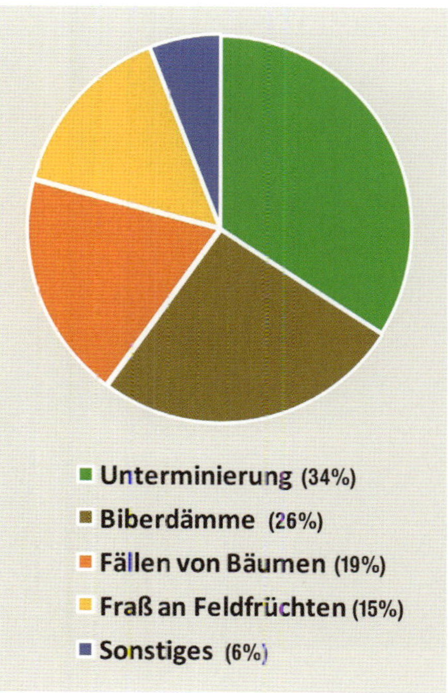

▷ Verteilung der im Rahmen des Bibermanagements in Bayern von 1998 bis 2003 aufgetretenen Konflikte (n = 1952)

Das gleiche gilt für das Gegenteil: extreme Trockenheit. Auch hier entstehen enorme Probleme, Ernteverluste und zigmillionen Euro Schäden. Wo Biberdämme sind, wird das Wasser zurückgehalten, nicht nur im Teich selber, sondern auch im umgebenden Grund. Es bleibt länger feucht, und es dauert wesentlich länger, bis Auswirkungen der Trockenheit zu spüren sind. Mit das beste Wachstum auf land-

▷ Elektrozäune haben sich hervorragend bewährt, um Biber aus Äckern oder Gärten fernzuhalten.

▷ Biberdämme können in Deutschland bei Problemen mit Genehmigung der Naturschutzbehörde entfernt werden. Baustellenblinklichter halten Biber vorübergehend davon ab, den Damm sofort wieder herzustellen.

wirtschaftlichen Flächen in den beiden letzten Trockenjahren war entlang von Gräben, in denen der Biber gestaut hatte.

Die Breite dieser Flächen sollte sich an den topografischen Gegebenheiten orientieren, zur Lösung von Biberkonflikten aber 10 m nicht unterschreiten.

Es gibt dabei viele Möglichkeiten, wie solche Flächen aus der derzeitigen Nutzung genommen und dem Biber zur Renaturierung überlassen werden können, vom Ankauf durch staatliche Stellen oder Naturschutzverbände über gemeindliche Ausgleichsflächen bei Baugebietsausweisung (Ökokontoflächen) bis hin zu Extensivierungsprogrammen in der Landwirtschaft.

Eine wesentliches, bisher nicht in Angriff genommenes Flächenpotenzial bieten zudem Randstreifen von Feldwegen, Rainen und Uferstreifen die im Eigentum von Gemeinden oder dem Staat (Wasserwirtschaft) stehen. Allzu oft werden diese vom angrenzenden Landwirt ohne Genehmigung umgeackert und mit bewirtschaftet. Um Konflikte zu vermeiden, wird dieser Verlust an öffentlichem Grund stillschweigend hingenommen – zu Lasten der Natur. Je nach Situation können die Flächen mehrere Hundert Hektar pro Landkreis einnehmen.

Einzelmaßnahmen

Natürlich können nicht überall Uferstreifen geschaffen werden, eine Siedlung, eine Straße oder ein Bahngleis können nicht „renaturiert“ werden. Aber auch in solchen Gebieten lassen sich Konflikte mit Bibern oft durch einfache Maßnahmen vermindern. Eine Drahthose um einen wertvollen Baum verhindert, dass er vom Biber umgenagt wird. Größere Bereiche können auch komplett gegen Biber ausgezäunt werden. Auf kurzen Strecken haben sich Elektrozäune (Bild) besonders bewährt; oft reicht es aus, einen Zaun für ein paar Wochen aufzustellen, um den Bibern klar zu machen, dass sie die Weiden im Ufersaum und nicht die Obstbäume im Garten fällen sollen.

Kommt es zu Problemen mit Vernässungen durch Biberdämme, ist es möglich, diese mit Genehmigung der zuständigen Behörde (der Biber ist streng geschützt) zu entfernen oder so weit abzutragen, dass es nicht mehr zu Schäden kommt. Bei größeren Dämmen kann versucht werden, durch ein in den Damm eingebautes Rohr (Bild) den Wasserspiegel auf ein für den Menschen erträgliches und den Biber ausreichendes Maß abzusenken.

Aufwendiger wird es, wenn Biber Ufer untergraben. Hier sind bauliche Sicherungsmaßnahmen erforderlich, z.B. die Versteinung gefährdeter Uferbereiche oder der Einbau oder das Auflegen von Gittern in die Ufer, die den Biber am Hineingraben hindern. In der Schweiz werden zusätzlich zu Grabschutzgittern künstliche Biberbaue angelegt, die nicht mehr einstürzen können. So können die Biber nicht mehr graben und Schäden anrichten, den Gewässerabschnitt können sie aber weiter sicher bewohnen. Spundwände aus Stahl helfen ebenso. Hier ist der Bibergrabschutz meist ein Nebeneffekt. Die Spundwände dienen vor allem der Stabilisierung des Dammes. In der Schweiz wurde das gesamte Schienennetz der Bundesbahnen einer Risikoanalyse für Biberschäden (Grabaktivitäten und erhöhter Wasserstand durch Biberdämme) unterzogen und in einem öffentlichen Maßnahmenplan zusammengefasst.[11]

In der Schweiz wird dies über das Gewässerschutzgesetz geregelt. An sämtlichen Gewässern müssen in Abhängigkeit ihrer Breite beiderseits zwischen 6 und 15 Metern Uferstreifen angelegt werden. Diese müssen extensiv bewirtschaftet werden und es dürfen weder Dünger noch Spritzmittel eingesetzt sein. Die Landwirte erhalten für die dadurch entstehenden Einbußen vom Bund Entschädigungszahlungen.

Sicherungsmaßnahmen gegen Unterminierung helfen aber nicht nur gegen Biber. Auch Nutria, Bisam, Kaninchen, Dachse und Füchse graben in Deiche und in Ufer. Hier war der Biber bei den ersten Maßnahmen, die an der Kleinen Donau bei Ingolstadt durchgeführt wurden, eher die Art, die den Finger auf das Problem gelegt hat: Bei der Sanierung zeigte sich, dass das größte Röhrensystem im Deich nicht vom Biber stammte, sondern vom Dachs. Von

▷ Biberbaue können dazu führen, dass Uferwege einbrechen.

Jagd auf Biber?

Die Forderung, die Jagd auf Biber zur Lösung für Konflikte wieder einzuführen, taucht vor allem in Bayern immer wieder auf. Dass Biber gejagt werden können bis zur Ausrottung, hat die Geschichte gezeigt. Die damals verwendeten Jagdmethoden, wie Tellereisen, Reusen, Netze oder Fischspeere sind heute aus jagd-, tierschutz- und naturschutzrechtlichen Gründen verboten.

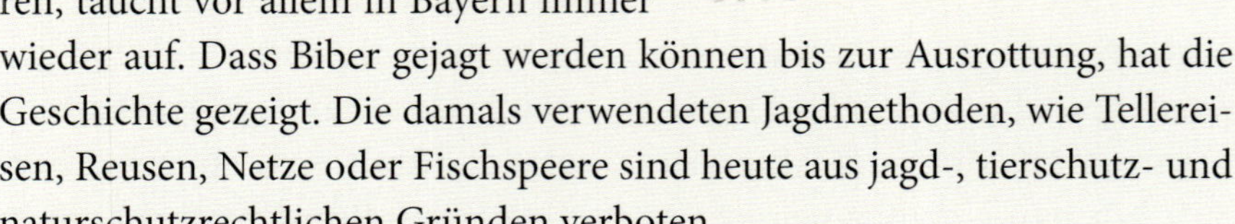

Auch eine ganze Reihe praktischer Gründe sprechen jedoch dagegen, Biber zur Konfliktlösung mit der Schusswaffe zu bejagen:

- Biber sind dämmerungs- und nachtaktiv, dies schränkt die Jagdzeit enorm ein.
- Biber leben am und im Wasser. Dies verbietet in den meisten Situationen aus Sicherheitsgründen einen Schuss mit der Kugel. Auch der Schuss mit Schrot ist nur bedingt möglich, da die Schrotkugeln beim tief im Wasser liegenden Biberkörper stark abgebremst werden und nicht mehr töten.
- Angeschossene Biber tauchen ab, verstecken sich und können nicht nachgesucht werden; sie verenden langsam.
- Viele der Biberkonflikte, die ein Entfernen der Biber rechtfertigen, sind in der Nähe von Siedlungen, was ebenfalls den Einsatz einer Schusswaffe aus Sicherheitsgründen verbietet.
- Bei einem Konflikt müssen alle Biber aus einem Revier entfernt werden. Da Biber enorm lernfähig sind, mag der Abschuss von einem oder von zwei Bibern noch gelingen, die übrigen Familienmitglieder werden dann extrem vorsichtig und der Jagdaufwand steigt drastisch. Dies zeigen Erfahrungen aus Skandinavien.
- Männchen und Weibchen, Alte und Halbwüchsige können beim Biber nicht unterschieden werden, ein gezielter Abschuss zur Regulierung ist daher nicht möglich.
- Eine Totschlagfalle für einen über 30 kg schweren Biber hat eine Dimension, die auch einen Menschen töten kann; sie verbietet sich daher in unserer dicht besiedelten Landschaft von selbst.

In Norwegen, wo der Biber bejagt wird, hat man die Grenzen dieser Methode erkannt. In den neuesten Empfehlungen zum Management werden daher auch „fortschrittliche“ Maßnahmen, wie der gezielte Fang mit Lebendfallen und Elektrozäunen, zur Konfliktlösung vorgeschlagen – Maßnahmen, wie sie im Bibermanagement bei uns bereits angewendet werden.[127]

daher werden die Sicherungsmaßnahmen auch ohne das Vorhandensein von Bibern zum Schutz vor Arten durchgeführt.

Für Maßnahmen an Dämmen und Deichen liegt die Zuständigkeit in der Regel bei der Wasserwirtschaftsverwaltung bzw. bei der Straßenbauverwaltung, wenn es sich um Straßen handelt. Bei Privatleuten ist eine Beratung durch entsprechende Fachleute und eine Förderung bei der Finanzierung notwendig. In der Schweiz liegt die Verantwortung bei kleinen Gewässern bei den Gemeinden, bei großen Gewässern bei den Kantonen.

Schadensausgleich

Ob Schäden, die Biber verursacht haben, von öffentlicher Hand ersetzt werden, hängt vom Staat und vom Bundesland ab. In Bayern gibt es seit 2008 einen staatlichen Fonds für Land-, Forst- und Teichwirte; für Private und Kommunen ist kein Ausgleich möglich. In Brandenburg können Biberschäden in der Teichwirtschaft unter bestimmten Voraussetzungen ersetzt werden.

In der Schweiz können die Kantone Schäden durch Biber ausgleichen. Aktuell werden Schäden an Land- und Forstwirtschaft durch Bund und Kantone je zur Hälfte übernommen. Infrastrukturschäden könnten in Zukunft entschädigt werden. Das nationale Parlament hat dem zugestimmt und die

Forderung in die nationale Jagdgesetzrevision integriert. Der Bund will zusätzlich auch Präventionsmaßnahmen finanzieren, um solche Schäden erst zu verhindern. Dazu sieht er vor allem das Mittel der Gewässerrandstreifen, wie es das Gewässerschutzgesetz fordert, im Vordergrund, weil damit gleichzeitig auch Lebensräume gefördert werden.[48]

Im Land Salzburg gibt es Ausgleich für Schäden an Forstkulturen, Naturverjüngungen und Einzelbäumen.[200]

Auf privater und freiwilliger Basis können aber Naturschutzverbände oder Naturfreude einen Biberschaden ausgleichen, um Akzeptanz für den Biber zu schaffen.

Auch bei Wildarten, die unter das Jagdrecht fallen, liegt die Schadensersatzpflicht nicht beim Jäger, sondern bei der Jagdgenossenschaft, dem Zusammenschluss der Grundstücksbesitzer. Übernimmt der Jäger mit dem Jagdpachtvertrag diese Verpflichtung, ist dies ebenso ein rein privatrechtlicher Vorgang als Teil der Gesamtaufwendungen, die er für das Recht zur Jagd zahlt. Ein saurer Apfel, in den er beißen muss, solange die Nachfrage nach Jagdrevieren größer ist als das Angebot. Auch die finanziellen Folgen eines Wildunfalls im Straßenverkehr trägt der Autofahrer selbst: entweder direkt oder indirekt über den Beitrag zu seiner Kaskoversicherung.

Zugriff auf Biber

Im Ausnahmefall können die zuständigen Naturschutzbehörden bei besonders hoher Schadensgefahr, wenn keine Präventivmaßnahme möglich ist und die Population in einem guten Erhaltungszustand bleibt, genehmigen, dass Biber aus der Natur entfernt werden dürfen. In manchen Bundesländern gibt es auch Allgemeinverfügungen für den Zugriff. Dies geschieht entweder durch direkten Abschuss vor Ort oder mit Lebendfallen, wobei die gefangenen Biber im Anschluss auch meist getötet werden. Der Zugriff, so überhaupt vollständig erfolgreich (es müssen alle Biber aus dem Revier entfernt werden), ist aber immer nur eine vorübergehende Lösung, da das frei gewordene Biberrevier früher oder später wieder besiedelt wird.

Das Ausmaß des Zugriffs ist jedoch lokal sehr unterschiedlich. In der Schweiz und den meisten Bundesländern Deutschlands und Österreichs sind es allenfalls einzelne Tiere, die entnommen werden. Größere Stückzahlen fallen in Bayern und Niederösterreich an, einige Dutzend in Brandenburg, Mecklenburg-Vorpommern und Oberösterreich.

Welche Lösung in einem Biberkonflikt die beste ist, kann nur vor Ort am konkreten Fall entschieden werden. Patentlösungen gibt es nicht. Handreichungen dazu findet man im Bereich der Literatur, bei der zuständigen Naturschutzbehörde oder, wenn vorhanden, beim Bibermanagement.

▷ **Biber, die unlösbare Konflikte verursachen, werden mit Lebendfallen weggefangen.**

▷ **Wenn Biber entnommen werden, müssen sie heute in den meisten Fällen getötet werden.**

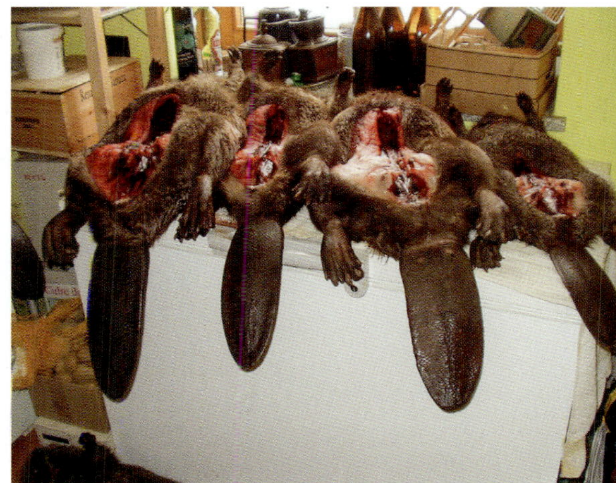

▷ Biber haben den Ablauf eines Hochwasser-Rückhaltebeckens zugebaut. Um einen Konflikt zu lösen muss der Bibermanager immer einen Schritt vorausdenken.

Bibermanagement

Zusammenleben von Menschen und Bibern fördern

Wozu brauchen Biber ein „Management? – Sie breiten sich doch von ganz alleine aus?“ Dies ist eine häufige Aussage von Menschen, die zum ersten Mal von „Bibermanagement“ hören. Bibermanagement hat zwar mit Bibern zu tun, „gemanagt“ wird aber nicht der Biber, sondern das Zusammenleben von Bibern und Menschen.

Bibermanagement, oder allgemeiner Wildtiermanagement, ist eine noch relativ junge Disziplin im Naturschutz. Der wesentliche Unterschied zwischen Wildtiermanagement und „klassischem“ Naturschutz oder Jagd und Hege liegt darin, dass beim Wildtiermanagement nicht nur das Tier und sein Lebensraum, und vielleicht noch rechtliche Ge- und Verbote betrachtet werden, sondern vor allem die Vielzahl unterschiedlicher menschlicher Interessen und Berührungspunkte, die auf eine Tierart oder einen Lebensraum einwirken.[223]

Dabei sind diese Ansprüche und Interessen oft widersprüchlich: der „Naturschützer“ freut sich über den Biber, der Landwirt ärgert sich über seine eingestaute Wiese und möchte den Biber loswerden; der Fischotter hat im Biberteich ein Nahrungsbiotop gefunden, Orchideenfreunde bedauern, dass einige ihrer Pflanzen im selben Teich ertrunken sind; der Europaabgeordnete hat den strengen gesetzlichen Schutz des Bibers verfügt, sein Parteifreund vor Ort muss „bibergeplagte“ Bauern als Wähler gewinnen; ein Hausbesitzer nutzt die Presse und das Sommerloch, um seinen seit langem nassen Keller dem Biber in die Schuhe zu schieben, ein Lokalpolitiker schimpft kräftig mit auf „die Naturschützer“ – und mittendrin schwimmt arg- und ahnungslos der Biber.

Ebenso inmitten dieser vielfältigen Interessen steht nun das Bibermanagement mit dem Ziel, einen Ausgleich der unterschiedlichen menschlichen Ansprüchen an die Biber und ihre Lebensräume zu finden. Bibermanagement ist daher immer Arbeiten mit Menschen, weniger mit Bibern.

Entwicklung des Bibermanagements

Die Konflikte mit Bibern, die ein Bibermanagement notwendig machten, traten ab den 1980er Jahren zunächst in Bayern auf, als zunehmend Biber aus den naturnahen Aussetzungsgebieten in landwirtschaftlich genutzte Bereiche einwanderten. Zwar gab es damals auch in anderen Ländern Biber, aber das Konfliktpotenzial war geringer, da die Populationen kleiner waren (Schweiz, Österreich, westliche Bundesländer) oder die Biber, wie in der DDR, auf staatlichem Grund siedelten. Bei einer Untersuchung der Biberkonflikte zeigte sich, dass es neben den tatsächlichen, vor Ort greifbaren Problemen wie gefressenen Zuckerrüben, einer Biberröhre im Acker oder einem gefällten Obstbaum im Garten vor allem auch eine Vielzahl von zwischenmenschlichen Konflikten und unterschiedlichen Wertvorstellungen gab.[401]

Die Situation war für den Naturschutz völlig neu: Normalerweise ist man bei seltenen und erst wiedereingebürgerten Arten froh um jedes einzelne Exemplar. Dass sich der Biber so schnell aufmacht, nicht nur die Auwaldreste, sondern seine gesamte frühere Heimat wieder zu besiedeln, war eine „ökologische Überraschung“.[334]

Die Freude über die Rückkehr des Bibers, hatte (fast) jeder, die Nachteile hatten nur Einzelne. Oft war der Biber(konflikt) auch nur der Tropfen, der ein Fass zum Überlaufen brachte, und der Biber musste als Blitzableiter für alte Konflikte zwischen Landwirt und Naturschutzbehörde herhalten. Auch war es einfacher, den Biber für zusätzlichen Eintrag von Erde in die Entwässerungsgräben verantwortlich zu machen, als einzugestehen, dass die Umwandlung von Grünland in Acker zu erhöhter Bodenerosion führt. Wenn die Ufer von Gräben und Bächen wegbrachen, war grundsätzlich der Biber schuld, und nicht der Bisam oder die erhöhten Wasserabflüsse aus asphaltierten und betonierten Flächen in neu errichteten Wohn- und Gewerbegebieten.

Nicht zuletzt war der Biber-Bauern-Konflikt auch medienträchtig, und manche kleine Biberröhre wurde von Presse und Wählerstimmen suchenden Politikern zum Großereignis gemacht.

Die Untersuchung zeigte auch, dass die Konflikte mit den bestehenden Organisationsstrukturen kaum gelöst werden konnten. Es wurden zwar Maßnahmen und Finanzmittel für die Lösung vieler realer Konflikte gefunden, eine wirkliche Lösung erforderte jedoch vor allem, auch die menschliche Dimension mit einzubeziehen. Dies kostet viel Zeit, die die Naturschutzbehörden alleine nicht aufbringen konnten. Es wurde daher 1996 im Landkreis Neuburg-Schrobenhausen diese Beratungstätigkeit extern vergeben, ein Vorschlag eines Gutachtens aus dem Jahr 1992.[401]

Überraschend war, dass die meisten Betroffenen nicht grundsätzlich gegen Biber eingestellt waren. Sie forderten, dass die Gesellschaft, die den Biber haben will, auch die Nachteile ausgleicht. Ein ähnliches Ergebnis brachte eine Untersuchung von Biberproblemen in Fischteichgebieten.[383]

Für die meisten Konfliktfälle konnten in gemeinsamen Gesprächen Lösungen gefunden werden,

Genetisches Management beim Biber

Nur wenige Biber entgingen der Verfolgung durch den Menschen.[80, 87, 403] Die Biberpopulationen durchliefen daher mehrfach genetische „Flaschenhälse“ bei denen sie stark an genetischer Vielfalt verloren.[176] Aus diesen Restbeständen stammen die Tiere für die Wiederansiedlungen in ganz Europa, was zu erneuten „Flaschenhälsen“ für die Gründerpopulationen führte. Heute leben wieder 1,3 Million Biber in Eurasien.[125] Untersuchungen aus dem gesamten Verbreitungsgebiet zeigen aber eine stark reduzierte genetische Vielfalt.[268, 103, 403, 435] Dies führte bis heute jedoch in keiner bekannten Population zu offensichtlichen gesundheitlichen Problemen. Gerade die Bayerische Biberpopulation, die aus 4 verschiedenen Reliktpopulationen besteht, war die am schnellsten wachsende Population in Westeuropa.[103]

Woher heute also Tiere für weitere Wiederansiedlungen nehmen? Sollen die Ost- und Westlinien getrennt bleiben? Und müssen die bestehenden Populationen genetisch „aufgefrischt“ werden? Diese Fragen führen zu anhaltenden Diskussionen. Einige wollen die westliche und östliche Linie für Wiederansiedlungen unbedingt getrennt halten oder rufen zu Vorsicht auf.[358, 124] Andere argumentieren, dass dies keine Rolle spiele, weil zum Teil schon alle miteinander vermischt wurden, was nicht mehr rückgängig gemacht werden könne.[103, 33] Verschiedene Autoren fordern jedoch eine genetische Sanierung ihrer Populationen.[435, 268] Diese Frage muss dann aber nach internationalen Standards diskutiert und koordiniert werden.[180, 403]

▷ **In der Schweiz haben einige Kantone Biber-Begleitgruppen, in denen alle Interessenvertreter Einsitz nehmen. Zusammen wird einmal im Jahr im Feld bei komplizierten Fällen diskutiert und nach Lösungen gesucht.**

auch wenn diese in einigen Fällen erst einmal schwer zu akzeptieren waren: der Wegfang von Bibern aus besonders problematischen Revieren. Die Möglichkeit, Biber zu entfernen, trug jedoch erheblich zur Akzeptanz des Projektes und zu einem sachlicheren Umgang mit Bibern bei. Bereits im folgenden Jahr wurde die Beratung bei Biberkonflikten auch in den Nachbarlandkreisen betrieben. Seit 1998 stehen für Bayern 2 Bibermanager zur Verfügung, die Betroffene oder Naturschutzbehörden bei Bedarf anfordern können.[400, 396]

Der schnelle Einsatz vor Ort trug wesentlich zur Konfliktlösung bei. Daher setzen die Naturschutzbehörden inzwischen auch sogenannte „örtliche Biberberater“ ein. Dabei handelt es sich um interessierte Personen, die an der Bayerischen Akademie für Naturschutz und Landschaftspflege geschult werden und ehrenamtlich tätig sind. Sie beraten bei Konflikten und helfen bei der Arbeit vor Ort, wie beim Aufstellen eines Elektrozaunes.

Die Grundstrukturen des Bibermanagements waren nicht völlig neu, es wurden vielmehr bereits vorhandene Ideen, Prinzipien und Erfahrungen zusammengeführt.[401] Das Konzept der externen Berater stammt von den Wildlife Extension Einheiten der amerikanischen Wildschutzbehörden. Die örtlichen Biberberater gehen zurück auf das Biberbetreuernetz an der Mittelelbe. Die Nationalparkplanung Kalkalpen in Österreich war Vorbild, alle betroffenen Interessensgruppen zu beteiligen, und auf das Wolfsmanagement in Brandenburg gehen die Anregungen für Expertengremien zurück.[98, 401]

Das Bibermanagement, das vor über 20 Jahren in Bayern seinen Anfang nahm, hat in seiner Verbreitung den gleichen Erfolg wie der Biber selbst. Es ist inzwischen in den österreichischen und deutschen Bundesländern fest etabliert. Das Prinzip – rechtlich zuständige Behörden, fachliche meist auf Landesebene arbeitende Bibermanager und Ehrenamtliche, die sich um die Belange der Betroffenen und der Biber kümmern. Dabei nutzt das ganze natürlich die vorhandenen Strukturen und Gegebenheiten vor Ort. In einer Stadt ist oft der Behördenmitarbeiter gleichzeitig Biberberater. Dort, wo es mehr zu tun gibt, existieren auch mehrere Bibermanager. Sie teilen sich die Aufgaben bezüglich der Lösungen vor Ort und der allgemeinen Öffentlichkeitsarbeit.

Auch außerhalb Deutschlands hat sich das Bibermanagement inzwischen etabliert, von Tschechien bis nach Belgien. Aus Großbritannien kommen jedes Jahr ein bis zwei Gruppen, um zu sehen, wie das Management in Bayern läuft, und um sich die Kenntnisse für den Umgang mit dem sich auch dort ausbreitenden Biber anzueignen.

In der Schweiz sind die Kantone für das Bibermanagement zuständig. Hier gibt es zwei verschiedene Ansätze: in den Kantonen mit Jagdrevieren wird das Management durch die kantonale Jagdverwaltung durchgeführt. Das ist meist eine Person pro Kanton. In den Kantonen, in denen die Jäger ein Patent lösen, gibt es kantonale Wildhüter. Diese setzten das Management in ihrem Aufsichtskreis durch. Das Bundesamt für Umwelt führt eine Biberfachstelle (www.biberfachstelle.ch), die Vollzugshilfen bereitstellt, regelmäßige Ausbildungsveranstaltungen für die Wildhüter durchführt und den Kantonen beratend zur Verfügung steht.

Aufgaben des Bibermanagements

Eine wesentliche Aufgabe des Bibermanagements ist es, bei Konflikten zwischen Mensch und Biber zu beraten und nach Lösungen und möglichen finanziellen Hilfen zu suchen. Diese werden zusammen mit Betroffenen und Behörden umgesetzt. Oft ist es einfach nur fehlendes Wissen, das Konflikte verursacht oder verschärft. Wenn vom Biber gefällte Bäume sofort wieder „aufgeräumt" werden und dem Biber so die Winternahrung entzogen wird, ist der Biber gezwungen, neue Bäume zu fällen. Besser ist es, den Baum liegen zu lassen, und erst im Frühjahr den vom Biber genutzten Stamm zu entfernen.

▷ Begegnen Kinder einem zahmen Biber, ist es für sie ein beglückendes Erlebnis.

Auch steht ein Landwirt, der weiß, dass er einen Biberdamm mit behördlicher Genehmigung abtragen oder entfernen darf, bevor sein Acker unter Wasser steht, dem Biber gelassener gegenüber als ein Landwirt, der glaubt, dem Biber ohnmächtig ausgeliefert zu sein. Und vielleicht ist die überstaute Wiese ja gar kein Schaden, sondern eine Fläche, die die Gemeinde aufkaufen und als Ausgleichsfläche für ein Baugebiet nutzen kann – vom Biber kostenlos gestaltet.

Besser als Konflikte zu lösen ist es, sie von vornherein zu vermeiden. Dazu ist vor allem Aufklärung notwendig. Wenn sich Planer und Entscheidungsträger der Biberproblematik bewusst sind, können bauliche Maßnahmen, Schäden, wie z. B. der Gittereinbau in Hochwasserschutzdämme, Schäden kostengünstig verhindern.[10] Die Nachrüstung dagegen ist um ein Vielfaches teurer und vor allem muss man nach der Umsetzung solch einer Präventivmaßnahme nicht permanent in die Biberpopulation eingreifen. Wer weiß, wie Obstbäume mit Drahthosen vor den Biberzähnen geschützt werden, muss nicht zusehen, wie ein Baum nach dem anderen gefällt wird. Eine weitere wichtige Aufgabe des Bibermanagements ist die Mittlerfunktion zwischen Betroffenen, Behörden und Verbänden. Vielfach ist der vom Biber gefällte Baum oder der gefressene Mais nur der berühmte Tropfen, der das Fass

▷ **Gerhard Schwab erklärt Schweizer Wildhütern den bayerischen Lebendfallentyp für Biber.**

zum Überlaufen bringt. Die wirklichen Konflikte liegen ganz woanders.

Für ein erfolgreiches Bibermanagement ist es natürlich auch notwendig, einen Überblick über die Bibervorkommen zu haben. Dabei kommt es weniger darauf an, jeden Biber oder jedes Revier im Detail zu kennen, sondern vor allem darauf, die aktuelle Verbreitung und die zukünftige Ausbreitung abzuschätzen, um in neuen Bibergebieten verstärkt präventiv arbeiten zu können.

Nachdem das Bibermanagement auch Geld kostet, vor allem wenn Flächen aufgekauft werden sollen oder Hochwasserdämme geschützt werden müssen, ist die Recherche und Akquisition von Finanzmitteln eine weitere Aufgabe des Managements. Dabei sind oft gar keine Extramittel notwendig, es reicht zuweilen, die bestehenden Möglichkeiten sinnvoll anzuwenden. Hilfreich wäre es zum Beispiel, wenn stillgelegte landwirtschaftliche Flächen, die mit Ausgleichszahlungen unterstützt werden, ökologisch sinnvoll, entlang von Gewässern liegen würden. Damit werden nicht nur Konflikte mit Bibern verhindert, stillgelegte Flächen dienen auch dem Schutz des Gewässers, als Retentionsraum bei Hochwasser, und stehen vielen anderen Arten zur Verfügung.

Zum Bibermanagement gehört eine große Bandbreite an Maßnahmen. So wird es als „Ultima Ratio" in unserer Kulturlandschaft immer wieder notwendig sein, Biber an einzelnen Konfliktpunkten zu entfernen.

Eine aktive Öffentlichkeitsarbeit ist eine weitere wesentliche Aufgabe im Bibermanagement. Die Darstellung des Bibers muss in allen Aspekten vom Biotop bis zum Konflikt erfolgen. Eine im Auwald gefällte Weide wird, mit Großaufnahme des 15 cm Durchmesser-Stammes als „Riesenschäden" dargestellt, vom Biber kostenlos geschaffene Feuchtbiotope, die an anderer Stelle für viel Geld geplant und angelegt werden, finden dagegen keine Erwähnung. Notwendige Sicherungsmaßnahmen an Hochwasserdeichen der Donau werden als „Biberschaden" verbucht. Verschwiegen wird, dass ohne Biber die gleichen Maßnahmen notwendig sind, da auch Nutria, Dachs oder Kaninchen ihre Baue in Hochwasserdeichen graben.

Bei der Öffentlichkeitsarbeit geht es nicht um eine beschönigende Darstellung des Bibers, sondern um ein realistisches Bild der Art, die wie viele andere in unserer Kulturlandschaft lebt, die durchaus Konflikte und Schäden verursacht, aber auch eine wichtige Rolle als Leitart spielt und durch ihre Aktivitäten Renaturierungsarbeiten leistet, deren Wert die Schäden um ein Vielfaches übersteigt.[44]

Wissen über Biber, ihre Lebensweise, mögliche Konflikte, aber auch Lösungen lassen sich dabei nicht nur in Presseartikeln und Vorträgen, sondern vor allem auch auf Exkursionen vermitteln. Diese werden von zahlreichen Biberberater, -managern und Naturschutzverbänden durchgeführt

Zusammenfassen lassen sich all diese Aufgaben in einem Satz: Den Biber in die Köpfe und Herzen der Menschen zurückbringen.

Wer ist das Bibermanagement?

Der Aufbau des Bibermanagements ist im Prinzip überall ähnlich: Die rechtlich zuständigen Behörden (Landratsämter oder Regierungen in Deutschland, kantonale Jagdverwaltungen und Wildhüter in der Schweiz) werden in ihrer Arbeit vor Ort von Bibermanagern und Biberberatern unterstützt.

In Bayern sind das die knapp 100 Naturschutzbehörden an Landratsämtern und kreisfreien Städten, 2 hauptamtliche Bibermanager und etwa 500 ehrenamtliche Biberberater.

Die „Richtlinien zum Bibermanagement“ des bayerischen Umweltministeriums geben für die Behörden und Bibermanagementmitarbeiter einen Überblick über Konflikte, Lösungsmöglichkeiten, Finanzierungen, Zugriffvoraussetzungen, Genehmigungen sowie den Schadensfonds. Die Naturschutzbehörden sind für den rechtlichen Vollzug, für Ausnahmegenehmigungen und staatliche Förderprogramme zuständig.

Die beiden hauptamtlichen Bibermanager sind im Rahmen eines Projektes des Bundes Naturschutz in Bayern e.V. tätig, das Projekt wird durch den Bayerischen Naturschutzfonds finanziell gefördert. Ihre Hauptaufgaben sind die Beratung bei schwierigen Konflikten, die Ausbildung der örtlichen Bi-

▷ **Volker Zahner bei einem Bibervortrag im schweizerischen Frauenfeld.**

▷ **Markus Schmidbauer beim Kartieren von Biberspuren.**

berberater, Hilfe bei Fragen und Ortseinsichten sowie die Entwicklung langfristiger Konzepte und Visionen im Umgang mit dem Biber. Zudem betreiben sie Öffentlichkeitsarbeit, beraten die Behörden und organisieren Biberexporte.

Die etwa 500 ehrenamtlichen Biberberater werden von den Naturschutzbehörden der Landratsäm-ter oder Verwaltungen der kreisfreien Städte eingesetzt.[401] Sie beraten bei einfacheren Konflikten und schießen auch einzelne Biber. Außerdem betreiben sie Öffentlichkeitsarbeit im lokalen Rahmen.

In den letzten 20 Jahren hat sich gezeigt, dass es sich bei Biberkonflikten nicht immer um große Probleme handelt, sondern oft auch nur um Beratungsbedarf oder einfache Maßnahmen, wie das Eindrahten von Obstbäumen im Garten. Meist treten in einzelnen Biberrevieren mehrere Konflikte auf (bei einem Grundstücksbesitzer nagt der Biber an Obstbäumen, ein paar Grundstücke weiter ist eine Röhre im Ufer). Insgesamt lässt sich für Bayern feststellen, dass die meisten Biber keine großen Probleme verursachen.

Das Bibermanagement wurde inzwischen auch von anderen Bundesländern übernommen. Im Saarland z. B. wurden bereits mit der Wiedereinbürgerung der Biber ab 1994 Biberberater eingesetzt, mit dem Ergebnis, dass negative Schlagzeilen wie in Bayern erst gar nicht auftauchten.[100] In Baden-Württemberg sind je 1 Biberberater pro Regierungsbezirk im Auftrag der Naturschutzbehörden tätig, die Ausbildung ehrenamtlicher Biberberater wurde begonnen.[1,393] In Rheinland-Pfalz wurde eine Biberstelle eingerichtet, die die natürliche Rückkehr des Bibers begleitet.[444] In Sachsen-Anhalt übernehmen die Mitarbeiter im Biberbetreuernetz zunehmend auch Tätigkeiten in der Konfliktlösung und Beratung.[98]

Auch in Österreich gibt es inzwischen ein Bibermanagement in allen Bundesländern.

In der Schweiz liegt die Koordination des Bibermanagements in Bundeshand, die Umsetzung geschieht durch die Kantone. Die Wildhüter wurden national zu „Biberberatern“ weitergebildet.[462]

Die Handlungsmöglichkeiten, die existieren, wenn es zu Konflikten zwischen Mensch und Biber kommt, sind inzwischen in einer Reihe Veröffentlichungen zusammengefasst, so im „Handbuch für den Biberberater“,[399] im englischen „The Eurasian Beaver Handbook“[55], im Rahmen der Donau-Naturparks[442a] sowie im niederösterreichischen Handbuch.[171]

Biber erleben

Die Spuren von Bibern in der Landschaft sind unübersehbar, wer jedoch Meister Bockert selbst sehen will, der muss sich abends oder nachts in einem geeigneten Biberrevier ansetzen oder mit dem Boot unterwegs sein. Die beste Jahreszeit reicht vom späten Frühjahr bis in den Herbst, hier sind die Biber am Abend oder Morgen zu einer Zeit unterwegs, zu der es auch noch hell genug ist, um die Biber sehen zu können.

Inzwischen bieten zahlreiche Naturschutzverbände, Umwelteinrichtungen oder Gemeinden begleitete Führungen zum Beobachten von Biber an. Diese Angebote sollte man nutzen; die lokalen Experten garantieren nicht nur eine höhere Wahrscheinlichkeit, Biber zu sehen, sondern geben auch Informationen zum Biber, seinem Lebensraum und allen Fragen darum herum.

Wann und wo „Bibersafaris“ stattfinden, erfahren Sie bei den örtlichen Naturschutzverbänden, bei Gemeinden, bei Umwelteinrichtungen oder im Internet. In mehreren Gemeinden wurden „Biberlehrpfade“ eingerichtet, die auf einer Rundtour durch ein Biberrevier führen und Besonderheiten auf Tafeln erklären.

Auch für die Umweltpädagogik sind Biber geradezu prädestiniert, um als Symbolart über Gewässer, Ufer, Renaturierung, Auendynamik und Hochwasserschutz zu informieren.

Das Streicheln über ein Biberfell, das Erspüren der scharfen Schneidezähne, das Erkunden von Biberfällungen im Wald, das Erforschen der Regenerationsfähigkeit von Weiden, das vielfältige Leben in einem Bibersee, das Beobachten eines Bibers in der Abenddämmerung: Erlebnisse, die Verständnis schaffen.

Um Umweltbildungseinrichtungen, Schulen und Lehrer bei diesem Thema zu unterstützten, gibt es eine Reihe von Handreichungen und Materialien, von fertig ausgearbeitetem Unterrichtsmaterial[256, 355, 400a] über eine CD mit Anleitung zu Biberspielen in der Natur[410a] bis hin zu „Biberrucksäcken“, mit allem was man für die Gestaltung einer Exkursion ins Biberland benötigt.

Weitere Informationen

Viele Behörden und Naturschutzverbände haben eigene Informationsbroschüren, auch mit Angaben zu den lokalen Gegebenheiten herausgebracht. Diese sind meist einfach im Internet mit den Stichwörtern „Biber“, Broschüre“ und der jeweiligen Region zu finden, zum Herunterladen, z. T. auch zum Bestellen als gedruckte Version.

Biber im Internet

Die Suchworte Biber oder Castor füllen die Bildschirmseiten jeder Suchmaschine im Internet. Daher einige Adressen, die Informationen zum Biber zusammenführen und einen gezielten Einstieg ermöglichen:

www.bund-naturschutz.de/tiere-in-bayern/biber.html
www.biberhandbuch.de
www.biberfachstelle.ch
www.bibermanagement.at
www.biber.info
www.pronatura.ch/de/aktion-biber-co

Über diesen QR-Code finden Sie eine Fülle von Filmen zu Themen, die im Buch behandelt werden. Sie können in Youtube auch direkt suchen nach „Der Biber – Baumeister mit Biss“

▷ Biber bringen mit ihren Dämmen und Fällungen Licht in sonst geschlossene Waldtäler und halten die Landschaft offen. Hier der Mederbach bei Marthalen (CH).

Ökosystemdienstleistungen des Bibers

Ein Nager prägt die Landschaft

Ökosystemdienstleistung als Begriff ist relativ neu und tauchte zuerst Ende der 1990er Jahre auf. Eine der Schöpferinnen dieser Definition ist Gretchen Daily.[67] Vereinfacht versteht man darunter die unmittelbaren Vorteile bzw. Nutzen, die der Mensch aus Ökosystemen (Luftfilterung, Wasserreinigung) oder der Aktivität von Arten (z. B. Bestäubung) bezieht. Es gilt als Kernkonzept an der Schnittstelle zwischen Ökologie und Sozialwissenschaften. Gesellschaftlich erkennt man zunehmend die Bedeutung von funktionierenden Ökosystemen als wichtiges und schützenswertes Kapital an.[68] Das Konzept ist aber nicht unumstritten, da es eindeutig anthropozentrisch ausgerichtet ist, also den Menschen ins Zentrum rückt. Außerdem sind die Leistungen oft schwer messbar und damit deren Bewertung oft relativ. Dennoch ist dies der Versuch, Ökosystemen und Arten im Abwägungsprozess ein stärkeres Gewicht zu verleihen und damit ihre Zerstörung zu verhindern.

Im Folgenden sollen Biberaktivitäten näher beleuchtet werden, die solche Ökosytemdienstleistungen darstellen oder darstellen könnten. Dazu spielt der Einfluss des Bibers auf das Wasser eine große Rolle.[172] Wird durch Biberdämme also Wasser in der Landschaft gespeichert und Grundwasser angereichert? Tragen Biberdämme zum Hochwasserschutz bei? Wird das Wasser von Dämmen wirksam gefiltert?

BIBER UND WASSER

Wasserrückhalt und Hochwasser

Hochwasserereignisse sind natürliche Phänomene. Ausgelöst durch besondere Wetterlagen wie Schneeschmelze oder Starkregen, treten sie immer wieder auf. Die Geschichte der Landschaft zeigt aber, dass der Mensch zur Verschärfung der Situation beiträgt. So verstärkt sich die Wirkung von Hochwasser durch die Begradigung der Flüsse, die Entwässerung von über 70 % aller Moore und Feuchtgebiete weltweit, die deutliche Verminderung der besonders wasserspeichernden Humusschicht durch wenig bodenschonende Landwirtschaft (z. B. Maisanbau) und die Flächenversiegelung durch Straßen, Baugebiete, aber auch in unseren Gärten und Vorplätzen. Dazu kommt das Phänomen des Klimawandels, das zusätzlich durch mehr Energie in der Atmosphäre, mit langen Trockenperioden und darauffolgenden Starkregenereignissen die Hochwassersituation verschärft.

Als nach dem März 1988, Pfingsten 1999, dem August 2002 und 2005 im Juni 2013 das fünfte Hochwasserereignis in Folge in Bayern in einem verhältnismäßig kurzen Zeitraum auftrat, war der Druck auf die Politik hoch. Neben dem „Technischen Hochwasserschutz“ und der „Hochwasservor-

▷ Biberdammkaskaden an der Roten Wehe in der Eifel (D).

sorge“ galt zunehmend auch dem „Natürlichen Wasserrückhalt“ besondere Hoffnung. Zu dem natürlichen Wasserrückhalt zählen u.a. auch Biberteiche. Doch können Biberdämme tatsächlich eine Wirkung auf Hochwasser oder den natürlichen Wasserrückhalt haben?

Bei dieser Frage stößt man zunächst auf Studien aus Nordamerika. Wissenschaftler werteten Luftaufnahmen um Banff in British Columbia aus und schätzten den Anteil an Feuchtgebieten in den Rocky Mountains auf 2% der Gesamtfläche. Davon gehen fast die Hälfte, nämlich 43%, auf den Biber zurück. Selbst im flachen Gelände, wo Menschen den Biber immer wieder in die Schranken weisen, waren es noch 26%. In geschützten Gebieten wie in Nationalparks nahmen sie sogar 60% ein. Die vom Biber geschaffenen Feuchtgebiete hatten 10-mal mehr offene Wasserflächen als Feuchtgebiete ohne Biber.[270] Im Bereich des Mississippi-Beckens nahmen von Bibern geschaffene Teiche in historischen Zeiten noch einen Umfang von über 5% der Fläche ein. Nach einer Berechnung von amerikanischen Forschern könnten heute mit einer Feuchtgebietsfläche von rund 3% der Landschaft selbst Hochwasserereignisse von der Dimension einer Jahrhundertflut abpuffern und Schäden in Milliardenhöhe verhindern.[155]

Ähnliches zeigte sich am Sastop River in New York, an dessen Seitenarm mit Biberdämmen und Feuchtgebieten gab es deutlich seltenere Hochwasserereignisse als an dem Seitenarm, an dem man aus Forschungsgründen alle Biberdämme entfernt hatte. Der Grund war, dass durch die Vielzahl an Dämmen der Wasserabfluss zum Teil um das Hundertfache verzögert war.[274]

Eine ähnliche Untersuchung fand im kanadischen British Columbia statt. Hier wurden nicht etwa Flüsse zeitgleich miteinander verglichen, sondern die langfristige Entwicklung eines Flusses, nach dem man dort alle Dämme entfernt hatte. Nach Beseitigen von 18 Biberdämmen am Sandown Creek wurde das Gebiet über 36 Jahre beobachtet. Im Laufe der Zeit veränderte sich die Gewässerstruktur deutlich von einem mehrarmigen zu einem gestreckten, einarmigen Kanal. Die Fließgeschwindigkeit des Baches erhöhte sich danach um das Fünffache.[117] Auch die Landbedeckung wandelte sich markant, das Mosaik aus Offenland (69%), Gebüschen (22%) und Biberteichen (9%) änderte sich zu einem einzigen Gerinne und einer von Wald dominierten Fläche (90%). Die dämpfende und zeitverzögernde Wirkung der Biberdämme war also verloren gegangen.

Doch wie ist die Situation in Europa? Auch in unserer Landschaft nahmen Feuchtgebiete ursprünglich ein Gebiet von 1,8 Millionen ha oder rund 5% der Fläche ein.[83] Da in Mitteleuropa der Biber aber schon seit dem Mittelalter nur noch in geringen Dichten vorkam, ist es unklar, welchen Anteil seine Dämme zusätzlich an den Feuchtgebieten hatte. Vieles spricht dafür, dass dies eine ähnliche Größenordnung wie in Nordamerika war.

Zur Wirkung von Biberdämmen bei Hochwasser gibt es in Europa nur wenige Studien. Untersuchungen aus den belgischen Ardennen zeigen, dass Biberdämme Hochwasserspitzen um rund einen Tag verzögerten.[309] Auch das Wiederkehrintervall von Hochwasserereignissen über 60 m^3/s erhöhte sich in den Ardennen von 3,4 auf 5,5 Jahre, seit die Biberdämme vorhanden waren. In wasserwirtschaftlichen Kategorien handelt es sich hier aber um kleine, aber häufige Hochwasserereignisse.

Im englischen Devon untersuchte eine Arbeitsgruppe ein einziges Biberrevier an einem Bachabschnitt mit einer Kaskade von 13 Biberdämmen, die in der Summe 1000 m^3 Wasser speicherten.[337] Der Spitzenabfluss in diesem Revier wurde im Mittel um 30%, der mittlere Gesamtabfluss um 34% reduziert. Die Biberteiche führten nach Starkregenereignissen zu einer Zeitverzögerung zwischen der Spitze des Niederschlagsereignisses bis zur Spitze des Abflusses um

29 %. Die Biberteiche milderten also den Hochwasser-Abfluss des Fließgewässers signifikant, d. h. eine Kappung der Hochwasserspitzen wurde erreicht.[337] Das ist Wasser, das bei Hochwasserereignissen in den Oberläufen natürlich zurückgehalten wird und in Tallagen zu keinen Schäden führt.

Wir untersuchten nun in verschiedenen Bayerischen Naturräumen die Lage und die Zahl von Biberdämmen.[333] Als Ergebnis zeigte sich, dass ein Schwerpunkt der Dammverbreitung die Mittel- und Oberläufe von wald- und wiesenreichen Mittelgebirgen bilden. Biber bauen Dämme ausschließlich an kleineren Gewässern meist unter 6 m Breite, die zu rund 95 % einen Gehölzsaum aufweisen. Es sind Fließgewässer unter 70 cm Wassertiefe (bei mittlerem Niedrigwasserabfluss), in denen regelmäßig ein Damm entsteht. Vergleicht man Bäche (Abschnitte) mit Dämmen mit solchen ohne Dämme, so sind Bäche mit Dämmen ursprünglich signifikant flacher. Biber besiedeln diese kleinen, flachen Fließgewässer erst später im Kolonisierungsprozess, wenn größere, tiefere Gewässer bereits besetzt sind. Solche Gebiete erschließen sich Biber mit Dämmen. Gerade die kleinen und flachen Fließgewässer die vom Biber nur mit Dämmen besiedelt werden können, machen aber 60–80 % der Gesamtstrecke eines Fließgewässersystems aus.[419] Mit zunehmender Populationsgröße der Biber steigt auch die absolute Zahl an Dämmen an.

Auf Basis dieser Daten wurden durch die Technische Universität München verschiedene Biberdammszenarien in zwei Untersuchungsgebieten (das eine agrarisch geprägt, das andere von Wald dominiert) hydraulisch modelliert. In dem agrarisch geprägten Gebiet trat für ausgewählte Szenarien eine merkliche Kappung der Hochwasserspitzen während eines erhöhten Abflusses von bis zu 13 % auf. Da es sich hierbei aber nur um kleine Ereignisse handelt, konnte in dieser Studie kein wesentlicher Effekt auf den Verlauf von Hochwasser festgestellt werden.[286]

Welche Wirkung Dämme erzielen, hängt auch von ihrer Stabilität gegenüber Extremabflüssen ab. Es zeigte sich, dass spätestens zwischen 10- (HQ10) und 20-jährigem Hochwasser (HQ20) die Stabilitätsgrenze eines Dammes erreicht ist und die Dämme brechen.[187] Es sind also kleine Bäche und kleinere Hochwasserereignisse, auf die die Biberdämme in Mitteleuropa einen Einfluss haben können. Bei 50 oder 100-jährigem Hochwasser spielen Biberdämme keine Rolle mehr.

Brechen die Dämme wird oft ein Problem bei den Unterliegern befürchtet. Tatsächlich tritt das in der Regel aber nicht ein. Biberdämme brechen selten komplett, sondern meist nur auf einer Seite und das Wasser läuft langsam aus. Das Dammmaterial wird oft nicht in einem Block mittransportiert, sondern verteilt sich rasch.

Worauf beruht die Wirkung von Biberdämmen bei kleinen Hochwasserereignissen?

Ein Faktor hierbei ist der Teil des Dammvolumens, der nur bei Hochwasser aufgefüllt wird, aber bei Niedrig- und Mittelwasserabflüssen frei bleibt. Dieser sogenannte Freibord, also der Unterschied zwischen dem Wasserstand vor dem Hochwasser und der Dammkante, bestimmt letztlich das Wasservolumen das zusätzlich zurückgehalten wird. Dieser Freibord liegt nach unseren Studien bei maximal 45 cm. Bei Hochwasserabflüssen kann so der Bereich bis zur Dammkrone aufgefüllt werden, bis letztlich die Dammkrone überströmt wird. Dies kann als abflussverzögernder Effekt zur Kappung der Hochwasserspitzen beitragen, ist aber nicht besonders hoch.

Da Biberdämme an das Gewässerprofil und die Talform angepasst sind, spielt auch die umgebende Topografie eine wichtige Rolle für das Rückhaltepotenzial von Biberdämmen. Die Verringerung der Fließgeschwindigkeit ist nach derzeitiger Kenntnis der wichtigste Faktor. Sie erklärt sich vor allem durch die Änderung der

▷ Biberdämme wie hier an der Dorfen bei Oberhummel (D) wirken weit über den Wasserlauf hinaus, es entstehen zahlreiche Gerinne und Nebenarme, die das Wasser bremsen. Auch die Dämme selbst sind unterschiedlich durchlässig.

Laufform von einem gestreckten zu einem mehrarmigen, starkverzweigten Typ. Das Gewässer schwillt an, tritt über die Ufer, überflutet die ursprüngliche Aue, wird vielarmig und erhöht die Laufstrecke. Je nach Größe der überfluteten Fläche können so riesige Wasservolumina zurückgehalten werden. Auf den neuen Strecken versickert auch vermehrt Wasser und das Grundwasser wird gespeist. Die so bewirkte Abflussverzögerung ist ein Teil der Wirkung der Biberdämme bei Hochwasser.[463, 469, 187]

Wasserspeicherung und Grundwasserneubildung

Die Wirkung von Dämmen sollte aber nicht nur unter dem Aspekt des Hochwasserrückhalts bei Starkregenereignissen betrachtet werden, sondern auch unter dem Aspekt Wasserspeicherung bei Trockenperioden, gerade unter dem Eindruck des sich verstärkenden Klimawandels.

In den 1990er Jahren verglich eine nordamerikanische Studie den Wasserhaushalt von Einzugsgebieten mit und ohne Biberdämme. Dabei stellten sie fest, dass Wassereinzugsgebiete mit Biberdämmen mehr Wasser über Evapotranspiration (Summe der Verdunstung über Pflanzen und den Boden- und Wasseroberflächen) verlieren, verminderte Abflüsse und ein höheres Rückhaltevolumen aufweisen.[463]

Über Biberteiche verdunstet und versickert Wasser, wo es entsteht, wird zum Teil in der Landschaft gespeichert, zum anderen Teil zeitlich verzögert abgegeben. Neben der direkten Wasserspeicherung im Gebiet entstehen an den ehemaligen Biberteichen kohlenstoffreiche, organisch angereicherte Böden, die eine deutlich größere Wasserhaltefähigkeit besitzen.

Zwei Forscherinnen aus Kanada untersuchten anhand von Datenreihen in Zentral-Alberta, wie sich der Landschaftswasserhaushalt in 54 Jahren unter Biberaktivität entwickelte, indem sie Landschaften vor und während einer Biberbesiedelung verglichen.

Durch die Biberaktivität, also vor allem Biberdämme und Kanäle, erhöhte sich der Anteil an offenen Wasserflächen um 60 %. Dies war umso erstaunlicher, als das Vergleichsjahr 2002 als extremes Trockenjahr in Kanada galt. Biber hatten, um ihr Überleben zu sichern unablässig Kanäle gegraben und ihre Teiche vertieft, um das spärlicher werdende Wasser zurück zu halten. Manche Biber verbrachten mehr Zeit mit dem Graben als mit der Futtersuche. Durch den größeren Wasserrückhalt und der damit verbundenen Aufhöhung des Grundwasserspiegels profitierten die Landwirtschaft, die im Umfeld weniger starke Zuwachseinbußen hatte, und die Forstwirtschaft, da in der Nähe der Biberteiche keine Borkenkäferkalamitäten aufgrund von fehlendem Trockenstress auftraten. Die Autorinnen resümierten, dass der Biber der wichtigste Faktor für den Wasserhaushalt in dieser Landschaft war, wichtiger als der Niederschlag oder die Temperatur. Kein anderer Faktor war danach auf regionaler Ebene so entscheidend. Die Entfernung von Bibern aus der Landschaft, so deren Fazit, bedeutet eine negative Änderung des Landschaftswasserhaushaltes.[173]

Ebenfalls in Kanada zeigten Wissenschafler, dass Biber, die dort in Teichen lebten, durch das Graben von Kanälen, um sich ihre Nahrung zu erschließen, die Wasserflächen ebenfalls um rund 60 % erhöhten. Zugleich verlängerte sich die Uferlinie um 575 %. Die Kanäle erreichten zum Teil Längen von 200–300 m und gesamthaft schafften die Biber 46 km neue Uferlinien und bewegten in dem 13 km² großen Untersuchungsgebiet geschätzte 22 300 m³ Erdmaterial.[174]

▷ An flachen Gewässern können Biberdämme lange funktionsfähig bleiben. Hier an der Rohrach existieren Kaskaden von 17 Dämmen.

Für die Biberteiche der Dorfen bei Freising (Mittlere Isar) konnten ähnliche Phänomene beobachtet werden wie in den kanadischen Untersuchungen. Die Wasserflächen stiegen in dem „Biberplot" um 47% an (8,2 ha bzw. 10,5 ha) und der Grundwasserspiegel erhöhte sich um 0,5 m in einem Gebiet von rund 23 ha.

Mitte der 1990er Jahre fand aber im Rahmen einer Forschungsarbeit eine Auswertung der Grundwasserpegel der Flughafengesellschaft München (Beweissicherungsverfahren) im Bereich der Dorfenmündung statt. Hier zeigten sich anhand langer Datenreihen, dass Pegel in der Nähe der Biberdämme einen Grundwasseranstieg von 30 bis 50 cm registrierten.[469] Während die periodischen Hochwasserereignisse der Isar wiederholt durch einen leichten Anstieg gekennzeichnet sind, ist ab 1986 die Wirkung des Biberdamms auf das Grundwasser erkennbar. Mit Entfernung des Damms im November 1993 sank der Grundwasserspiegel erst über einen Zeitraum von 13 Monaten wieder auf den ursprünglichen Wert.[401]

Der durch Biberteiche verursachte Überstau kann je nach Gewässer bereits im Staubereich, z.T. aber auch nach dem breitflächigen Überströmen des Damms in zahlreichen neuen Kanälen zur Grundwasserbildung führen (z.B. Dorfen).[469] Es sind besonders diese überrieselten Bereiche nach dem Damm, die wesentlich zur Grundwasserneubildung beitragen, da sie noch nicht mit Sediment abgedichtet sind.[455, 270]

Gewässerreinigung

Durch den Damm verringert sich die Fließgeschwindigkeit des Wassers. Bodenmaterial lagert sich vor dem Damm ab und der Grundwasserspiegel steigt an. Chemikalien wie Nitrat, Phosphor und Pflanzenschutzmittel werden abgebaut.[220, 274]

Doch lassen sich die volkswirtschaftlichen Nutzen des Dammbaus auch monetär fassen? Für die Wiedereinbürgerung des Bibers in Hessen wurde dies versucht.[44] Entlang der Jossa, einem Mittelgebirgsbach im Spessart, hatten Biber insgesamt rund 20 000 Quadratmeter Wasserfläche geschaffen und weitere 15 000 Quadratmeter vernässt. Die Gewässerflächen an der Jossa hatten durch die Biberaktivität um 17 % zugenommen.

Die Dämme wirken wie Filter auf Nährstofffrachten, die ansonsten zu Algenwachstum und Sauerstoffverlust im Gewässer geführt hätten. Die Verweildauer des Wassers in der Fläche stieg an und damit die Retentionsleistung und der Stickstoffabbau. Allein im Jahr 2000 wurden im Jossatal rund 4700 kg Stickstoff durch die Biberaktivität dem Gewässer entzogen. Stickstoff, der sonst aufwendig über chemische Kläranlagen dem Wasser entzogen werden müsste, da hohe Nitratwerte krebserregend sind. Diese Reinigung hätte Kosten von 36 000 Euro verursacht. Eine Leistung, die der Biber kostenlos erbringt.

Bei Verrechnung aller angefallenen Kosten und Schäden mit allen in Wert gesetzten Nutzen ergibt sich ein Gegenwert des Biberprojekts in Höhe von 15 Mio. Euro für die Gesellschaft allein an diesem einen Gewässer, so der Autor der Studie.[44]

Im Durchschnitt wird heute Wasser achtmal chemisch aufbereitet, bevor es als Trinkwasser tauglich ist.[5] Der Biber könnte so ein wichtiger Verbündeter sein bei den Bestrebungen, Wasser zu reinigen, zu speichern, Feuchtgebiete zu schaffen und Fließgewässer zu renaturieren. Bisher wird diese Fähigkeit wenig beachtet und kaum genutzt.

▷ Die Grundwasserganglinie am Flüsschen Acherl bei Freising zeigt, wie durch einen Biberdamm ab 1986 der Grundwasserspiegel anstieg und so große Wassermengen in der Fläche zurückgehalten wurden.[469]

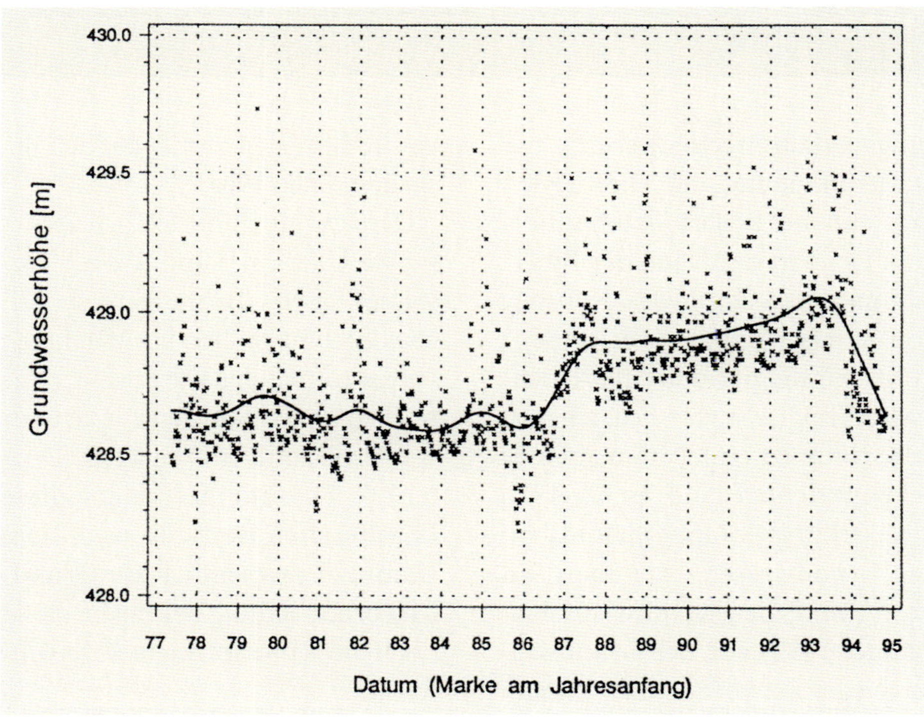

Sedimentrückhalt

Durch die verminderte Fließgeschwindigkeit haben Biberdämme einen direkten Einfluss auf die Sedimentation. Hinter den Dämmen werden so je nach Beschaffenheit und Steilheit der Gewässer große Mengen an Sedimenten zurückgehalten. Die Effektivität von Biberdämmen konnte in verschiedenen Studien aufgezeigt werden. Kleine

Dämme von 4–18 m^3 Holzvolumen können 2000–6500 m^3 Sedimente zurückhalten.[283] Derselbe Autor hat in Quebec auf der Landschaftsebene ausgerechnet, welche Sedimentmenge durch Biberdämme aufgehalten werden. In einem nur 673 km^2 großen Gebiet lag diese Menge bei 3,2 Mio m^3, eine Menge, mit der sämtliche Gewässer mit einer 40 cm hohen Schlammschicht hätte überzogen werden können.[282] Beutler und Malanson haben diese Berechnung auf den gesamten nordamerikanischen Kontinent vor der Ankunft der ersten Siedler ausgeweitet: die beiden Autoren rechneten mit einem durchschnittlichen Sedimentvolumen pro Biberteich von 200–500 m^3 und kamen so auf eine astronomische Zahl von 7,5–125 Mio. m^3 Sediment für ganz Nordamerika. Eine Menge, die in Eurasien ähnlich gewesen sein dürfte.

Mit dem Verschwinden der Biber sind aber auch diese natürlichen „Sandfänger“ verschwunden. Dies hat dazu geführt, dass große Sedimentmengen nicht mehr zurückgehalten wurden. Die Gewässer haben sich von mehrarmigen zu einarmigen, schnell fließenden Bächen entwickelt, die sich immer mehr in den Boden eingraben.

	Oberhalb Biberdamm	Unterhalb Biberdamm
Wasserqualität	↑ Wasserspeicherung ↑ Wassertiefe ↑ Grundwasserneubildung	↓ Fließgeschwindigkeit ↓ Schwere von Überschwemmungen ↑ Gleichmäßigkeit des Abflusses ↑ Grundwasserneubildung ↑ erhöhter Abfluss spät im Jahr
Wasserqualität	↑ Methanproduktion ↑ Kohlenstoffbindung ↑ Andere Nährstoffe ↓ Sauerstoffkonzentration ↑ Aerobe Atmung ↑ Sedimentrückhalt	↓ Sedimentrückhalt ↓ Temperatur
Ökosysteme	↑ Feuchtgebiete ↑ Uferbereich ↑ Offenlegung von Wäldern	↑ Uferbereich ↑ Offenlegung von Wäldern
Lebensräume	↑ Fisch-Lebensräume ↑ Insekten-Lebensräume ↑ Vogel-Lebensräume ↑ Kleinsäuger-Lebensräume ↑ Amphibien-Lebensräume	↑ Fisch-Lebensräume ↑ Insekten-Lebensräume ↑ Vogel-Lebensräume ↑ Ufervegetations-Lebensräume

▷ Biberdämme haben vielfältige Funktionen und Ökosystemdienstleistungen zu bieten.

Viele Gewässerökologen in Nordamerika haben das mittlerweile erkannt und propagieren die Wiederansiedlung des Bibers deshalb im großen Stil. Dort, wo noch keine Biber sind, bauen Gewässerökologen immer mehr künstliche Biberdämme in die Gewässer ein.[456, 332]

Im Rahmen einer Masterarbeit wurde beleuchtet, welche Wirkung Biberdämme auf die Sedimentation haben. Die Ergebnisse zeigen, dass die Sedimentmächtigkeit in Dammnähe am größten ist. Zudem besteht eine Tendenz, dass sich am Gewässerrand jeweils mehr Sediment ablagert als zur Teichmitte hin. In tiefem Wasser wird generell weniger Sediment abgelagert als in niedrigem Wasser. Die Korngrößenverteilung zeigt eine Dominanz von Ton und organischem Material, die häufigsten Habitate der Biberteiche waren dabei Pelal (Schlamm mit einem hohen Anteil an Feindetritus) und Argillal (lehmig-tonige Sedimente).[348]

Auch an Spessartbächen untersuchte man den Einfluss von Biberdämmen auf die Gestalt der Bäche und den Sedimentrückhalt. Dort nahm die Gesamtlänge eines Fließgewässers zu, da die Dämme eine vielfache Verzweigung des Gerinne-Netzwerks bewirken.[187]

Klimawandel

Biber können wie oben gezeigt auf verschiedene Art dämpfenden Einfluss auf die Auswirkungen des Klimawandels haben, indem sie bei mittleren Hochwassern den Abfluss bremsen oder bei Trockenheit große Wassermengen zurückhalten, Grundwasser anreichern, das Wasser langsam an die Gewässer zurückgeben und die Temperaturextreme im Gewässer vor allem im Sommer abpuffern und verschiedene kühle Stellen bereitstellen.

Der Klimawandel fordert die Gesellschaft dazu auf, neue Ideen um unsere Wasserversorgung zu sichern. Eine Nation, die heute schon neue Wege geht, sind die Vereinigten Staaten. In den letzten Jahren war vor allem der Südwesten von anhaltender Trockenheit betroffen. Wasser wurde in vielen Gebieten rar und es kam zum Teil zu verheerenden Waldbränden. Beton war bisher die Lösung. Doch geht es auch einfacher. Verschiedene Staaten haben begonnen, wieder Biber auszusetzen, damit diese auf natürliche Weise Wasser zurückhalten, wie sie es seit Millionen von Jahren tun.[456, 457, 35, 333, 237]

Biber sind nicht die Antwort auf all unsere Probleme – aber ein guter Start!

Biber sind Gestalter. Damit können sie aber auch für erhebliche Konflikte sorgen. Auch um ihre Wirkung auf der Fläche zu halten, werden viele ihrer Schäden heute durch staatliche Stellen oder aber durch Naturschutzorganisationen vergütet. In der Schweiz z. B. übernehmen dies Bund und Kantone, das Bundesland Bayern besitzt dagegen einen staatlichen Fonds für Biberschäden. Die Vergangenheit im Bibermanagement hat gezeigt, dass eine rein schadenzentrierte Betrachtung – mit anschließenden Eingriffen in die Biberpopualtion – selten zu einer befriedigenden Lösung führt. Werden Biber entnommen, kommen andere nach. Anstatt sich aber mit den Tieren in eine persönliche Fehde zu begeben, ist es sinnvoller, all die positiven Effekte des Bibers für die Natur und letzten Endes auch für uns Menschen zu nutzen. Wir haben im Buch aufgezeigt, wo uns der Biber überall von Nutzen sein kann. Uns ist es ein Anliegen, dass wir als Gesellschaft die Herausforderung mit dem Biber annehmen. Das beinhaltet, dass wir als Gesellschaft den Gewässern und damit auch Bibern den nötigen Platz zur Verfügung stellen. Davon profitiert dann nicht nur die Natur, sondern auch der Mensch. Es geht also nicht nur um den Biber, sondern auch um das, was er schafft.

ANHANG/LITERATUR

1. ALBOV, S. A. (2015). Behaviour of beavers *(Castor fiber)* in the drought in the Prioksko-Terrasnyi Nature Biosphere Reserve (Central European Russia). – In: BUSHER, P. & SAVELJEV, A. eds. (2015). Beavers-from genetic variation to landscape-level effects in ecosystems: 7th International Beaver Symposium Book of Abstracts (14-17 September 2015), Voronezh, Russia: 14 S.
2. ALEKSIUK, M. (1968): Scent-mound communication, territoriality and population regulation in the beaver *(Castor canadensis)*. Journal of Mammalogy 49(4): S. 759-762.
3. ALEKSIUK, M. (1970). The function of the tail as a fat storage depot in the beaver *(Castor canadensis)*. Journal of Mammalogy 51(1): S. 145-148.
4. ALLGÖWER, R., JÄGER, O. (2003). Die Rückkehr des Bibers *Castor fiber L.* (*Castoridae*, Rodentia) nach Baden-Württemberg (Südwestdeutschland) – Nur eine Bereicherung der Artenvielfalt? S. 107-119 in: Biologiezentrum der Oberösterreichischen Landesmuseen. Biber – Die erfolgreiche Rückkehr. 183 S.
5. ALT, F. (2001). Agrarwende jetzt. Gesunde Lebensmittel für alle. Goldmann, München. 184 S.
6. ANDEREGG, R., BAUMGARTNER, H. (1997). Der Biber - ein wertvoller Partner im Naturschutz. Bundesamt für Umwelt, Wald und Landschaft (BUWAL). Bulletin Umweltschutz, 1/97: S. 47-49.
7. ANDERSONE, Z. (1999). Beaver: A new prey of wolves in Latvia? Comparison of winter and summer diet of *Canis lupus* Linnaeus 1758. S. 103-108 in: BUSHER, P.E., DZIECIOLOWSKI, R. (Hrsg.). Beaver Protection, Management and Utilization in Europe and North America. Kluwer Academic/Plenum Publishers, New York. 182 S.
8. ANDREYCHEV, A. (2017). Population density of the Eurasian beaver *(Castor fiber L.)* (*Castoridae*, Rodentia) in the Middle Volga of Russia. Forestry Studies 67(1): S. 109-115.
9. ANGST, C. (2010). Mit dem Biber leben. Bestandeserhebung 2008. Perspektiven für den Umgang mit dem Biber in der Schweiz. Umwelt-Wissen Nr. 1008. Bundesamt für Umwelt, Bern, und Schweizer Zentrum für die Kartographie der Fauna, Neuenburg. 156 S.
10. ANGST, C. (2014). Biber als Partner bei Gewässerrevitalisierungen. Anleitung für die Praxis. Umwelt-Wissen Nr. 1417. Bundesamt für Umwelt, Bern. 16 S.
11. ANGST, C. (2018). Biber und SBB-Geleiseinfrastruktur. Massnahmen und Prävention. www.biberfachstelle.ch. S 51.
12. ANTON, J. M., MC PERSON, R.S. (2000). River flowing from the sunrise. Utah State University, Logan: 232 S.
13. ASBRIK, S. (2001). Reintroduction of the European beaver *(Castor fiber)* in Denmark. S. 25 - 28 in: CZECH, A., SCHWAB, G. (Hrsg). The European Beaver in a new millennium. Proceedings of 2nd European Beaver Symposium, 27-30 Sept. 2000, Bialowieza, Poland. Carpathian Heritage Society, Krakow. 196 S.
14. BAJOMI, B., BERA, M., CZABAN, D., GRUBER, T. (2016). Eurasian beaver re-introduction in Hungary. Research Gate: S. 211-215.
15. BAKER, B.W. (2003. Beaver *(Castor canadensis)* in heavily browsed environments. Lutra 46: S. 173–181.
16. BAKER, B.W., DUCHARME, H.C., MICHELL, D.C.S., STANLEY, TR., PEINETTI, H.R. (2005). Interaction of beaver and elk herbivory reduces standing crop of willow. Ecological Applications 15: S. 110-118.
17. BALCIAUSKS, L., BALCIAUSKIENE, L., TRAKIMAS, G. (2001). Beaver influence on amphibian breeding in the agro-landscape. S. 105-112 in: CZECH, A., SCHWAB, G. (Hrsg). The European Beaver in a new millennium. Proceedings of 2nd European Beaver Symposium, 27-30 Sept. 2000, Bialowieza, Poland. Carpathian Heritage Society, Krakow. 196 S.
18. BALDWIN, J. (2015). Potential mitigation of and adaptation to climate-driven changes in California's highlands through increased beaver populations. Californian Fish and Game 101: S. 218-240.
19. BALODIS, M.M. (1992). Der Biber in Lettland. 2. Int. Symposium Semiaquatische Säugetiere. Wiss. Beitr. Univ. Halle: S. 121-129.
20. BALODIS, M.M., LAANETU, N., ULEVICUS, A. (1999). Beaver Management in the Baltic States. S. 25-29 in: BUSHER, P.E., DZIECIOLOWSKI, R. (Hrsg.). Beaver Protection, Management and Utilization in Europe and North America. Kluwer Academic/Plenum Publishers. New York. 182 S.
21. BAUER, M.J. (2011). Der Einfluss des Bibers auf Spechte im Auwald. VDM-Verlag Dr. Müller. 142 S.
22. BAYERISCHES LANDESAMT FÜR UMWELTSCHUTZ (1994). Biber. Beiträge zum Artenschutz Bd. 18. 67 S.
23. BAYERISCHES LANDESAMT FÜR UMWELTSCHUTZ (1997). Der Biber in der Kulturlandschaft – Probleme mit dem Biber und Möglichkeiten der Problemlösung. 63 S.
24. BECKOFF, M. (2009). Animal emotions, wild justice and why they matter: grieving magpies, a pissy baboon, and empathic elephants. Emotion, Space and Society 2: S. 82–85.
25. BELOVSKY, G.E. (1984). Summer Diet Optimization by Beaver. The American Midland Naturalist 111(2): S. 209–222.
26. BELZECKI, G., MILTKO, R., KOWALIK, B., DEMIASZKIEWICZ, A.W., LACHOWICZ, J., GIZEJEWSKI, Z., OBIDZINSKI, A., MCEWAN, N.R. (2018). Seasonal variations of the digestive tract of the Eurasian beaver *Castor fiber*. Mammal Research 63(1). S. 21–31.
27. BENDA, L., HASSAN, M.A., CHURCH, M., MAY, C.L. (2007). Geomorphology of steepland headwaters: the transition from hillslopes to channels 1. JAWRA Journal of the American Water Resources Association, 2005, 41. Jg., Nr. 4: S. 835-851.
28. BERNDT, R. (1940). Über die Tauchdauer beim Biber. Zool. Garten 12(2/3): S. 195–196.
29. BERWING, G., KLAUS, S. (2003). Biber wandern nach Südthüringen ein. Landschaftspflege und Naturschutz in Thüringen 40(2): S. 59-60.
30. BERZINA, Z., GACKIS, M., DEKSNE, G. (2012). Endoparasites fauna of the Eurasian beaver *(Castor fiber)* in Latvia. - Abstracts 6th International Beaver Symposium 17-20 September 2012 Ivanić Grad, Croatia: 19.
31. BESCHTA, R.L., RIPPLEY, W.J. (2008). Wolves, trophic cascades, and rivers in the Olympic National Park, USA. Ecohydrology 1: S. 118-130.
32. BEUTLER, D.R., MALANSON, G.P. (1995). Sedimentation rates and patterns in beaver ponds in a mountain environment. Geomorphology 13: S. 255–269.

32a. BIBERFACHSTELLE (2019). Persönliche Mitteilung 31.12.2019.

33. BIEDRZYCKAA, A., KONIORB, M., BABIKB, W., SWISŁOCKAC, M., RATKIEWICZ, M. (2014). Admixture of two phylogeographic lineages of the Eurasian beaver in Poland. Mammalian Biology 79: S. 287–296
34. BIOLOGIEZENTRUM LINZ, Oberösterreichisches Landesmuseeum. (2003). Biber – Die erfolgreiche Rückkehr. 183 S.
35. BIRD, B., O'BRIEN, M., PETERSEN, M. (2011). Beaver and Climate Change Adaptation in North America. A Simple, Cost- Effective Strategy. 58 S.
36. BIRO, D., HUMLE, T., KOOPS, K., SOUSA, C., HAYASHI, M., MATSUZAWA, T. (2010). Chimpanzee Mothers at Bossou, Guinea, Carry the Mummified Remains of Their Dead Infants. Current Biology 20: S. 351–352.
37. BLANCHET, M. (1994). Le Castor et son Royaume. Delachaux et Niestlé, Paris : 312 S.
38. BLANKE, D. (1998). Biber in Niedersachsen. Informationsdienst Naturschutz 18(2): S. 29-35.
39. BNATSCHG (2002). Gesetz über Naturschutz und Landschaftspflege. BGBl I 2002: 1193
40. BORODINA, M.N. (1958) Die Reakklimatisierung des Bibers im Gebiet der Oka und die biologischen Grundlagen seiner wirtschaftlichen Nutzung (in russ.). Diss. Moskau. Deutsche Übersetzung.
41. BOYCE, M.S (1974). Beaver population ecology in interior Alaska. M.S. Thesis. Univ. Alaska, Fairbanks. 161 S.
42. BOYCE, M.S. (1981). Habitat ecology of an unexploited population of beavers in interior Alaska. S. 155-186 in: CHAPMAN, J.A., PURSLEY, D. (Hrsg.). Proceedings of Worldwide Furbearer Conference 3-11 Aug. 1980, Frostburg, Md. Volume 1. Frostburg, Md. Worldwide Furbearer Conference, Inc.
43. BOZSÉR, O. (200[illegible]). History and reintroduction of the beaver *(Castor fiber)* in Hungary with special regard to the floodplain of the Danube in Gemenc area. S. 44-46 in: Czech, A., Schwab, G. (Hrsg.). The European Beaver in a new millennium. Proceedings of 2nd European Beaver Symposium, 27-30 Sept. 2000, Bialowieza, Poland. Carpathian Heritage Society, Krakow. 196 S.
44. BRÄUER, I. (2002). Was kostet die Rückkehr des Bibers nach Hessen tatsächlich? Eine ökonomische Analyse des hessischen Programms zur Wiedereinbürgerung des Bibers. Jahrbuch Naturschutz in Hessen 7: S. 76-84.
45. BRENNER, F.J. (1962). Foods Consumed by Beavers in Crawford County, Pennsylvania. Journal of Wildlife Management 26(1): S. 104-107.
46. BUECH, R.R., RUGG, D.J., MILLER, N.L. (1989). Temperature in beaver lodges and bank dens in a near-boreal environment. Canadian Journal of Zoology 67: S. 1061-1066.
47. BUND (2015). Die Ulmer Casteriologia von 1685. BUND Baden-Württemberg, Aalen. 78 S.
48. BUNDESAMT FÜR UMWELT (2016). Konzept Biber Schweiz. Vollzugshilfe des BAFU zum Bibermanagement in der Schweiz: 43 S.
49. BUSHER, P.E. (1987). Population parameters and family composition of beaver in California. Journal of Mammalogy 68: S. 860-864.
50. BUSHER, P.E. (2003). Food caching behaviour of the American beaver in Massachusetts. Lutra 46(2): S. 139-146.
51. BUSHER, P.E. (2019). Understanding wildlife behaviour as a mechanism for management solutions: What can we learn from a long-term study of an unexploited beaver population? 34th IUGB Congress, Kaunas, Lithuania.
52. BUSHER, P.E., DZIECIOLOWSKI, R. (Hrsg). (1999). Beaver Protection, Management and Utilization in Europe and North America. Kluwer Academic/Plenum Publishers, New York. 182 S.
53. BUSHER, P.E., LYONS, P.J. (1999). Long-term population dynamics of the North American beaver *(Castor canadensis)*, on Quabbin Reservation, Massachusetts and Sagehen Creek, California. S. 147-160 in: BUSHER, P.E., DZIECIOLOWSKI R. (Hrsg.). Beaver protection, management, and utilization in Europe and North America. Kluwer Academic/Plenum Press, New York. 182 S.
54. BUSSLER, H. (2002). Untersuchungen zur Faunistik und Ökologie von *Cucujus cinnaberinus* in Bayern. Nachrichtenblatt der Bayerischen Entomologen 51(3/4): S. 42-60.
55. CAMPBELL-PALMER, R., GOW, D., SCHWAB, G., HALLEY, D., GURNELL, J., GIRLING, S., LISLE, S., CAMPBELL, R., DICKINSON, H., JONES, S., PARKER, H., ROSELL, F. (2016). The Eurasian Beaver Handbook. Pelagic Publishing, Exeter. 214 S.
56. CAMPELL, U. (um 1570). Raetiae Alpestris Topographica Descriptio. In: Jahresbericht der Naturforschenden Gesellschaft Graubünden. XLII Band. 1899.
57. CASTOR, J., POLLOCK, M., JORDAN, C., LEWALLEN, G., WOODRUFF, K. (2015). The Beaver Restoration Guidebook. Working with Beaver to Restore Streams, Wetlands, and Floodplains. US Fish and Wildlife Service, National Oceanic

and Atmospheric Administration Portland State University, US Forest Service: S. 191.

58. ČERVENÝ, J., ANDĚRA, M., KOUBEK, P., HOMOLKA, M., & TOMAN, A. (2001). Recently expanding mammal species in the Czech Republic: distribution, abundance and legal status. Beiträge zur Jagd- und Wildforschung, 26: S. 111-125.

59. ĆIROVIĆ, D., PAVLOVIĆ, I., IVETIĆ, V., MILENKOVIĆ, M., RADOVIĆ, I., & SAVIĆ, B. (2009). Reintroduction of the European beaver *(Castor fiber L.)* into Serbia and return of its parasite: the case of *Stichorchis subtriquetrus*. Archives of Biological Sciences, 61(1): S. 141-145.

60. COLES, B. (2006). Beavers in Britain's Past. Oxbow Books. Oxford. 242 S.

61. COLES, R.W. (1969). Thermoregulatory function of the beaver tail. Am. Zool. 9: S. 1092.

62. COLETTE, R. (1897). Bæveren i Norge, dens Utbredelsen og Levemaade (1896). Bergens Museums Aarbog 1: 139 S.

62a. CRAWFORD, J.C. (2015). Conspecific Aggression by Beavers *(Castor canadensis)* in the Sangamon River Basin in Central Illinois: Correlates with Habitat, Age, Sex and Season - The American Midland Naturalist 173(1): S. 145–15.

63. CROSS, H.B., ZEDROSSER, A., NEVIN, O., ROSELL, F. (2014): Sex Discrimination via Anal Gland Secretion in a Territorial Monogamous Mammal. Ethology 120: S. 1044–1052.

64. CZECH, A. (1999). The status of the European beaver in Poland. Abstract in Proceedings of III. International Symposium Semiaquatic mammals and their habitats. Osnabrück/Germany 25-27 May 1999.

65. CZECH, A. (2003). Development of the beaver *(Castor fiber L.)* population in Poland and its consequences. S. 40-41 in: Programme and abstracts of the Third International Beaver Symposium, Arnhem, The Netherlands, 13-15 October 2003.

66. CZECH, A., SCHWAB, G. (Hrsg). (2001). The European Beaver in a new millennium. Proceedings of 2nd European Beaver Symposium, 27-30 Sept. 2000, Bialowieza, Poland. Carpathian Heritage Society, Krakow. 196 S.

67. DAILY, G. C. (1997). Nature's services (Vol. 19971). Island Press, Washington, DC.

68. DAILY, G. C., MATSON, P. A. (2008). Ecosystem services: From theory to implementation. Proceedings of the national academy of sciences, 105(28): S. 9455-9456.

69. Dalbeck, L. (2011). Biberlichtungen als Lebensraum für Heuschrecken in Wäldern der Eifel. Articulata, 26 (2): S. 97-108.

70. DALBECK, L., WEINBERG, K. (2009). Artificial ponds: a substitute for natural Beaver ponds in a Central European Highland (Eifel, Germany)? Hydrobiologia, 630(1): S. 49-62.

71. DALBECK, L., J. JANSSEN & S.L., VÖLSGEN, S.L. (2014). Beavers *(Castor fiber)* increase habitat availability, heterogeneity and connectivity for common frogs *(Rana temporaria)*. - Amphibia-Reptilia 35: S. 321-329.

72. DALBECK, L., LUESCHER, B., OHLHOFF, D., LUSCHER, B. (2007). Beaver ponds as habitat of amphibian communities in a central European highland. Amphibia Reptilia, 28 (4): S. 493-501.

73. DANILOV, P., FYODOROV, F.V. (2016). The history and legacy of reintroduction of beavers in the European North of Russia. Russian Journal of Theriology 15(1): S. 43-48.

74. DANILOV, P.I. (1995). Canadian and European beavers in Russian Northwest. S. 11-16 in: Proceedings of the Third Nordic Beaver Symposium. Finnish Game and Fisheries Research Insitute, Helsinki.

75. DANILOV, P.I., KANSCHIEV, V.Y. (1983). The state of populations and ecological characteristics of European *(Castor fiber L.)* and Canadian (*Castor canadensis* KUHL) beavers in the northwestern USSR. Acta Zool. Fennica (174): S. 95-97.

76. DEHNEL, A. (1948). Wykaz stanowisk bobra (*Castor fiber vistulanus* Matschie) w dorzeczu górnego i srodkowego Niemna oraz górnej Prypeci w latach 1937-1939. Fragmenta Faunistica Musei Zoologii Polonici, 5: S. 199–224.

77. DEUTSCHER VERBAND FÜR WASSERWIRTSCHAFT UND KULTURBAU (1997). Gestaltung und Sicherung der vom Bisam, Biber und Nutria besiedelten Ufer. DVWK – Merkblatt 247. 80 S.

78. DIENBERGER, J. (2003). Die Bejagung des Bibers *(Castor fiber L.)* von der Steinzeit bis zur Gegenwart. S. 21-46 in: Biologiezentrum der Oberösterreichischen Landesmuseen. Biber – Die erfolgreiche Rückkehr. 183 S.

79. DIJSTRKA, V.A.A. (1999). Reintroduction of the beaver, *Castor fiber*, in the Netherlands. S. 15-26 in: Busher, P.E., Dzieciolowski R. (Hrsg.). Beaver protection, management, and utilization in Europe and North America. Kluwer Academic/Plenum Press, New York. 182 S.

80. DJOSHKIN, W.W., SAFONOW, W.G. (1972). Die Biber der Alten und der Neuen Welt. Neue Brehm Bücher. Wittenberg-Lutherstadt. 168 S.

81. DOBOSZYNSKA, T., ZUROWSKI, W. (1983). Reproduction of the European beaver. Acta Zoologica Fennica 174: S. 123-126.

82. DOLCH, D., HEIDECKE, D., TEUBNER J., TEUBNER J. (2002). Der Biber im Land Brandenburg. Naturschutz und Landschaftspflege in Brandenburg 11(4): S. 220-234.

83. DRÖSLER, M., SCHALLER, L., KANTELHARDT, J., SCHWEIGER, M., FUCHS, D., TIEMEYER, B., KAPFER, A. (2012). Beitrag von Moorschutz und Revitalisierungsmaßnahmen zum Klimaschutz am Beispiel von Naturschutzgroßprojekten. Natur und Landschaft, 87(2), 70-76.

84. DUCROZ, J.-F., STUBBE, M., SAVELJEV, A.P, ROSELL, F., SAMJAA, R., STUBBE, A., ULEVICUS, A., DURKA, W. (2003). Phylogeography of the Eurasian beaver *(Castor fiber)* using mitochondrial DNA sequences. S. 17 in: Programme and abstracts of the Third International Beaver Symposium, Arnhem, The Netherlands, 13-15 October 2003.

87. DURKA, W., BABIK, W., DUCROZ, J.-F., HEIDECKE, D., ROSELL, F., SAMJAA, R., SAVALIEV, A., STUBBE, A., ULEVIČIUS, A.U., STUBBE, M. (2005). Mitochondrial phylogeography of the Eurasian beaver *Castor fiber L.* Molecular Ecology 14: S. 3843–3856.

88. DYCK, A.P., MCARTHUR, R.A. (1993). Daily energy requirements of beaver *(Castor canadensis)* in a simulated winter microhabitat. Canadian Journal of Zoology 71: S. 2131 – 2135.

89. DZIECIOLOWSKI, R., GOZDZIEWSKI, J. (1999). The reintroduction of European beaver *(Castor fiber)* in Poland: a sucess story. S. 31-35 in: Busher, P.E., Dzieciolowski R. (Hrsg.). Beaver Protection, Management and Utilization in Europe and North America. Kluwer Academic/Plenum Publishers, New York. 182 S.

90. ELMEROS, M., MADSEN, A. B., BERTHELSEN J.P. (2003). Monitoring of reintroduced beavers *(Castor fiber)* in Denmark. Lutra 46(2): S. 153-162.

91. ERMALA, A., LAHTI, S. (2003). On the problems of the two beaver species *Castor fiber* and *Castor canadensis* in Finland. S. 18 in Programme and abstracts of the Third International Beaver Symposium, Arnhem, The Netherlands, 13-15 October 2003.

92. EU (1992). Richtlinie 92/43/EWG des Rates vom 21. Mai 1992 zur Erhaltung der natürlichen Lebensräume sowie der wildlebenden Tiere und Pflanzen.

93. FARB, P. (1990). Die Indianer – Entwicklung und Vernichtung eines Volkes. Ullstein. 366 S.

94. FASEL, M. (2014). Der Rückkehrer. Die Wiedereinwanderung des Bibers *(Castor fiber)* im Alpenrheintal und seine Verbreitung in Liechtenstein. Alpenland-Verlag, Schaan. 104 S.

95. FOMITSCHEWA, N.I. (1959). Die Vermehrung des Bibers *(Castor fiber L.)*. Bulletin der Moskauer Gesellschaft der Naturforscher, Biologische Abteilung, LXIV (3): S. 1-14.

96. FRANC, J. (1685). Castorologia, Ulm. Deutsche Übersetzung von BUND. 77 S.

97. FRANK, R., BERGAN, F., PARKER, H. (1998). Scent-marking in the Eurasian beaver *(Castor fiber)* as a means of territory defense. Journal of Chemical Ecology 24: S.207–219.

98. FRANKE, K., HEIDECKE, D. (1988). Das Biber-Betreuernetz in Sachsen-Anhalt. Naturschutz und Landschaftspflege in Brandenburg 1: S. 36-37.

99. FREYE, H.-A. (1978). *Castor fiber* Linnaeus, 1758 - Europäischer Biber. Handbuch der Säugetiere Europas. Bd. I Nagetiere I, Akademische Verlagsgesellschaft, Wiesbaden: S. 184-200.

100. FRITSCH, N., HEINTZ, U. (1997). Die Wiederansiedlung des Bibers im Saarland. - Int. Fachsymp. August 1994, Saarbrücken. S. 87-100.

101. FROBEL, K. (1994). Die Wiedereinbürgerung des Bibers in Bayern durch den „Bund Naturschutz". S. 61-65 in: Schriftenreihe des Bay. Landesamtes für Umweltschutz. Beiträge zum Artenschutz 18. 67 S.

102. FROMMOLT, K.H., HEIDECKE, D. (1992). Lautäußerungen des Bibers *(Castor fiber)*. Int. Symposium Semiaquatische Säugetiere, Osnabrück. Wiss. Beitr. Univ. Halle. S. 169-174.

103. FROSCH, C., KRAUS, R.H.S., ANGST, C., ALLGÖWER, R., MICHAUX, J., TEUBNER, J., NOWAK, C. (2014). The Genetic Legacy of Multiple Beaver Reintroductions in Central Europe. PLOS ONE 9: 14 S.

104. FRYXELL, J.M. (1992). Space use by beavers in relation to resource abundance. OIKOS 64: S. 474-478.

105. GABLE, T. D., WINDELS, S.K., BRUGGINK, J. G , HOMKES, A. T. (2016). Where and how wolves *(Canis lupus)* kill beavers *(Castor canadensis)*. – PLoSONE 11 (12). e0165537.doi: 10.1371/journal.pone0165537

106. GAUCKLER, K. (1977). Biberkäfer im Nürnberger Reichswald. Jahresmitteilungen der Naturhistorischen Gesellschaft Nürnberg. S. 15-16.

107. GAYWOOD, M. (2001). A trial reintroduction of the European beaver *Castor fiber* to Scotland. S. 39-43 in Czech, A., Schwab, G. (Hrsg). The European Beaver in a new millennium. Proceedings of the 2nd European Beaver Symposium, 27-30 Sept. 2000, Bialowieza, Poland. Carpathian Heritage Society, Krakow. 196 S.

108. GEIERSBERGER, I. (1986). Der Lebensraum des Bibers *(Castor fiber L.)* in Bayern. Diplomarbeit LMU, München. 88 S.

109. GERWING, T. G., JOHNSON, C. J., ALSTRÖM-RAPAPORT, C. (2013). Factors influencing forage selection by the North American beaver *(Castor canadensis)*. Mammalian Biology 78 (2). 79-86.

110. GESSNER, C. (1669). Historiae animalium. Allgemeines Thierbuch. Schlütersche Verlagsanstalt, Hannover. Unveränd. Nachdr. 1980 d. Ausgabe von 1669: 392 S.

111. GOGOLA, W., GIZEJEWSKI, Z. (2014). Endoparasites of the European beaver *(Castor fiber L.)* in north-eastern Poland. – Bull. Vet. Inst. Pulawy 58: S. 223-227.

111a. GOLDFARB, B. (2018). Beavers, rebooted. Artificial beaver dams are a hot restoration strategy, but the projects aren't always welcome. Siencemag.org. Science 360: S. 1058-1061.

112. GOLDFARB, B. (2019). Eager. The Surprising, Secret Life of Beavers and Why They Matter. Chelsea Green Publishing: 304 S.

113. GORECKI, A., EPLER, P., PIS, T., SIUDA, A. (1997). Metabolism and thermoregulation of European beaver, *Castor fiber*. S. 27-35 in: Proceedings of the 1st European Beaver Symposium, Bratislava, Slovakia, 15-19 Sept., 1997.

114. GRAF, P., PETUTSCHNIG, W. (2014). Entwicklung der Biberpopulation Kärntens in den Jahren 2004–2014. Carinthia II. 204/114: S. 25-40.

115. GRAF, P. (2009). Der Biber *(Castor fiber L.)* in Kärnten. Carinthia II 199./119. Jahrgang: S. 27-48.

116. GRAF, P. M., MAYER, M., ZEDROSSER, A., HACKLÄNDER, K., & ROSELL, F. (2016). Territory size and age explain movement patterns in the Eurasian beaver. Mammalian Biology: S. 587-59.

117. GREEN, K. C., Westbrook, C. J. (2009). Changes in riparian area structure, channel hydraulics, and sediment yield following loss of beaver dams. Journal of Ecosystems and Management, 10(1).

118. GRUBEŠIĆ, M., MARGELETIĆ, J., ĆIROVIĆ, D., TOMLJANOVIĆ, K. (2015). Analysis of beaver *(Castor fiber L.)* mortality in Croatia and Serbia. J Forestry Soc Croatia 139: S. 137– 143.

119. GRUBESIC, M., SCHWAB, G., RAGUZ, D. (1997). Wiederansiedlung des Bibers in Kroatien. S. 36-44 in: Proceedings of the 1st European Beaver Symposium, Bratislava, Slovakia, September 15-19, 1997.

120. GRUBESIC, M., KRUSAN, K., KRAPINEC, K. (2001). Monitoring of beaver *(Castor fiber)* population distribution in Croatia. S. 29-38 in: Czech, A., Schwab, G. (Hrsg). The European Beaver in a new millennium. Proceedings of the 2nd 196 S. European Beaver Symposium, 27-30 Sept. 2000, Bialowieza, Poland. Carpathian Heritage Society, Krakow.

121. GUNNARSSON, G., ELMBERG, J., SJÖBERG, K., PÖYSÄ, H., NUMMI, P. (2004). Why are there so many empty lakes? Food limits survival of mallard ducklings. Canadian Journal of Zoology, 82(11): S. 1698-1703.

122. HABENICHT, G. (2013). Der Biber im Bundesland Salzburg. Natur & Land 99(3): S. 35-39.

123. HALL, E.R., KELSON, K.R. (1959). The Mammals of North America Bd. 2. The Ronald Press Company, New York. 536 S.

124. HALLEY, D. (2011). Sourcing Eurasian beaver *Castor fiber* stock for reintroductions in Great Britain and Western Europe. Mammal Review 41: S. 40–53.

125. HALLEY, D.J., SAVELIEV, A., ROSELL, F. (2020). Population and distributin of beavers *Castor fiber* and *Castor canadensis* in Eurasia. Mammal Review doi: 10.1111/mam.12216. 24 S. + 16 appenices.

127. HALLEY, D.J., BEVANGER, K. (2005). Bever – forvaltning av en jakt-, rilufts- og miljøressurs. En håndbok om moderne metoder for praktisk forvaltning av beverbestander. NINA Report Nr. 21. 61 S.

128. HARTHUN, M. (1998). Biber als Landschaftsgestalter. Schriftenreihe der Horst-Rohde-Stiftung. Maecenata Verlag. 199 S.

129. HARTHUN, M. (2002). Populationsentwicklung des Bibers *(Castor canadensis)* auf Feuerland - Ein Ausblick für Mitteleuropa? - Informationsdienst Naturschutz Niedersachsen 22(1, Suppl.): S. 63-67.

130. HARTMAN, G. (1994). Long-Term Population Development of a Reintroduced Beaver *(Castor fiber)* Population in Sweden. Conservation Biology 8(3): S. 713-717.

131. HARTMAN, G. (1995). Patterns of spread of a reintroduced beaver *(Castor fiber)* population in Sweden. Wildlife Biology 1: S. 97-103.

132. HARTMAN, G. (1996). Habitat selection by European beaver *(Castor fiber)* colonizing a boreal landscape. J. Zool. 240: S. 317-325.

133. Hartman, G. (1997). Notes on age at dispersal of beaver *(Castor fiber)* in an expanding population. Canadian Journal of Zoology, 75(6), 959–962.

134. HARTMAN, G. (1999). Beaver management and utilization in Scandinavia. S. 31-35 in: BUSHER, P.E., DZIECIOLOWSKI, R. (Hrsg.). Beaver Protection, Management and Utilization in Europe and North America. Kluwer Academic/Plenum Publishers, New York. 182 S.

135. HARTMAN, G. (2003). Irruptive population development of European beaver *(Castor fiber)* in southwest Sweden. Lutra 46(2): S. 103-108.

136. HARTMAN, G., AXELSSON, A. (2004). Effect of watercourse characteristics on food-caching behaviour by European beaver, *Castor fiber*. Animal Behaviour 67: S. 643 - 646.

137. HARTMAN, G., TORNLOV, S. (2006). Influence of watercourse depth and width on dam-building behaviour by Eurasian beaver *(Castor fiber)*. Journal of Zoology 268 (2): S. 127–131.

138. HEIDECKE, D. (1983). Biber - Wiederansiedlungen auf populationsökologischer Grundlage. Säugetierkd. Inf., Jena 7: S. 19-29.

139. HEIDECKE, D. (1984). Untersuchungen zur Ökologie und Populationsentwicklung des Elbebibers, *Castor fiber albicus* Matschie, 1907, Teil 1: Biologische und populationsökologische Ergebnisse. Zool. Jb. Sys. Bd. 111(41): S. 1-40.

140. HEIDECKE, D. (1992). Adaption des Bibers an aquatische Lebensräume in der Holarktis. 2. Int. Symposium Semiaquatische Säugetiere, Osnabrück. Wiss. Beitr. Univ. Halle. S. 103-120.

141. HEIDECKE, D. (1997). A new method for the estimation of beaver population size. S. 45-46 in: Proceedings of the 1st European Beaver Symposium, Bratislava, Slovakia, 15-19 Sept. 1997.

142. HEIDECKE, D. (1998). Der Elbebiber – *Castor fiber albicus* Matschie, 1907. S. 1-13 in Hessische Landesanstalt für Forsteinrichtung, Waldforschung und Waldökologie (Hrsg.). 10 Jahre Biber im hessischen Spessart. Ergebnis- und Forschungsbericht Bd. 23. Gießen: 216 S.

143. HEIDECKE, D. 1985: Ergebnisse der Biberforschung und im praktischen Biberschutz in der Deutschen Demokratischen Republik. Zeitschrift für Angewandte Zoologie 72: S. 205-211.

144. HEIDECKE, D., HÖRIG, K.-J. (1986) Bestands- und Schutzsituation des Elbebibers. Halle and Magdeburg 23: S. 1–14.

145. HEIDECKE, D., DOLCH, D., TEUBNER, J. (2003). Zur Bestandsentwicklung von *Castor fiber albicus* Matschie 1907 (Rodentia, *Castoridae*): S. 123-130. in: Biologiezentrum der Oberösterreichischen Landesmuseen. Biber – Die erfolgreiche Rückkehr. 183 S.

146. HEIDECKE, D., HÖRIG, H. (1986). Bestands- und Schutzsituation des Elbebibers. Naturschutzarbeit in den Bezirken Halle und Magdeburg 1: S. 3-14.

147. HEIDECKE, D., IBE, P. (o.J.). Der Elbe-Biber. Biologie und Lebensweise. Biosphärenreservat Mittlere Elbe. 25 S.

148. HEIDECKE, D., KLENNER-FRINGES, B. (1992): Studie über die Habitatnutzung des Bibers in der Kulturlandschaft und anthropogene Konfliktbereiche. 2. Int. Symposium Semiaquatische Säugetiere, Osnabrück. Wiss. Beitr. Univ. Halle. S. 215-265.

149. HEIDECKE, D., MOLL, S. (1999). Altersbestimmung am Biber (*Castor fiber albicus* Matschie, 1907) nach Zahnmerkmalen. Abstracts 3. Int. Symposium Semiaquatische Säugetiere, Osnabrück. 46 S.

150. HEIDECKE, D., RIECKMANN, W. (1998). Die Nutria – Verbreitung und Probleme. Naturschutz und Landschaftspflege in Brandenburg 1: S. 77-78.

151. HEIDECKE, D., SCHUMACHER, A. (1997). Population development of the beaver *(Castor fiber albicus)* in Sachsen-Anhalt, Germany. S. 47-55 in: Proceedings of the 1st European Beaver Symposium, Bratislava, Slovakia, 15-19 Sept. 1997.

152. HERING, D., GERHARD, M., KIEL, E., EHLERT, T., POTTGIESSER, T. (2001). Review study on near-natural conditions of Central European mountain streams, with particular reference to debris and beaver dams: Results of the "REG meeting" 2000. Limnologica, 31(2): S. 81-92.

153. HERING, D., REICH, M. (1997). Bedeutung von Totholz für Morphologie, Besiedlung und Renaturierung mitteleuropäischer Fließgewässer. Natur und Landschaft 72(9): S. 383-389.

154. HESS, H. (1898). Der Thüringer Wald in alten Zeiten. Nachdruck 2002. Bad Langen-Salza: 72 S.

155. HESSISCHE LANDESANSTALT FÜR FORSTEINRICHTUNG, WALDFORSCHUNG UND WALDÖKOLOGIE (1995). Flood reduction through wetland restoration: the Upper Mississippi River Basin as a case history. Restoration Ecology, 3(1): S. 4-17.

156. HESSISCHE LANDESANSTALT FÜR FORSTEINRICHTUNG, WALDFORSCHUNG UND WALDÖKOLOGIE (Hrsg.) (1998). 10 Jahre Biber im hessischen Spessart. Ergebnis- und Forschungsbericht Bd. 23. Gießen

157. HETZL, J., HERTLEIN, P. (2017). Vergleichende Untersuchungen von Insektenbiomasse und Fledermausaktivität an Biberteichen im Nationalpark Bayerischer Wald. BC Arbeit HSWT.

158. HEURICH, M. (1994). Interaktion Biberpopulation Gehölzvegetation in einem Gewässersystem der Mittelgebirge. Unveröff. Diplomarbeit, FH Freising. 115 S.

159. HGON, HESSISCHE GESELLSCHAFT FÜR ORNITOLOGIE UND NATURSCHUTZ (Hrsg.) (1999). Artenschutz in Hessen: Der Biber. Mitteilungen aus dem Artenzentrum Hessen Bd. 2. 73 S.

160. HIBBARD, E.A. (1958). Movements of beaver transplanted in North Dakota. J. Wildl. Manage. 22(2): S. 209-211.

161. HINZE, G. (1937). Biber in Deutschland. Hugo Bermühler Verlag, Berlin. 40 S.

162. HINZE, G. (1950). Der Biber. Akademie-Verlag Berlin 216. S.

163. HODGON, H.E. (1978). Social Dynamics and Behavior within an unexploited Beaver Population *(Castor canadesis)*. Diss. Univ. of Massachusetts 292 S.

164. HODGON H.E., HUNT, J.H. (1953). Beaver management in Maine. Maine Dept. of Inland Fisheries and Game, Game Div. Bull 3. 102 S.

165. HODGON, H.E., LANCIA, R.A. (1983). Behavior of the North American Beaver, *Castor canadensis*. Acta Zoologica Fennica 174: S. 99-103.

166. HODGON, H.E., LARSON, J.S. (1980). A Bibliography of the Recent Literature on Beaver. Research Bulletin. Massachusetts Agricultural Experiment Station, College of Food and Natural Resources University of Massachusetts at Amherst. (665). 128 S.

167. HOFFMANN, M. (1958). Die Bisamratte. Akad. Verlagsgesellschaft Leipzig. 257 S.

168. HOFFMANN, M. (1967). Ein Beitrag zur Verbreitungsgeschichte des Bibers *Castor fiber albicus* im Großeinzugsgebiet der Elbe. Hercynia N.F. 4: S. 279-324.

169. HOFRICHTER, R. (2005). Die Rückkehr der Wildtiere. Leopold Stocker Verlag, Graz. 256 S.

170. HOLTMEIER, F.K. (2002). Tiere in der Landschaft. Einfluss und ökologische Bedeutung. Ulmer UTB. 368 S.

171. HÖLZLER, G., HAFENICHT, G., BASCHINGER, H.-J. (2019). Mit dem Biber leben! Ein Handbuch für Oberösterreich. Oö Umweltanwaltschaft, Linz. 120 S.

172. HOOD, G. (2011). The beaver manifesto. Rocky Mountain Books Ltd. 130 S.

173. HOOD, G., BAYLEY, S. E. (2008). Beaver *(Castor canadensis)* mitigate the effects of climate on the area of open water in boreal wetlands in western Canada. Biological Conservation 141: S. 556-567.

174. HOOD, G.A., LARSON, D.G. (2015). Ecological engineering and aquatic connectivity: a new perspective from beaver-modified wetlands. Freshwater biology 60: S.198.208.

175. HOOPER, R. (2001). Death in Dolphins: Do they understand they are mortal? New Scientist Online, 31 August 2011.

176. HORN, S., PROST, S., STILLER, M., MAKOWIECKI, D., KUZNETSOVA, T., BENECKE, N., PUCHER, E., HUFTHAMMER, A K., SCHOUWENBURG, C., SHAPIRO, B., HOFREITER, M. (2014). Ancient mitochondrial DNA and the genetic history of Eurasian beaver *(Castor fiber)* in Europe. Molecular Ecology 23: S. 1717–1729.

177. HULIK, T. (2003). Ein Jahr im Leben der Biberdame *(Castor fiber L.)* „Rachel". S. 169-177 in: Biologiezentrum der Oberösterreichischen Landesmuseen. Biber – Die erfolgreiche Rückkehr. 183 S.

178. IONESCU, G., IONESCU, O., MOT, R. (2001). The reintroduction of the beaver *(Castor fiber)* in Romania. S. 56-57 in: Czech, A., Schwab, G. (Hrsg). The European Beaver in a new millennium. Proceedings of the 2nd European Beaver. 196 S.

Symposium, 27-30 Sept. 2000, Bialowieza, Poland. Carpathian Heritage Society, Krakow.
179. IRVING, L. (1937). The respiration of the beaver. Journal of Cellular and Comparative Physiology 9: S. 545-547.
180. IUCN/SSC (2013). Guidelines for Reintroductions and Other Conservation Translocations. Version 1.0. IUCN Species Survival Commission, Gland, Switzerland. viiii + 57 pp.
181. JACOB, J.-C. (2002). Die Wiederansiedlung des Bibers *(Castor fiber L.)* in den elsässischen und badischen Rheinauen. Carolina 60: S. 107-112.
182. JANOVSKY, M., BACCIARINI, L., SAGER, H., GRÖNE, A., GOTTSTEIN, B. (2002). *Echinococcus multilocularis* in a European Beaver from Switzerland. Journal of Wildlife Diseases 38: S.618-620.
183. JENESS, R., WILLIAMS, T.D., MULLIN, R.J. (1981). Composition of milk of sea otter *(Enhydra lutris)*. Comp. Biochem. Physiol. 70A: S. 375-379.
184. JENKINS, S.H. (1979). Seasonal and year-to-year differences in food selection by beavers. Oecologia 44: S. 112-116.
185. JENKINS, S.H. (1980). A Size-Distance Relation in Food Selection by Beavers. Ecology 61(4): S. 740-746.
186. JOHN, F., BAKER, S., KOSTKAN, V. (2010). Habitat selection of an expanding beaver *(Castor fiber)* population in central and upper Morava River basin. European Journal of Wildlife Research, 56(4): S. 663–671.
187. JOHN, S., KLEIN, A. (2004). Hydrogeomorphic effects of beaver dams on floodplain morphology: avulsion processes and sediment fluxes in upland valley floors (Spessart, Germany)[Les effets hydro-géomorphologiques des barrages de castors sur la morphologie de la plaine alluviale: processus d'avulsions et flux sédimentaires des vallées intra-montagnardes (Spessart, Allemagne).]. Quaternaire, 15(1): S. 219-231.
188. JOHN, S., KLEIN A. (2003). Beaver pond development and its hydrogeomorphic and sedimentary impact on the Jossa floodplain in Germany. Lutra 46(2): S. 183-188.
189. JOHNSTON, C.A., NAIMAN, R.J. (1987). Boundary dynamics at the aquatic-terrestrial interface: The influence of beaver and geomorphology. Landscape Ecology 1(1): S. 47-57.
190. JUNKER, E. (2004). Sehvermögen von Wildtieren. Physiologie. Wildtier Schweiz 4. 12 S.
191. KAISER, H. (2002). Biber im niedersächsischen Elbetal: Ökologische Grundlagen und prognostische Bewertung der Siedlungsentwicklung. Informationsdienst Naturschutz Niedersachsen 22 (1, Suppl.): S. 48-62.
192. KAPHEGYI, T. A., CHRISTOFFERS, Y., SCHWAB, S., ZAHNER, V., KONOLD, W. (2015). Media portrayal of beaver *(Castor fiber)* related conflicts as an indicator of changes in EU-policies relevant to freshwater conservation. Land Use Policy, 47: S. 468-472.
193. KEMP, P. S., WORTHINGTON, T. A., LANGFORD, T. E., TREE, A. R., GAYWOOD, M. J. (2012). Qualitative and quantitative effects of reintroduced beavers on stream fish. Fish and Fisheries, 13(2): S. 158-181.
194. KITCHENER, A. (2001). Beavers. Whitted Books, Stowmarket. 144 S.
195. KLAUS, S., ORLAMÜNDER, M. (2015). Der Biber Castor fiber kehrt nach Thüringen zurück. Landschaftspflege und Naturschutz in Thüringen 52(4): S. 152–156.
196. KLENNER-FRINGES, B. (2002). Die Nutzung von Ressourcen durch den Elbebiber *Castor fiber albicus* Matschie 1907 an einem Fließgewässer in Nordwestdeutschland - Die Bedeutung naturnaher und anthropogener Strukturen von Ufer und Böschung für das Verhalten eines semiaquatischen Säugetieres. Dissertation an der Universität Osnabrück. 142 S. + Anhang.
197. KLENNER-FRINGES, B. (2003). Markierungshügel und Zeitreihenanalyse – oder: Wann beginnt ein Biberjahr *(Castor fiber L.)*? S. 163-168 in: Biologiezentrum der Oberösterreichischen Landesmuseen. Biber – Die erfolgreiche Rückkehr. 183 S.
198. KLÖCKING, B., ZAHNER, V. (2011). Einfluss von Biberteichen auf den lokalen Wasserhaushalt der mittleren Isar - ein hydrologisches Simulationsmodell. Endbericht Bayerischer Naturschutzfond.
199. KOLLAR, H.P., SEITER, M. (1990). Biber in den Donau-Auen östlich von Wien - Eine erfolgreiche Wiederansiedlung. Schriftenreihe für Ökologie und Ethologie Bd 14. Verein für Ökologie und Umweltforschung. 77 S.
200. KOMPOSCH, B. (2014). Verbreitung und Habitatnutzung des Europäischen Bibers (*Castor fiber* Linnaeus, 1758) in der Steiermark sowie Vorschläge für ein zukünftiges Management. Masterarbeit BOKU, Wien. 94 S.
201. KOMPOSCH, B. (2019). Biber in der Steiermark. Der Baumeister kehrt zurück. 29 S.
202. KOMPOSCH, B. (2019). Der Biber in der Steiermark. (im Druck)
203. KOMPOSCH, B.:(2014). Verbreitung und Bestand des Europäischen Bibers (*Castor fiber* Linnaeus,1578) in der Steiermark (Österreich). Linzer biol. Beitr. 46/2: S. 1277-1320.
204. KOSTKAN, V. (2001). The European beaver *(Castor fiber L.)* population growth in the Czech Republic. Säugetierkundliche Informationen Jena 5(25): S. 69-72.
205. KREBS, U. (1984). Analyse der monatlichen Fällmenge einer isolierten Gründerpopulation des Bibers in den Donauauen bei Wien. Säugetierkundliche Mitteilungen 31: S. 209 - 222.
206. KROJEROVA-PROKESOVA, JM., BARANCEKOVA, M., HAMSIKOVA, L., VOREL A. (2010). Feeding habits of reintroduced Eurasian beaver: spatial and seasonal variation in the use of food resources. Journal of Zoology 281: S. 183–193.
207. KUEHN, R., SCHWAB, G., SCHROEDER, W., ROTTMANN, O. (2000). Differentiation of *Castor fiber* and *Castor canadensis* by non-invasive molecular methods. Zoo Biol. 19(6): S. 511-515.
208. KUEHN, R., SCHWAB, G., SCHROEDER, W., ROTTMANN, O. (2001). Molecular sex diagnosis in *Castoridae*. Zoo Biology 21(3): S. 305-308.
209. KURTH, L. (1864). Illustriertes Kochbuch für bürgerliche Haushaltungen, wie auch für die feine Küche.
210. LAHTI, S. (1997). Development, distribution problems and prospects of Finnish beaver populations (*Castor fiber L.* and Castor canadensis KUHL): S. 56-61 in: Proceedings of the 1st European Beaver Symposium, Bratislava, Slovakia, September 15-19, 1997.
211. LAND SALZBURG (2017). Leitlinie zur Entschädigung von Biberschäden an Kulturen, Naturverjüngungen und Einzelbäumen im Bundesland Salzburg. Hausdruckerei Land Salzburg, Salzburg: 24 S.
212. LANDTAG MECKLENBURG –VORPOMMERN (2008). Entwicklung der Biberpopulation in Mecklenburg-Vorpommern. Drucksache 5/1972: 3 S.
213. LANDTAG VON BADEN-WÜRTTEMBERG (2008). Umgang mit dem Biber in Baden-Württemberg. Drucksache 14/2608: 5 S.
214. LANGER, H. (1996). Erfahrungen aus der Wiederansiedlung des Bibers im hessischen Spessart. Säugetierkundliche Mitteilungen 36(1): S. 28-31.
215. LAUNDRÉ, J. W., HERNÁNDEZ, L., & RIPPLE, W. J. (2010). The landscape of fear: ecological implications of being afraid. Open Ecology Journal 3: S. 1-7.
216. LAVROV, L.S. (1954). Biologische und zootechnische Grundlagen der Biberhaltung. Diss. Woronesh.
217. LAVROV, L.S. (1983). Evolutionary development of the genus Castor and the taxonomy of the contemporary beavers of Eurasia. Acta Zool. Fennica 174: S. 87-90.
218. LAVROV, L.S., HAO-TSUAN, L. (1961). Present conditions and ecological peculiarities of beaver in natural colonies in Asia. Vestnik Leningradskogo Universiteta 9: S. 72–83
219. LAVROV, L.S., LAVROV, V.L. (1986). Verteilung und Anzahl ursprünglicher und aborigener Biberpopulationen in der UdSSR. Zoologische Abhandlungen Staatliches Museum für Tierkunde Dresden 41. Nr. 8: S. 105–110.
220. LAZAR, J.G., ADDY, K., GOLD, A.J., GROFFMAN, P.M., MCKINNEY, R.A., KELLOGG, D.Q. (2015). Beaver Ponds: Resurgent Nitrogen Sinks for Rural Watersheds in the Northeastern United States. Journal of Environmental Quality, 44(5): S.1684-1693.
221. LEBLANC, F.A., GALLANT, D., VASSEUR, L., LEGER, L. (2007). Unequal summer use of beaver ponds by river otters: influence of beaver activity, pond size, and vegetation cover. Canadian Journal of Zoology, 85 (7): S. 774-782.
222. LEEGE, T.A. (1968). Natural Movement of Beavers in Southeastern Idaho. J. Wildl. Manage. 32(4): S. 973-976.
223. LEOPOLD, A. (1933). Game Management. J. Scribner's Sons, New York. 481 S.
224. LIEBELT, C. (2000). Der Biber - Willkommenes Mitgeschöpf oder Schädling? Schriftliche Hausarbeit zur Ersten Staatsprüfung für das Lehramt an Grundschulen. Justus-Liebig-Universität Würzburg. 363 S.
225. LINSTOW, O.V. (1908). Verbreitung des Bibers im Quartär. Museum f. Natur- und Heimatkunde. Bd I Heft IV. Magdeburg. S. 215-274.
226. LISLE, S. (2003). The use and potential of flow devices in beaver management. Lutra 46(2): S. 211-216.
227. LIZZARALDE, M. (2003). Current status of the introduced beaver *(Castor canadensis)* population in Tierra del Fuego, Argentinia. S. 28 in: Programme and abstracts of the Third International Beaver Symposium, Arnhem, The Netherlands, 13-15 October 2003.
228. LOKTEFF, R.L., ROPER, B.B., WHEATON, J.M. (2013). Do Beaver Dams impede the movement of trout? Transactions of the American Fisheries Society, 142: S.1114–1125.
229. LONG, K (2000). Beavers. A wildlife handbook. Nature series. 182 S.
230. LOOS, R. (1998). Das Betreuernetz als Teil des Bibermanagements. S. 53-68 in: Hessische Landesanstalt für Forsteinrichtung, Waldforschung und Waldökologie (Hrsg.). 10 Jahre Biber im hessischen Spessart. Ergebnis- und Forschungsbericht Bd. 23. Gießen.
231. LOSSOW, G.V. (1991). Erhaltung und Entwicklung von Biberlebensräumen. Diplomarbeit an der FH Weihenstephan, Freising.
232. LUDING, H. (1996). Probleme und Lösungsmöglichkeiten der Wiederansiedlungsprojekte in Bayern. Säugetierkundliche Mitteilungen 36(1): S. 33-37.
233. MACDONALD, D. W. (1976). Food caching by red foxes and some other carnivores. Zeitschrift für Tierpsychologie, 42: S. 170-185.
234. MACDONALD, D.W.: (2001). The new Encyclopedia of Mammals. Oxford University Press. 930 S.
235. MACDONALD, D.W., TATTERSALL F.H (1999). Beavers in Britain: Planning Reintroduction. S. 77-102 in: BUSHER, P.E., DZIECIOLOWSKI, R. (Hrsg.). Beaver Protection, Management and Utilization in Europe and North America. Kluwer Academic/Plenum Publishers. New York. 182 S.
236. MACDONALD, D.W., TATTERSALL F.H., BROWN E.D., BALHARRY D. (1995). Reintroducing the European Beaver to Britain: nostalgic meddling or restoring biodiversity. Mammal Review 25: S. 161-200.
237. MACFARLANE, W.W., HALLERUD, M.A., BANGEN, S., HAFEN, C., ALBONICO, M.T., GARLICK, C., GIBBY, T., HATCH, T., RASMUSSEN, C., WHEATON, J.M. (2019). Idaho Beaver Restoration Assessment Tool: Building Realistic Expectations for Partnering with Beaver in Conservation and Restoration. Prepared Idaho Fish and Game. Logan, UT: 55 S.
238. MAIER, P. (1994). Der Biber aus wasserwirtschaftlicher Sicht - Probleme und Lösungsmöglichkeiten. S. 51-56 in: Biber.

Beiträge zum Artenschutz 18 Bd. des Bay. Landesamtes für Umweltschutz.

239. MAJEROVA, M., NEILSON, B.T., SCHADEL, N.M., WHEATON, J.M., SNOW, C.J. (2015). Impacts of beaver dams on hydrologic and temperature regimes in a mountain stream. Hydrol. Earth Syst. Sci. Discuss., 12: S.839-878.

240. MALISON, R. L., LORANG, M.S., WHITED, D. C., STANDORD, J. A. (2014). Beavers *(Castor canadensis)* influence habitat for juvenile salmon in a large Alaskan river floodplain. Freshwater Biology, 59: S.1229–1246.

241. MALISON, R.L., HALLEY, D.J. (2020). Ecology and movement of juvenile salmonids in beaver-influenced and beaver-free tributaries in the Trøndelag province of Norway. Ecology of Freshwater Fish: S.1-17.

242. MARCHAND, P. (1996). Life in the cold. University Press of New England. 304 S.

243. MARGRAF, C. (2004). Die Vegetationsentwicklung der Donauauen zwischen Ingolstadt und Neuburg. Vegetationskundlich-ökologische Studie über den Wandel einer Auenlandschaft 30 Jahre nach Staustufenbau. Hoppea, Denkschr. Reg. Bot. Ges. 65: S. 295-703.

244. MARTIN, S.L., JASINSKI, B.L., KENDALL, A.D., DAHL, T.A., HYNDMAN, D.W. (2015). Quantifying beaver dam dynamics and sediment retention using aerial imagery, habitat characteristics, and economic drivers. Landscape Ecology 20: S. 1129-1144.

245. MAYER, M., KÜNZEL, F., ZEDROSSER, A., ROSELL, F. (2017). The 7-year itch: non-adaptive mate change in the Eurasian beaver. Behavioral Ecology and Sociobiology volume 71. 32. DOI 10.1007/s00265-016-2259-z

246. MAYER, M., ZEDROSSER, A., ROSELL, F. (2017). When to leave: the timing of natal dispersal in a large, monogamous rodent, the Eurasian beaver. Animal Behaviour, 123: S. 375–382.

247. MAYER, M., ZEDROSSER, A., ROSELL, F. (2017). Couch potatoes do better: Delayed dispersal and territory size affect the duration of territory occupancy in a monogamous mammal. Ecology and Evolution: S. 4347-4356.

248. MAYER, M., ZEDROSSER, A., ROSELL, F. (2017). Extra-territorial movements differ between territory holders and subordinates in a large, monogamous rodent. Scientific Reports 7: Article 15261.

249. MAYER, M., FRANK, S.C., ZEDROSSER, A., ROSELL, F. (201). Causes and consequences of inverse density-dependent territorial behaviour and aggression in a monogamous mammal. Journal of Animal Ecology 89(2): S. 1-12.

250. MAYER, M., FRANK, S., ZEDROSSER, A., ROSELL, F. (2018). Density-dependent effects on territorial movement patterns in Eurasian beavers. - Programme and abstracts 8th International Beaver Symposium, September, 18-20, 2018 Norre Vosborg, Denmark: 34.

251. MCARTHUR, R.A. (1989). Energy metabolism thermoregulation of beaver *(Castor canadensis)*. Canadian Journal of Zoology 67: S. 651-657.

252. MCARTHUR, R.A., DYCK, A.P. (1990). Aquatic thermoregulation of captive and free-ranging beavers *(Castor canadensis)*. Canadian Journal of Zoology 68: S. 2409-2416.

253. MCGINLEY, M.A., WHITHAM, T.G. (1985). Central place foraging by beavers *(Castor canadensis)*, a test of foraging predictions and the impact of selective feeding on the growth of cottonwoods *(Populus fremontii)*. Oecologia 66: S. 558-562.

254. MCNEW, Jr., L. B., WOOLF, A. (2005). Dispersal and Survival of Juvenile Beavers *(Castor canadensis)* in Southern Illinois. The American Midland Naturalist, 154(1): S. 217–228.

255. MERREROS, N., ZÜRCHER-GIOVANNI, S., ORIGGI, F.C., DJELOUADJI, Z., WIMMERSHOFF, J., PEWSNER, M., AKDESIR, E., LINARES, B. M., KODJO, A., M-P. RYSER-DEGIORGIS, M.P. (2018). Fatal leptospirosis in free-ranging Eurasian beavers *(Castor fiber L.)*, Switzerland. Transboundary Emerging Diseases 65: S.1297-1306.

256. MERTIN. B. (2003a). „Biber-Tourismus“- Ein Beitrag zum Artenschutz? S. 179-183 in: Biologiezentrum der Oberösterreichischen Landesmuseen. Biber – Die erfolgreiche Rückkehr. 183 S.

257. MERTIN. B. (2003b). Castoreum – das Aspirin des Mittelalters. S. 47-51 in: Biologiezentrum der Oberösterreichischen Landesmuseen. Biber – Die erfolgreiche Rückkehr. 183 S.

258. MESSLINGER, U., FRANKE, T. (2006). Monitoring von Biberrevieren in Westmittelfranken. BN Bayern. 90 S.

259. MESSLINGER, U. (2002). Entwicklung von Biberrevieren in Westmittelfranken. Schlussbericht an die Regierung von Mittelfranken: 59 S.

260. MESSLINGER, U. (2013). Einfluss des Bibers auf die Gewässerfauna. Natur und Land. S. 12-14

261. MESSLINGER, U. (2018). Monitoring von Biberrevieren in Westmittelfranken 2018. 162 S.

262. MESSLINGER, U., BURBACH, K., FALTIN, I., FROBEL, K., SCHLOEMER, S. (2019). Zum Einfluss des Europäischen Bibers *Castor fiber* auf den Larvallebensraum von *Cordulegaster boltonii* (Odonata: *Cordulegastridae*). Libellula 38 (3/4) 2019: 157–178.

263. MILLER, J. E. (1983). Control of Beaver Damage. Cornell University, Ithaca, New York. 12 S.

264. MILLS, E.A. (1913). In beaver world. Houghton Mifflin, Boston, MA.

265. MINISTERIUM FÜR LÄNDLICHE ENTWICKLUNG, UMWELT UND VERBRAUCHERSCHUTZ DES LANDES BRANDENBURG (2008). Mit dem Biber leben. Potsdam. 24 S.

266. MINISTERIUM FÜR UMWELT UND FORSTEN RHEINLAND-PFALZ (Hrsg.) (2003). Biber in Rheinland-Pfalz. 19 S.

267. MINISTERIUM FÜR UMWELT, ENERGIE UND VERKEHR, SAARBRÜCKEN (Hrsg.) (1997). Der Biber in der Kulturlandschaft – eine Illusion? Internationales Fachsymposium zur Wiederansiedlung des Bibers im Saarland, August 1994. 101 S.

268. MINNIG, S., ANGST, C., JACOB, G. (2016). Genetic monitoring of Eurasian beaver *(Castor fiber)* in Switzerland and implications for the management of the species. Russian Journal of Theriology 15: S. 20–27.

269. MOORE, P. (1999). Sprucing up beaver meadows. Nature 400(6745): S. 622-623.

270. MORRISON, A., WESTBROOK, C. J., BEDARD-HAUGHN, A. (2015). Distribution of Canadian Rocky Mountain wetlands impacted by beaver. Wetlands, 35(1): S. 95-104.

271. MÜLLER, F. (1986). Der Biber. S. 37-49 in: Müller, F. Wildbiologische Informationen für den Jäger Bd. IX. Jagdbuchverlag, Balzers (CH): 200 S.

272. MÜLLER, M. (2014). Aktuelle Situation des Bibers und seine Bestandsentwicklung seit dem Winter 2010/11 im Kanton Zürich. Fischerei- und Jagdverwaltung des Kantons Zürich: S.22.

273. MÜLLER, M. (2017). Aktuelle Situation des Bibers und seine Bestandsentwicklung seit dem Winter 2013/14 im Kanton Zürich. Fischerei- und Jagdverwaltung des Kantons Zürich: 21 S.

274. MÜLLER-SCHWARZE, D., SUN, L. (2011). The beaver. Natural history of a wetlands engineer. Cornell University Press, Ithaca, New York. 190 S.

275. MÜLLER-SCHWARZE, D., SCHULTE, B.A. (1999). Behavioral and ecological characteristics of a climax population of beaver *(Castor canadensis)*: S. 161-177 in Busher, P.E., Dzieciolowski, R. (Hrsg.). Beaver protection, management and utilization in Europe and North America. Kluwer Academic/Plenum Publishers, New York: 182 S.

276. MÜLLER-USING, D. (1938). Einige Ergänzungen zu v. Linstows „Verbreitung des Bibers im Quartär“. Museum f. Naturkunde und Vorgeschichte. Nat.wiss. Verein Magdeburg Bd. VI Heft 5.

277. MÜLLER-USING, D. (1965). Das Vorkommen der Nutria in Deutschland. Zeitschrift für Jagdwissenschaft 11: S. 161-164.

278. NABU BRANDENBURG: https://brandenburg.nabu.de/tiere-und-pflanzen/saeugetiere/biber/index.html

279. NABU LANDESVERBAND HESSEN (Hrsg.) (1995). Biberschutz in Hessen. Beiträge und Ergebnisse einer Fachdiskussion des Naturschutzbund Deutschland (NABU), Landesverband Hessen e.V. Sonderdruck der Säugetierkundlichen Mitteilungen Band 36, Nr. 1: 49 S.

280. NABU SAARLAND: https //nabu-saar.de/tiere-pflanzen/biber-im-saarland/

281. NABU THÜRINGEN: https://thueringen.nabu.de/tiere-und-pflanzen/aktionen-und-projekte/willkommen-biber/index.html

282. NAIMAN, R.J., MELILLO, J.M., HOBBIE, J.E. (1986). Ecosystem Alteration of Boreal Forest Streams by Beaver *(Castor canadensis)*. Ecology 67: S. 1254– 1269

283. NAIMANN, R.J., JOHNSTON, C.A., KELLEY, J C. (1988). Alteration of North American streams by beaver. BioScience: S.753–762.

284. NAIMANN, R.J., MANNING, T., JOHNSTON, C.A. (1991). Beaver population fluctuations and tropospheric methane emissions in boreal wetlands. Biogeochemistry 12: S. 1-15.

285. NETZ NATUR (2017). Fischotter und andere Selfies. www.srf.ch, Sendung vom 19.10.2017.

286. NEUMAYER, M., TESCHEMACHER, S., SCHLOEMER, S., ZAHNER, V., & RIEGER, W. (2020). Hydraulic Modeling of Beaver Dams and Evaluation of Their Impacts on Flood Events. Water, 12(1): 3[illegible]0 S.

287. NITSCHE, K.-A. (2017). Von Bibern *(Castor fiber L.)* genutzte Pflanzen mit toxischen Wirkstoffen. Artenschutzreport 36: S. 50-56.

288. NITSCHE, K.A (1994a). Biber - Ausrottung, Schutz, Wiederansiedlung in Deutschland. Säugetierkundliche Mitteilungen, 34(2-4): S. 83-178.

289. NITSCHE, K.A. (1994b). Der Schwanz des Bibers *(Castor spec.)* als Auftriebsorgan. Säugetierkundliche Mitteilungen 35(1): S. 41-42.

290. NITSCHE, K.A (1994c). Über den Biber *(Castor fiber birulai)* in China. Mitt. Zool. Ges. Braunau 6(2): S. 147-149.

291. NITSCHE, K.A. (1995). Stellt der Mink *(Mustela vison)* eine Gefahr für den Biber *(Castor fiber)* dar? Säugetierkundliche Mitteilungen 36(2): S. 83-85.

292. NITSCHE, K.A. (1996). Über Unfälle des Bibers (*Castor fiber* und *Castor canadensis*) beim Bäumefällen. Säugetierkundliche Mitteilungen 37(4): S. 157-160.

293. NITSCHE, K.A. (2001). Behaviour of Beavers (*Castor fiber albicus* Matschie, 1907) during the flood periods. S. 85-90 in: CZECH, A., SCHWAB, G. (Hrsg.). The European Beaver in a new millennium. Proceedings of 2nd European Beaver Symposium, 27-30 Sept. 2000, Bialowieza, Poland. Carpathian Heritage Society, Krakow: 196 S.

294. NITSCHE, K.A. (2003). Biber. Schutz und Probleme. Möglichkeiten und Maßnahmen zur Konfliktminimierung. Castor Research Society, Dessau: 52 S.

295. NITSCHE, K.A. (2007). Anthropogene Einflüsse auf eine lokale Biber-Population (*Castor fiber albicus* Matschie, 1907). Beiträge zur Jagd- und Wild-forschung, 32: S.4[illegible]9-457.

296. NITSCHE, K.-A (2013) Reviergrößen und Raumnutzung von Bibern (*Castor fiber* und *Castor canadensis*). - Beiträge zur Jagd- und Wildforschung, (38): S. 245-263.

297. NITSCHE, K.-A. (2016). The wolf *Canis lupus* as natural predator of the beavers *Castor fiber* and *Castor canadensis*. – Russian Journal of Theriology 15 (1): S. 62-67.

298. NITSCHE, K.-A. (2017). Falsche oder unsachliche Aussagen über den Biber (*Castor fiber* und *Castor canadensis*). - Beiträge zur Jagd- und Wildforschung, Bd.42: S.211-227.

299. NITSCHE, K.-A. (2020). Persönliche Mitteilung am 3. Januar 2020.

299a. NITSCHE, K.-A. (2020): Dokumentation von Biberansiedlungen und Verhalten der Biber *(Castor fiber)* während einer Dürreperiode im Auengebiet um Dessau, Deutschland. - Beiträge zur Jagd- und Wildforschung
300. NOLET, B.A., B.A. (1993). Return of the Beaver to the Netherlands. Viability and Prospects of a Re-introduced Population. Dissertation an der Universität Groningen. 150 S.
301. NOLET, B.A. (1997). Management of the beaver *(Castor fiber)* towards restoration of its former distribution and ecological function in Europe. Nature and Environment 86. 32 S.
302. NOLET, B.A., HOEKSTRA, A., OTTENHEIM, M.M. (1994): Selective foraging on woody species by the beaver *(Castor fiber)* and its impacts on a riparian willow forest. Biol. Conserv. 70: S. 117-128.
303. NOLET, B.A., ROSELL, F. (1994). Territoriality and time budgets in beaver during sequential settlement. Canadian Journal of Zoology 72: S. 1227-1237.
304. NOLET, B.A., ROSELL, F. (1998). Comeback of the beaver *Castor fiber*: an overview of old and new conservation problems. Biological Conservation 83: S. 165-173.
305. NOVAK, M. (1987). Beaver. S. 283-312 in: NOVAK, M., BAKER, J.A., OBBARD, M.E., MALLOCK, B. (Hrsg.). Wild furbearer management and conservation in North America. Ashton-Potter, Ontario. 1006 S.
306. NOWAK, E., ZUROWSKI, W. (1980). Wiederherstellung des Biber-Vorkommensgebietes in Polen. Natur und Landschaft 55(12): S. 454-458.
307. NUMMI, P., HAHTOLA, A (2008). The beaver as an ecosystem engineer facilitates teal breeding. Ecograph. S. 519-524.
308. NUMMI, P., KATTAINEN, S., ULANDER, P., HAHTOLA, A. (2011). Bats benefit from beavers: a facilitative link between aquatic and terrestrial food webs. Biodiversity and conservation, 20(4): S. 851-859.
309. NYSSEN, J., PONTZEELE, J., BILLI, P. (2011). Effect of beaver dams on the hydrology of small mountain streams: example from the Chevral in the Ourthe Orientale basin, Ardennes, Belgium. Journal of hydrology, 402(1-2): S. 92-102.
310. OZOLINS J., BAUMANIS, J. (2001). The current beaver status in Latvia. S. 177 in CZECH, A. SCHWAB, G. (Hrsg). The European Beaver in a new millennium. Proceedings of the 2nd European Beaver Symposium, 27-30 Sept. 2000, Bialowieza, 196 S. Poland. Carpathian Heritage Society, Krakow.
311. PACA, C., POPA, M, IONESCU, G., IONESCU, O., VISAN, D., GRIDAN, A. (2018). Distribution and dynamics of beaver *(Castor fiber)* population in Romania. S. 30 in: 8th International Beaver Symposium. Norre-Vosborg: 75.S.
312. PACHINGER, K. (1997). Proceedings of the 1st European Beaver Symposium, Sept. 15-19 1997, Bratislava, Slovakia. Comenius University, Bratislava: 190 S.
313. PACHINGER, K., HULIK, (1999). Origin, present conditions and future prospects of the Slovakian Beaver Population. S. 43-51 in: Busher, P.E., Dzieciolowski, R. (Hrsg.). Beaver Protection, Management and Utilization in Europe and North America. Kluwer Academic/Plenum Publishers, New York: 182 S.
314. PAGEL, H.-U., RECKER, W. (1992). Entwicklung und Ausbreitung der Biberpopulation in der Schorfheide bei Berlin 1937-1991. Säugetierkd. Inf., Jena 3(16): S. 365-386.
315. PARKER, H., ROSELL, F. (2012). Beaver Management in Norway – A Review of Recent Literature and Current Problems. Telemark University College, Telemark: 67 S.
316. PARKER, H., Rosell, F. (2003). Beaver management in Norway: a model for continental Europe? Lutra 46(2): S. 223-234.
317. PARZ-GOLLNER, R., HÖLZLER, G, BÖHM, J. (2019). Projekt Bibermanagement Niederösterreich. BOKU, Wien
318. PASTOR, J., NAIMAN, R. J., DEWEY, B. (1987). Preliminary Analysis of the Effects of Moose and Beaver Foraging on Isle Royale Soil Properties. University of Minnesota, Duluth, Minnesota. Proceedings, 23rd North American Moose Conf: 16 S.
319. PEICHL, L. (2005). Diversity of mammalian photoreceptor properties: adaptations to habitat and lifestyle? The Anatomical Record Part A: Discoveries in Molecular, Cellular, and Evolutionary Biology: An Official Publication of the American Association of Anatomists, 287(1): S. 1001-1012.
320. PERSICO, L., MEYER, G., (2012). Holocene beaver damming, fluvial geomorphology, and climate in Yellowstone National Park, Wyoming. Quarernary Research 71: S.340-353.
321. PERSICO, l, MEYER, G., (2013). Natural and historical variability in fluvial processes, beaver activity and climate in the Greater Yellowstone Ecosystem. Earth Surface Processes and Landforms 38: S.728-750.
322. PETERSON, R.O., VUCETICH, J.A. (2001). Ecological Studies of Wolves on Isle Royale. School of Forestry and Wood Products. Michigan Technological University Houghton: 16 S.
323. PETERSON, R.P., PAYNE, N.F. (1986). Productivity, Size, Age, and Sex Structure of Nuisance Beaver Colonies in Wisconsin. Journal of Wildlife Management 50(2): S. 265-268.
324. PETROSYAN, V. G., GOLUBKOV, V. V., ZAVYALOV, N. A., GORYAONOVA, Z. I., DERGUNOVA, N. N., OMELCHENKO, A. V., BESSONOV, S. A., ALBOV, S. A., MARCHENKO, N. F. & KHLYAP. L. A. (2016). Patterns of Population Dynamics of Eurasian Beaver *(Castor fiber L.)* after reintroduction into Nature Reserves of the European Part of Russia. – Russian Journal of Biological Invasions 7 (4): S. 355-373.
325. PETUTSCHNIG, W., VOGL, W. (2007). Der Biber *(Castor fiber L.)*. Carintia II. 197/117: S. 62-72.
326. PIECHOCKI, R. (1989). Elbebiber. S. 588-615 in: Stubbe, H. (Hrsg.). Buch der Hege. Band 1: Haarwild. Verlag Harri Deutsch, Thun, Frankfurt/Main: 706 S.
327. PIECHOCKI, R. (1977). Ökologische Todesursachen am Elbebiber *(Castor fiber albicus)*. Beiträge zur Jagd- und Wildforschung BD. X. Martin-Luther-Universität Halle-Wittenberg S. 332–341.
328. PIECHOCKI, R. (1986). Osteologische Kriterien zur Altersbestimmung des Elbebibers *(Castor fiber albicus)*. Zool-Abh. Mus. Tierk. Dresden 41: S. 177-183.
329. PILLERI, G. (1983). Nervous System of *Castor canadensis*. Investigations on Beaver 1: S. 19-59.
330. PILLERI, G. (1983b). Ingenious Tool Use by the Canadian Beaver in Captivity. Investigations on the Beaver. (1): S. 99 - 100.
331. POLLOCK, M.C., HEIM, M., WERNER, D.J. (2003). Hydrologic and Geomorphic Effects of Beaver Dams and Their Influence on Fishes. Environmental Science. American Fisheries Society Symposium 37.
332. POLLOCK, M.M., BEECHIE, T.J., WHEATON, J.M., JORDAN, C.S.E., BOUWES, N., WEBER, N., VOLK, C. (2014). Using Beaver Dams to Restore Incised Stream Ecosystems. BioScience 64: S. 279–290.
333. POLLOCK, M.M., LEWALLEN, G., WOODRUFF, K., JORDAN, C.E., CASTOR, J.M. (Editors) (2015). The Beaver Restoration Guidebook: Working with Beaver to Restore Streams, Wetlands, and Floodplains. Version 1.0. United States Fish and Wildlife Service, Portland, Oregon: S. 189. Online at: https://www.fws.gov/oregonfwo/promo.cfm?id=177175812
334. POTTGIESSER, T., SOMMERHÄUSER, M. (2008). Beschreibung und Bewertung der deutschen Fließgewässertypen—Steckbriefe und Anhang. 2008.
335. PRO NATURA (2001). Der Biber. Eine Unterrichtshilfe von Pro Natura und WildARK. Pro Natura, Basel und WildARK, Bern. 28 S.
336. PUSCHMANN, W. (2004). Zootierhaltung – Tiere in menschlicher Obhut, Säugetiere. Wissenschaftlicher Verlag Harri Deutsch, Frankfurt am Main.
337. PUTTOCK, A., GRAHAM, H. A., CUNLIFFE, A. M., ELLIOTT, M., BRAZIER, R. E. (2017). Eurasian beaver activity increases water storage, attenuates flow and mitigates diffuse pollution from intensively-managed grasslands. Science of the total environment, 576: S. 430-443.
338. RAHM, U., BÄETTIG, M. (1996). Der Biber in der Schweiz. Bestand, Gefährdung, Schutz. Bundesamt für Umwelt, Wald und Landschaft, Bern: 68 S.
339. RECKER, W. (1994). Nutzung von Gehölzen durch den Elbebiber, *Castor fiber albicus* Matschie 1907, im Schorfheidegebiet bei Berlin. Säugetierkundliche Mitteilungen 35(1) S. 5-40.
340. REGIERUNGSPRÄSIDIUM DARMSTADT (2018). Biber in Hessen. Kartierung der Biber in Hessen im Jahr 2017. Jahresbericht 2017. Unveröff. Bericht: 32 S.
341. REICHHOLF, J. (1976). Die Ausbreitung eingesetzter Biber *(Castor fiber L.)* am unteren Inn. Mitt. Zool. Ges. Braunau 2 (12/14): S. 361 - 368.
342. REICHHOLF, J. (1984). Geschicktes und ungeschicktes Baumfällen beim Biber (*Castor fiber* L.) Säugetierkundliche Mitteilungen 31(2/3): S. 257-259.
343. REICHHOLF, J. (1988). Biber. S. 104-113 in: Grzimek, B. (Hrsg.). Grzimeks Enzyklopädie der Säugetiere Bd 3. Kindler, München: 647 S.
344. REICHHOLF, J. (1993). Comeback der Biber. C.H. Beck'sche Verlagsbuchhandlung, München: 232 S.
345. RICHARD, P.B. (1985). Peculiarities on the ecology and management of the Rhodanian Beaver *(Castor fiber L.)*. Zeitschrift für Angewandte Zoologie 72: S. 143–152
346. RIEDER, (1985). Erste Versuche zur Wiedereinbürgerung des Bibers *(Castor fiber)* in Südwestdeutschland. Zeitschrift für angewandte Zoologie 72(1-2): S.181-189.
347. ROBERTS, T.S. (1937). How two young beavers constructed a food pile. Proceedings of the Minnesota Academy of Science 5: S. 24-27.
348. RÖHTELE, I. (2017). Sedimentausprägung in ausgewählten Biberteichen in Bayern: 64 S.
349. ROLLER, S. (1999). Biberkonzept für Hessen. S. 53-73 in Artenschutz in Hessen: Biber. Mitteilungen aus dem Auenzentrum Hessen 2/99: 73 S.
350. ROMANSOV, B.V. (1992). Krankheiten der Biber. 2. Int. Symposium Semiaquatische Säugetiere, Osnabrück Wiss. Beitr. Univ. Halle: S. 199-203.
351. ROMASOV, V.A., STUBBE, M. (1992): Stabilität der Helminthen-Fauna beim Elbebiber *(Castor fiber L.)* in Deutschland. 2. Int. Symposium Semiaquatische Säugetiere. Osnabrück. Wiss. Beitr. Univ. Halle. S: 204-206.
352. OPER, T.J. (1994). Do badgers, *Meles meles*, bury their dead? Journal of Zoology 234: S. 677-680.
353. ROSELL, F. (2002). Do Eurasian beavers smear their pelage with castoreum and anal gland secretion? Journal of chemical ecology, 28(8): S. 1697-1701.
354. ROSELL, F. (2003). Territorial scent marking behaviour in the Eurasian Beaver (*Castor fiber* L): S. 147-161 in: Biologiezentrum der Oberösterreichischen Landesmuseen. Biber – Die erfolgreiche Rückkehr: 183 S.
355. ROSELL, F. 2002. The function of scent marking in beaver *(Castor fiber)* territorial defence. PhD dissertation. Norwegian University of Science and Technology, Trondheim.
356. ROSELL, F. & SUN, L. (1999). Use of anal gland secretion to distinguish the two beaver species *Castor canadensis* and *C. fiber*. Wildlife Biology, 5(1): S. 119-124.
357. ROSELL, F., BOZSER, O., COLLEN, P., PARKER, H. (2005). Ecological impact of beavers *Castor fiber* and *Castor canadensis* and their ability to modify ecosystems. – In: Mammal Review 35(3–4), DOI: 10.1111/j.1365-2907.2005.00067.x: 248–276.
358. ROSELL, F., CAMPBELL-PALMER, R., PARKER, H. (2012). More genetic data are needed before populations are mixed: response to 'Sourcing Eurasian beaver *Castor fiber* stock for reintroductions in Great Britain and Western Europe. Mammal Review 42: S. 319–324.
359. ROSELL, F., NOLET, B.A. (1997). Factors affecting scent-marking behavior in Eurasian beaver *(Castor fiber)*. Journal of Chemical Ecology 23(3): S. 673-689.

360. ROSELL, F., PEDERSEN K.V. (1999). Bever. Landsbruksforlaget: 272 S.

361. ROSELL, F., SUN L. (1999). Use of anal gland secretion to distinguish the two beaver species *Castor canadensis* and *C. fiber*. Wildlife Biology 5(2): S. 119-123.

362. ROULAND, P. (1991). La réintroduction du Castor en France. Le Courrier de L'Environnement 14: S. 5-15.

363. ROULAND, P., LÉONARD Y., MIGOT P. (2003). Castor sur le bassin de la Loire et en Bretagne. Office national de la chasse, Paris: 48 S.

364. ROULAND, P., MIGOT, P. (1997): Le castor dans le sud-est de la France. Office national de la chasse, Paris: 51 S.

365. RUE, L.L. (2002). Beavers. Voyager Press, Stillwater, Minnesota: 72 S.

366. RUFF, T. (2001). Die Bedeutung von Totholz für Fische in der Isar im Bereich der Stadt München. Diplomarbeit an der FH Weihenstephan: 72 S.

367. RYDEN, H. (1991). Biberlilienteich. Paul Zsolany Verlag, Wien: 387 S.

368. SAFONOV, V.G., SAVELJEV, A.P. (1992). Ökologische Besonderheiten der östlichen Population des Bibers *(Castor fiber)* L. in Eurasien. 2. Int. Symposium Semiaquatische Säugetiere, Osnabrück. Wiss. Beitr. Univ. Halle: S. 157-167.

369. SAMBINA, C. (2015). Beyond Words: What Animals Think and Feel. New York: Henry Holt & Company: 480 S.

370. SAMUELS, J.X., ZANCANELLA, J. (2011). An early hemphillian occurrence of Castor (*Castoridae*) from the Rattlesnake formation Oregon. Journal of Paleontology 85: S. 930-935.

371. SAVELJEV, A.P., SAFONOV, V.A (1999). The beaver in Russia and adjoining countries. S. 17-24 in: BUSHER, P.E., DZIECIOLOWSKI, R. (Hrsg.). Beaver Protection, Management and Utilization in Europe and North America. Kluwer Academic/Plenum Publishers, New York: 182 S.

372. SAVELJEV, A.P., STUBBE, M., STUBBE, A., UNZAKOV, V. (2000). Zur Historie der Erforschung des Tuvinischen Bibers (*Castor fiber tuvinicus* Lavrow, 1969) Beiträge zur Jagd- und Wildforschung 25: S. 247-263.

373. SAVELJEV, A.P., STUBBE, M, STUBBE, A. UNZHAKOV, V.V., KONOVOV, S.V (2002). Natural movements of tagged beavers in Tyva. Russian Journal of Ecology 33: S. 434-439.

374. SCHAPER, F. (1977). Beobachtungen an wiedereingebürgerten Bibern (*Castor fiber* Linnaeaus, 1758). Dissertation an der Friedrich-Alexander-Universität Erlangen-Nürnberg: 180 S.

375. SCHIRMER, R. (1996). Aspekte der Pflanzenzüchtung schnellwachsender Baumarten für Energiewälder. Berichte aus der LWF 8: S. 6-18.

376. SCHLEY L., HERR, J. (2009). Barbed wire hair traps as a tool for remotely collecting hair samples from Beavers (*Castor* sp.). Lutra 2009 (52): S. 123-127.

377. SCHLEY L., HERR, J. (2018). Säugetiere Luxemburgs. natur&umwelt, Luxemburg: 218S.

378. SCHLEY, L., SCHMITZ, L., SCHANCK, C. (2001). First record of the beaver (*Castor fiber*) in Luxembourg since the 19th century. Lutra 44 (1): S. 41-42.

379. SCHLEY, L., SINNER, C., VENSKE, S., STERN, A. (2004). Biber in Luxemburg. Forstverwaltung Luxemburg: 20 S.

380. SCHLOEMER, S., DALBECK, L. (2014). Der Einfluss des europäischen Bibers *(Castor fiber)* auf Mittelgebirgsbäche der Nordeifel (NRW) am Beispiel der Libellenfauna (Odonata). Ergebnisse der Nationalen Bibertagung in Dessau-Roßlau 2014: S. 25-29.

381. SCHLOEMER, S. (2013). Die Libellenfauna (Odonata) naturnaher Bäche des Hürtgenwaldes (Nordeifel/NRW) – Vergleich von Standorten mit und ohne Besiedlung durch den europäischen Biber *(Castor fiber)*. Diplomarbeit Universität Bonn.

382. SCHLOEMER, S., DALBECK, L. (2014). Der Einfluss des europäischen Bibers *(Castor fiber)* auf Mittelgebirgsbäche der Nordeifel (NRW) am Beispiel der Libellenfauna (Odonata). Ergebnisse der Nationalen Bibertagung in Dessau-Roßlau, Sachsen-Anhalt.

383. SCHMIDBAUER, M. (1997). Bestandsermittlung, Problemanalyse sowie Erarbeitung eines Maßnahmenkonzeptes und dessen Umsetzung zu Bibervorkommen in ausgewählten Oberpfälzer Teichgebieten. Schlussbericht an die Regierung der Oberpfalz, 82 S.

384. SCHMIDBAUER, M. (2004). Biber in Unterfranken. Kartierung der Bibervorkommen in Unterfranken 2004. Schlussbericht an die Regierung von Unterfranken: 24 S.

385. SCHMIDBAUER, M. (2019). Biber in Unterfranken. Kartierung der Bibervorkommen in Unterfranken 2019. Schlussbericht an die Regierung von Unterfranken: 103 S.

386. SCHNEIDER, J. (1996). Auswirkungen des Bibers auf die Auenlandschaft. Natur- und Kulturlandschaft 1: S: 175-179.

387. SCHÖN, B., MARINGER, A. (2013). Konfliktmanagement in Oberösterreich. Natur & Land 99(3): S. 31-32.

388. SCHÖN, B., MARINGER, A. (2013). Konfliktmanagement in Oberösterreich. Natur & Land 99(3).S. 31-32.

389. SCHULTE, R. (1998). Landschaftsentwicklung unter dem Einfluss des Bibers. Naturschutz und Landschaftsplanung 30(10): S. 330-331.

390. SCHULTE, R. (1985). Zur Nährstoffverdauung und Energieausnutzung beim Biber *(Castor fiber L.)* Z. f. angew. Zoologie 72: S. 153-165.

391. SCHULTE, R. (1995). Die Verbreitung des Bibers *(Castor fiber L.)* in Deutschland und angrenzenden Gebieten. Säugetierkundl. Mitteilungen 36(1): S. 13-27.

392. SCHULTE, R. (1999). Aktuelle Situation der Biberpopulation in Deutschland im Hinblick auf Vernetzungschancen einzelner Teilpopulationen. Mitt. Auenzentrum Hessen 2: S. 7-10.

393. SCHULTE, T. (2005). Bibermanagement in Baden-Württemberg. Landesanstalt für Umweltschutz Baden-Württemberg. 31 S.

394. SCHUSTER, R., HEIDECKE, D. (1992). Helminthenfunde bei *Castor fiber albicus* Matschie, 1907. 2. Int. Symposium Semiaquatische Säugetiere, Osnabrück. Wiss. Beitr. Univ. Halle. S. 207-213.

395. SCHWAB, G., SCHMIDBAUER, M. (2003a). Bavarian Beaver Re-extroduction – An Update. S. 56 in Programme and abstracts of the Third International Beaver Symposium, Arnhem, The Netherlands, 13-15 October 2003.

396. SCHWAB, G., SCHMIDBAUER, M. (2003b). Beaver *(Castor fiber L., Castoridae)* management in Bavaria S. 99-106 in: Biologiezentrum der Oberösterreichischen Landesmuseen. Biber – Die erfolgreiche Rückkehr: 183 S.

397. SCHWAB, G. (1998a). Bayerns friedliche Castor-Transporte. Kosmos 12: S. 44-50.

398. SCHWAB, G. (1998b). Biber in der bayerischen Kulturlandschaft – Landschaftsgestalter ohne Raum. Schriftenreihe für Landschaftspflege und Naturschutz 56: S. 221-232.

399. SCHWAB, G. (2001). Handbuch für den Biberberater. Seminarunterlagen für die Ausbildung örtlicher Biberberater. HAUS im MOOS, Kleinhohenried, Loseblattsammlung.

400. SCHWAB, G. (2003). Modellhaftes Bibermanagement in der Region Ingolstadt mit Landkreis Kelheim. Schlussbericht. Schriften aus dem Donaumoos 3. Jg., Bd 3: 74 S.

400a. SCHWAB, G. (2010): Der Biber. in: ANL Handbuch Tiere live. ANL, Laufen. 560 S.

401. SCHWAB, G., DIETZEN, W., LOSSOW, G.V. (1994). Biber in Bayern. Entwicklung eines Gesamtkonzepts zum Schutz des Bibers. S. 9-44 in: Bayerisches Landesamt für Umweltschutz (Hrsg). Biber. Beiträge zum Artenschutz 18. München: 67 S.

402. SCHWAB, G., LUTSCHINGER, G. (2001). The return of the beaver *(Castor fiber)* to the Danube watershed. S. 123-145 in: Czech, A., Schwab, G. (Hrsg.). The European Beaver in a new millennium. Proceedings of 2nd European Beaver Symposium, 27-30 Sept. 2000, Bialowieza, Poland. Carpathian Heritage Society, Krakow: 196 S.

403. SENN, H., OGDEN, R., FROSCH, C., SYRŮČKOVÁ, A., CAMPBELL-PALMER, R., MUNCLINGER, P., DURKA, W., KRAUS, R.H S., SAVELJEV, A.P., NOWAK, C., STUBBE, A., STUBBE, M., MICHAUX, J., LAVROV, V., SAMIYA, R., ULEVICIUS, A., ROSELL, F. (2014). Nuclear and mitochondrial genetic structure in the Eurasian beaver *(Castor fiber)* – implications for future reintroductions. Evolutionary Applications 7: S. 645–662.

404. SERZHANIN, I. (1949). Modern distribution of the beaver in Belarus. Nauchno-Metodicheskie Zapiski Glavnogo Upravlenia po Zapovednikam SM RSFSR 13: S. 242–250.

405. SETON, E. T. (1929). Lives of game animals, Vol. 4, Part 2, Rodents, etc. Doubleday, Doran, Garden City, NY.

406. SHARPE, F., ROSELL, F (2003). Time budgets and sex differences in the Eurasian Beaver. Animal Behaviour 66: S. 1059-1067.

407. SIEBER, J. (1989). Biber in Oberösterreich - eine aktuelle Bestandsaufnahme am Inn und Salzach. Jb. OÖ. Mus. -Ver. (134/I): S. 277-285.

408. SIEBER, J. (1999). The Austrian beaver, Castor fiber, reintroduction program. S. 37-41 in: Busher, P.E, Dzieciolowski, R. (Hrsg.). Beaver Protection, Management and Utilization in Europe and North America. Kluwer Academic/Plenum Publishers, New York. 182 S.

409. SIEBER, J. (2001). Attempting beaver management in Austria. S. 158-160 in: CZECH, A., SCHWAB, G. (Hrsg). The European Beaver in a new millennium. Proceedings of 2nd European Beaver Symposium, 27-30 Sept. 2000, Bialowieza, 196 S. Poland. Carpathian Heritage Society Krakow.

410. SILCHENKO V. A., SILCHENKO, T. A., SAVELJEV, A. P., LAVROV, V. L. (2015). New data in sexual behavior and reproduction in beavers. - In: BUSHER, P. & SAVELJEV, A. eds. (2015). Beavers-from genetic variation to landscape-level effects in ecosystems: 7th International Beaver Symposium Book of Abstracts (14-17 September 2015), Voronezh, Russia: 63.

410a. SIMON, A. (2013) Biberspiele CD. Eigenverlag.

411. SLOTTA-BACHMAYR, L., AUGUSTIN, H. (2003). Der Biber (*Castor fiber* L.) im Bundesland Salzburg: Situation und Verbreitung nach der Wiedereinbürgerung vor 20 Jahren. Biologiezentrum Linz: S. 85-90.

412. SLOUGH, B G. (1978). Beaver Food Cache Structure and Utilization. J. Wildl. Management 42 (3): S. 644-646.

413. SLUITER F. (2003). The reintroduction and the present status of the beaver (*Castor fiber)* in the Netherlands: an overview. Lutra 46(2): S. 129-133.

414. SMITH, D.W., PETERSON, R.O., DRUMMER, T., SHEPUTIS, D.S. (1990). Over winter activity and body temperature patterns in northern beavers. Can. J. Zool. 69: S. 2178-2182.

415. SMITH, D.W., TRAUBA, D.R., ANDERSON, R.K., PETERSON, R.C. (1994). Black bear predation on beavers on an island in Lake Superior. Am. Midl. Nat. 132: S. 248-739.

416. SOMMER, K. (1984). Der Mensch. Volk und Wissen Volkseigener Verlag, Berlin. 704 S.

417. SOMMER, R., ZOARNETZKY, V., MESSLINGER, U., ZAHNER, V. (2019). Der Einfluss des Bibers auf die Artenvielfalt in semiaquatischen Lebensräumen: aktueller Sachstand und Metaanalyse für Europa und Nordamerika. Naturschutz und Landschaftsplanung. 51(3): S. 108-115

418. SOMMER, R. (2000). Zur Verbreitung und Wiederansiedlungsgeschichte des Elbebibers (*Castor fiber albicus* (Matschie, 1907)) in Mecklenburg-Vorpommern. Säugetierkundliche Informationen 4(23/24): S. 515-520.

419. SPÄNHOFF, B., DIMMER, R., FRIESE H., HARNAPP, S., HERBST, F., JENEMANN, K., KUHN, K. (2012). Ecological status of rivers and streams in Saxony (Germany) according to the water framework directive and prospects of improvement. Water. 4(4): S. 887-904.

420. STALINSKI, J., LAPINSKI, S. (2001). Developmental history of beaver families reintroduced in the vicinity of Cracow. S. 59

in: CZECH, A., SCHWAB, G. (Hrsg.). The European Beaver in a new millennium. Proceedings of 2nd European 196 S. Beaver Symposium, 27-30 Sept. 2000, Bialowieza, Poland. Carpathian Heritage Society, Krakow.

421. STEEN, I.J., STEEN, J.B. (1965). Thermoregulatory importance of the beaver's tail. Comp. Biochem. Phsiol. 15: S: 267-270.

422. STEFEN, C. (2019). Causes of death of beavers *(Castor fiber)* from eastern Germany and observations on parasites, skeletal diseases and tooth anomalies – a long-term analysis. – Mammal Research 64(2): S. 279–288.

423. STEINECK, T., SIEBER, J. (2003). Ergebnisse pathologischer Untersuchungen bei Bibern *(Castor fiber L.)* S. 131-133 in: Biologiezentrum der Oberösterreichischen Landesmuseen. Biber –Die erfolgreiche Rückkehr. 183 S.

424. STEPHENSON, A.B. (1969). Temperatures within a beaver lodge in winter. Journal of Mammalogy 50: S. 134-136.

425. STERNBERG K., BUCHWALD, R., STEPHAN, U. (2000) *Cordulegaster boltonii* in: Sternberg K. & R. Buchwald (Ed.) Die Libellen Baden-Württembergs. Band 2: S. 191–208. Ulmer, Stuttgart

426. STOCKER, G. (1985). Biber in der Schweiz. Eidgenössische Anstalt für das forstliche Versuchswesen Birmensdorf. Bericht Nr. 274. 149 S.

427. STRAZDZS, M., LIPSBERGS, J., PETRINS, A. (1990). Black stork in Latvia – numbers, distribution and ecology. Ecol. Migr. Prot. Baltic Birds (Viksne J, comps), Proc. Conf. Study Cons. Migr. Birds Baltic Basin, 1987, Baltic Birds 5, Part II: S. 174-179.

428. STRINGER, A.P., GAYWOOD, M. (2016). The impacts of beavers *Castor* spp. on biodiversity and the ecological basis for their reintroduction to Scotland, UK. Mammal Review, 46: S. 270–283.

429. STROHMEYER, K. (1935). Meister Bockert. Herr der Wasserburgen. Büchergilde Gutenberg: 103 S.

430. STRONG, P. (1997). Beavers: where the waters run. Northwood Press, Minnetonka, Minnesota: 143 S.

431. STUBBE, C. (1990). Rehwild. Deutscher Landwirtschaftsverlag, Berlin: 440 S.

432. STUBBE, M., DAWAA, N. (1986). Die autochthone zentralasiatische Biberpopulation. Zool. Abh. Mus. Tierk. Dresden 41(7): S. 91-103.

433. SUN, L., MÜLLER-SCHWARZE, D., Schulte B.A. (2000). Dispersal patterns and effective population size of the beaver. Canadian Journal of Zoology 78: S. 393-398.

434. SVENDSEN, B.T. (2018), Introducing Beavers in a lowland agricultural dominated Landscape – the Danish Experience. S. 14 in: 8th International Beaver Symposium. Norre-Vosborg. 75.S.

435. TERHI, I.-O., HUITU, O., TAPIO, M., KUCINSKIENE, J., ULEVICIUS, A., BULKELSKIS, E., TIRRONEN, K., FYODOROV, F., PANSCHENKO, D., SAARMA, U., VALDAMANN, H., KAUHALA, K. (2020). Low genetic polymorphism in the re-introduced Eurasian beaver *(Castor fiber)* population in Finland: implications for conservation. Mammal Research 65: S. 331-338.

436. THOMSEN, L., CAMPBELL, R. D., ROSELL, F. (2007). Tool-use in a display behaviour by Eurasian beavers *(Castor fiber)*. Animal Cognition, 10: S. 477-482.

437. TOMILJANOVIC K., MARGALETIC J., VUCAELJA, M., GRUBESIC, M. (2018). Beaver in Croatia – 20 years after S. 14 in: 8th International Beaver Symposium. Norre-Vosborg. 75.S.

438. TRBOJEVIC, I., TROBJEVIC, T. (2016). Distribution and population growth of Eurasian beaver (*Castor fiber* Linnaeus, 1758) in Bosnia and Herzegowina 10 years after reintroduction. Glasnik Sumarskog Fakulteta Univerzitate u Banjoj Luchi, Banja Lukar 25: S.51-60.

439. TRIXNER, C., PARZ-GOLLNER, R. (2017). Bibermanagement Burgenland. November 2016 - Oktober 2017.BOKU, Wien: 40 S.

440. ULEVICIUS, A. (1997). Beaver *(Castor fiber)* in Lithuania: Formation and some ecological characteristics of the present population. S. 113-127 in: PACHINGER, K. (Hrsg). Proceedings of the 1st European Beaver Symposium, 15-19 Sept. 1997, Bratislava, Slovakia. Comenius University, Bratilsava, 190 S.

441. ULEVICIUS, A. (2001). Temporal changes in a high density beaver *(Castor fiber)* population. S. 63-72 in: CZECH, A., SCHWAB, G. (Hrsg.). The European Beaver in a new millennium. Proceedings of 2nd European Beaver Symposium, 27-30 Sept. 2000, Bialowieza, Poland. Carpathian Heritage Society, Krakow: 196 S.

442. ULEVICIUS, A. (2003). Current status of the beaver population in Lithuania. S. 60 in: Programme and abstracts of the Third International Beaver Symposium, Arnhem, The Netherlands, 13-15 October 2003.

442a. VALACHOVIC, D. (2012): Manual of Beaver Management within the Danube River Basin, Parks network of protected areas, South East Europe Programme EU Commission.

443. VAN DEN BERGH, M., MANET. B. (2003). The European beaver *(Castor fiber* L.*)* in Wallonia (southern Belgium). the set-up of an afterthought management programme. Lutra 46(2): S. 117-122.

444. VENSKE, S., STERN, A. (2003). Biber in Rheinland-Pfalz. Naturschutz bei uns 6. 20 S.

445. VERBELEN, G. (2003). The unofficial return of the European beaver *(Castor fiber)* in Flanders (Belgium). Lutra 46(2): S. 123-128.

446. VOREL, A. (2003). European Beaver (*Castor fiber L.* 1758) on the Elbe River in the Czech Republic. S. 60 in Programme and abstracts of the Third International Beaver Symposium, Arnhem, The Netherlands, 13-15 October 2003.

447. VOREL, A., VALKOVA, L., HAMSIKOVA, L., MALON, J., KORBELOVA, J. (2015). Beaver foraging behaviour: Seasonal foraging specialization by a choosy generalist herbivore. - Behavioral Ecology and Sociobiology 69: S. 1221-1235.

448. VOREL. A., KOSTKAN, V., MARHOUL, P., NOVA, P., JOHN, F., SAFAR, I. (2013). Management Plan of the Eurasian Beaver in the Czech Republik. Prag: 97 S.

449. WEBER A. & WEBER J. (2016). Beitrag zum Verständnis des Zusammenhangs zwischen der Habitatqualität und dem Konfliktpotential im nordostdeutschen Verbreitungsgebiet des Bibers. In: Säugetierkundliche Informationen 51 (10), 189-204.

450. WEBER, N., BOUWES, N. POLLOCK, M.M. COLK, C. WHEATON, J.M. WIRTZ, J., JORDAN, C.E. (2017). Alteration of stream temperature by natural and artificial beaver dams. PLOS ONE 12: e0176313.

451. WEINLÄNDER, M., LOACKER , K., GATTERMAYER,, EDER-TRENKWALDER, M. (2018). Die Rückkehr des Europäischen Bibers (*Castor fiber* Linnaeus, 1758) nach Osttirol. Carintiha 208/128: S. 599-604.

452. WEINZIERL, H., FROBEL, K. (1998). Auf zu neuen Ufern! Die Wiedereinbürgerung des Bibers in Bayern. Nationalpark 100: S. 46-50.

453. WEINZIERL, H. (1973). Projekt Biber. Kosmos Bibliothek 279: 63 S.

454. WEINZIERL, H. (2003). Biber: Baumeister der Wildnis. BN Service GmbH, Lauf a.d. Pegnitz: 74 S.

455. WESTBROOK, C. J., COOPER, D. J., BAKER, B. W. (2011). Beaver assisted river valley formation. River Research and Applications, 27(2): S. 247-256.

456. WHEATON, J.M., BENNET, S.N., BOUWES, N., MAESTAS, J.D., SHAHVERDIAN, S.M. (2019). 2019. Low-Tech Process-Based Restoration of Riverscapes: Design Manual. Version 1.0. Utah State University Restoration Consortium. Logan, UT: S 288. Available at: http://lowtechpbr.restoration.usu.edu/manual.

457. WILD, C. (2011). Beaver As a Climate Change Adaptation Tool: Concepts and Priority Sites in New Mexico. Seventh Generation Institute. Santa Fe, New Mexico. 19 pp + appendix.

458. WILLBY, N.J., LAW, A., LEVANONI, O., FOSTER, G., ECKE, F. (2018). Rewilding wetlands: beaver as agents of within-habitat heterogeneity and the responses of contrasting biota. Philosophical Transactions of the Royal Society 373: 20170444.

459. WILSSON, L. (1966). Biber - Leben und Verhalten. Brockhaus, Wiesbaden. 201 S.

460. WILSSON, L. (1971). Observations and experiments on the ecology of the European beaver *(Castor fiber L.)*: S. Viltrevy 8(3): S.115-266.

461. WINTER, C. (1998). Biberschutz in der Schweiz. Ein nationales Konzept zur Erhaltung des Bibers und seiner Lebensräume. Biberschutz Schweiz, Bern. 47 S.

462. WINTER, C. (2000). Der Biber. Infodienst und Ökologie, Zürich. 24 S.

463. WOO, M.K., WADDINGTON, J.M. (1990). Effects of Beaver Dams on Subarctic Wetland Hydrology. Arctic 43(3) S. 223-230.

464. WRIGHT, J.P., JONES, C.G., FLECKER, A.S. (2002). An ecosystem engineer, the beaver, increases species richness at the landscape scale. Oecologia, 132: S. 96–101.

464a. YANUTA, R.; ANISIMAVA, E.; VELIHURAU, P.; POLAZ, S. & BALCERAK, M. (2015): Population dynamics of the beaver in Belarus and its determining factors. - In: BUSHER, P. & SAVELJEV, A. eds. (2015): Beavers-from genetic variation to landscape-level effects in ecosystems: 7th International Beaver Symposium Book of Abstracts (14-17 September 2015), Voronezh, Russia: 71.

465. ZAHNER, V. (2018). Biberdämme und ihre Wirkung. ANLiegen Natur. 40 (2): S. 85-88.

466. ZAHNER, V., MÜLLER, R. (2003). Thermoregulation- a main function of a beavertail? S. 62 in: Programme and abstracts of the Third International Beaver Symposium, Arnhem, The Netherlands, 13-15 October 2003.

467. ZAHNER, V., STRAKA, T. (2016). Der Biber als Schlüsselart und seine Auswirkung auf Spechte und Fledermäuse. In: CYFFKA, B. et al. (2016). Neue dynamische Prozesse im Auewald. BfN Naturschutz und Biologische Vielfalt 150 S.259-270.

468. ZAHNER, V., U. MESSLINGER (2017). Die Macher und ihre zweite Chance. Nationalpark 1/2017: S. 20–21

469. ZAHNER, V. (1997). Der Einfluss des Bibers auf gewässernahe Wälder. Ausbreitung der Population sowie Ansätze zur Integration des Bibers in die Forstplanung und Waldbewirtschaftung in Bayern. Dissertation LMU München. Herbert Utz Verlag: 321 S.

470. ZAHNER, V. (1998). Biber und Forstwirtschaft. Allgemeine Forst Zeitschrift 53(6): S. 307-308.

471. Zentrum für Fisch- und Wildtiermedizin (2007-2019). Jahresberichte. https://www.fiwi.vetsuisse.unibe.ch/

STICHWORTVERZEICHNIS

BILDNACHWEIS

Alean, Jürg: S. 168/169

Angst, Christof: S. 8, 17 u., 18 o. r., 19 u., 26 o. l., 29, 30 o., 36, 39, 41, 43, 44/45, 50, 51 (2), 56, 57 u., 64, 73 o. und u., 74 o. l., 76/77, 79, 82, 90, 92, 94 u., 100/101, 112, 115, 116/117, 118 (8), 127 (2), 128, 134, 141, 142/143, 151 u. r., 153, 155, 162, 164, 165, 179, Umschlagrückseite

Arndt, Ingo: Titelbild, S. 3, 22/23, 190

Bauer, Christian: S. 145

Borer, Matthias, Naturhistorisches Museum Basel: S. 62

Boszér, Orsolya: S. 15, 31 o., 34/35, 68, 85, 102

Bund Naturschutz in Bayern: S. 136

Dalbeck, Lutz: S. 171

Eder, Konrad: S. 174/175, 177

Idaho Fisch and Game Service: S. 149

Galster, Christin: S. 166

GoogleMap: S. 95

Haft, Jan: S. 7

Hartl, Wolfgang: S. 99 o.

Hien, Paul: S. 37 (6), 70, 72

Hohler, Peter: S. 67

Ibe, Peter: S. 83

Iff, Ueli: Zeichnungen S. 122 (2)

Jäger, Konrad: S.38 (5), 107

Lamuv Verlag, Göttingen: S. 147

Larsen, Annegret: S. 88/89

Leidorf, Klaus: S. 20/21, 108, 109

Mägdefrau, Helmut: S. 96 u.

Maurer, Fritz: S. 63

Mertin, Barbara: S. 52/53, 57 (3)

Meyer, Andreas: S. 105 o. l und o. m.

Moosrainer, Günter: S. 65, 96 o., 102 o. l. und o. r, 105, 111 u.

Moser, Günter: S. 9, 10, 32/33, 110/111

Müller, Sandra: Zeichnung S. 12, 14, 55, 90

NASA/Goddard Space Flight Center: S. 128, 134

Nitsche, Karl-Andreas: S. 137

Plattner, M.: S. 58/59 (8)

Roggo, Michel: S. 106

Schmidbauer, Markus: S. 18 o.l., 19 o., 47, 48, 49, 74 o. r., 91, 94 o., 99 u., 105 o.r., 113, 119, 121, 124/125, 151 u. l. und o. r., 154 (2), 163

Schwab, Gerhard: S. 12, 17 (2), 24, 25, 26 o.r., 27, 28, 73 m., 114 (2), 151 o. l., 157 (2), 158/159, 191

Tiergarten Nürnberg: S. 30 u.

Wimmer, Norbert: S. 98

Zahner, Volker: S. 18 u., 130 o., 178

ZDF/Oliver Roetz: S. 93

DANKSAGUNG

Die Autoren bedanken sich ganz herzlich bei allen, die mit ihren Bildern ganz wesentlich zu der Gestaltung des Buches beigetragen haben. Wir wissen, wie viel Aufwand, Engagement und Mühen hinter einem solchen Bild stecken. Auch danken wir allen, die uns mit Literatur, Rat und Tipps unterstützt haben. Ganz besonderer Dank gilt auch dem Battenberg-Gietl Verlag, der die aufwendige Gestaltung ermöglicht hat, und Regina Schindler, die mit unendlicher Geduld und großer Freude an der Gestaltung einen zentralen Beitrag zum Gelingen des Buches lieferte.

▷ v.l.n.r.
Gerhard Schwab,
Christof Angst,
Markus Schmidbauer,
Volker Zahner

Volker Zahner, Jahrgang 1962, stammt aus dem unterfränkischen Spessart. Er studierte Forstwissenschaft mit dem persönlichen Schwerpunkt Wildbiologie. Als Professor für Zoologie und Tierökologie lehrt und forscht er an der Fakultät Wald und Forstwirtschaft, Hochschule Weihenstephan. Über den Biber hat er promoviert und arbeitet seit 1993 an dieser Tierart. Er ist Mitglied mehrerer wissenschaftlicher Beiräte. 2006 erhielt er den Preis für herausragende Lehre vom Bayerischen Ministerium verliehen. Neben dem Biber faszinieren ihn die Ornithologie und die Waldökologie besonders.

Christof Angst, Jahrgang 1970, stammt aus Bern. Er studierte Biologie mit Schwerpunkt Ökologie und schrieb seine Masterarbeit über den Alpenbirkenzeisig. Er arbeitete 8 Jahre im Großraubtierforschungsprojekt KORA. Seit 2006 leitet er im Auftrag des Bundesamtes für Umwelt die Biberfachstelle, seit 2018 die Otterfachstelle, zwei Beratungs- und Koordinationsstellen. Bei *info fauna* in Neuenburg entwickelt er digitale Art-Bestimmungsschlüssel für Smartphones. Neben dem Biber faszinieren ihn Vögel, Libellen und ganz besonders Alpen- und Mauersegler.

Markus Schmidbauer, Jahrgang 1966, stammt aus Amberg in der Oberpfalz. Nach Abschluss seines Studiums in Regensburg arbeitete der Diplom-Biologe freiberuflich vorwiegend im Bereich des Wildtiermanagements. Mit dem Biber beschäftigt er sich intensiv seit 1994. Er hat zahlreiche Gutachten und Kartierungen zum Biber erstellt. Von 1998 bis 2006 war er als Bibermanager für das BN-Biberprojekt tätig. Aktuell produziert er vor allem Natur- und Tierdokumentationen für das Bayerische Fernsehen, Arte und die ARD.

Gerhard Schwab, M.Sc. (Colorado St. Univ.), Jahrgang 1961, stammt aus Bayrisch-Schwaben. Er studierte Biologie in Regensburg und Wildlife Management in Colorado. Der freiberufliche Biologe arbeitet seit 1988 mit Bibern, zunächst an der Entwicklung eines Managementkonzeptes für Biber in Bayern, und seit 1996 an dessen Umsetzung. Co-Initiator und -Organisator der Bayerisch-Südosteuropäischen Biberwiedereinbürgerungsprojekte. Daneben zahlreiche andere Projekte im Natur- und Artenschutz, von der Habitatssimulation für Auerhühner über Populationsdynamik von Rehen bis hin zur Organisation von Natur-Reisen.

Bücher für Bayern  aus Liebe zur Heimat

ISBN 978-3-95587-764-4 · Preis: 24,90 €

ISBN 978-3-95587-075-1 · Preis: 29,90 €

ISBN 978-3-86646-786-6 · Preis: 29,90 €

ISBN 978-3-95587-739-2 · Preis: 14,90 €

ISBN 978-3-95587-071-3 · Preis: 24,90 €

Heimat
battenberg
gietl verlag

Battenberg Gietl Verlag GmbH
Pfälzer Straße 11 · 93128 Regenstauf
Tel. 0 94 02 / 93 37-0 · Fax 0 94 02 / 93 37-24
E-Mail: info@battenberg-gietl.de

Fordern Sie kostenlos unser Verlagsprogramm an!
Unser komplettes Programm mit
Leseproben finden Sie online unter
www.battenberg-gietl.de/Heimat

Folgen Sie uns!